AF389235

TRAITÉ

THÉORIQUE ET PRATIQUE

DE LA CONSTRUCTION

DES BATTERIES.

STRASBOURG,

De l'imprimerie de F. G. Levrault, imprimeur du Roi.

TRAITÉ

THÉORIQUE ET PRATIQUE

DE LA CONSTRUCTION

DES BATTERIES.

PAR

J. RAVICHIO DE PERETSDORF,

Maréchal-de-camp d'artillerie honoraire, Chevalier des ordres royaux de Saint-Louis et de la Légion d'honneur, Archiviste pour la partie technique et scientifique des armes de l'artillerie et du génie au ministère de la guerre, etc.;

ET A. P. F. NANCY,

Chef de bataillon d'artillerie, Chevalier des ordres royaux de Saint-Louis et de la Légion d'honneur, ancien Élève de l'École polytechnique, de la Société des lettres, sciences et arts de Metz.

Pulsate et aperietur vobis.
(Evang. sec. Luc., c. XI, vers. 9.)

PARIS,

Chez F. G. LEVRAULT, rue de la Harpe, n.° 81,
et rue des Juifs, n.° 33, à STRASBOURG.

1826.

AVERTISSEMENT.

DANS une note de la traduction du
TRAITÉ ÉLÉMENTAIRE D'ARTILLERIE de
Decker, publiée en 1825, nous avons eu
occasion de faire observer que, quoique
la construction des batteries fût une des
parties les plus intéressantes du service
de l'artillerie, il n'avait encore été publié
sur ce sujet important aucun ouvrage
complet[1], et nous nous sommes engagés,

1. Dans la longue carrière militaire que j'ai parcourue,
j'ai eu lieu, plus d'une fois, de remarquer et de regretter
la lacune qui existait, à cet égard, dans les livres consacrés
à l'instruction spéciale de notre arme.

Entré fort jeune au service du roi de Sardaigne, comme
élève d'artillerie, et après avoir rempli, comme premier
lieutenant, les fonctions de professeur d'artillerie pratique et
de dessin, à l'école militaire d'artillerie de Turin, je me trouvais employé, avec le grade de capitaine, au corps d'armée
austro-sarde, dans le comté de Nice, en 1792. Au commencement de cette campagne je fus occupé à la construction
d'un grand nombre de batteries, destinées à la défense du

en conséquence, à traduire un manuscrit
allemand, dont il existe des copies parmi

---

litoral de *Nice*, depuis le *Pont du Var* jusqu'à *Villefranche*. Il fallut établir, sur ce développement de côtes, des
batteries de toutes sortes. Les plus rapprochées du Var se
trouvaient sur un terrain montueux ; d'autres, sur la rive
gauche et à l'embouchure de ce fleuve, devaient être établies dans des prairies boisées ; venaient ensuite des batteries qu'il fallait construire sur une plage sablonneuse,
s'étendant depuis l'embouchure du Var jusqu'à celle du torrent nommé *la Paillou*, qui baigne les murs de *Nice :* on
dut également en établir sur une terrasse, pavée à ciment,
qui forme l'enceinte de cette ville : et, enfin, les dernières
furent établies sur les bords escarpés de la hauteur de *Mont-
Alban*, et sur un des côtés du port de *Villefranche*.

Une très-grande variété de terrains et la plus grande
partie des difficultés qu'ils peuvent offrir, se trouvaient donc
réunies, dans cette circonstance, comme si on les eût choi-
sies à dessein pour un exercice pratique sur la construction
des batteries. Mais il n'existait encore sur cette partie du
service aucun ouvrage spécial, et les notions qu'on en
donnait dans les écoles étaient fort incomplètes ; aussi
dois-je avouer que plusieurs fautes furent commises dans
l'établissement de celles que l'on eut à construire alors ;
l'état des matériaux, outils et instrumens nécessaires, le
nombre des travailleurs, leur distribution, les dispositions
d'ordre, etc., étaient souvent l'objet de difficultés, d'incer-
titudes, de tatonnemens ; quelquefois l'emplacement le plus
convenable à l'établissement des batteries était manqué ; leur
profil était trop fort ou trop faible, la direction de leur

les officiers de l'artillerie autrichienne, et
dans lequel nous avions cru trouver la des-

---

feu était vicieuse ; ce qui obligeait à de fréquentes rectifications, après même que le parapet était déjà parvenu à une
certaine hauteur. Les matériaux employés, tels que fascines, saucissons, gabions, claies, gazons, sacs à terre,
etc., n'étaient pas toujours employés de la manière la plus
convenable, et leur consommation n'était pas réglée avec
l'économie nécessaire, attendu que leurs dimensions
n'étaient pas celles qu'il aurait fallu leur donner: enfin,
le temps, qu'on ne saurait trop ménager à la guerre, se
perdait souvent, soit parce qu'on avait adopté une mauvaise distribution du travail, soit parce qu'il fallait fréquemment défaire et recommencer ce qui avait été mal fait
dans le principe.

Sans doute, une partie de ces inconvéniens tenaient au
défaut d'expérience ; mais ils venaient aussi du manque
absolu de notions positives sur la construction des batteries.
Plus de vingt ans après, me trouvant, avec le grade de
lieutenant-colonel, chef d'état-major d'artillerie de l'armée
du prince Eugène, je vis des officiers d'artillerie français,
pleins de bravoure et de zèle, et possédant toutes les connaissances qu'on acquiert dans les écoles, aussi embarrassés
pour faire construire des batteries que je l'avais été moi-
même dans ma jeunesse : or, ni eux ni moi ne nous fus-
sions trouvés dans cette pénible situation, si nous eussions
pu puiser, dans un Traité spécial, des connaissances qu'on
ne trouve que bien rarement l'occasion d'acquérir par
l'expérience, et qu'on n'acquiert alors qu'à ses dépens.
(*Note du général Ravichio.*)

cription détaillée et les procédés de construction de toutes les espèces de batteries qu'on peut avoir à construire. Mais, lorsqu'encouragés par l'accueil qu'a reçu notre traduction de Decker, nous avons voulu remplir notre engagement, en publiant celle de ce manuscrit, nous nous sommes convaincus, en soumettant ce dernier ouvrage à une révision sévère, qu'il s'en fallait encore beaucoup qu'il fût tel que nous l'aurions désiré, pour le présenter au corps royal d'artillerie de France.

D'une part, on y trouvait une foule de détails, ou tout-à-fait particuliers à l'artillerie autrichienne ou fastidieux par leur prolixité; d'un autre côté, beaucoup de choses intéressantes, beaucoup de procédés employés par l'artillerie française y étaient omis; il n'y était fait aucune mention des *batteries de place,* des *batteries de côte,* des *batteries flottantes,* etc.

Nous pensâmes d'abord à suivre, pour cette nouvelle traduction, la marche que nous avons adoptée pour celle de Decker;

c'est-à-dire, à y faire un grand nombre de suppressions, et à suppléer par un nombre non moins grand de notes et d'additions aux lacunes de l'original. Mais des amis éclairés à qui nous fîmes part de ce dessein, nous représentèrent que nous ne produirions jamais, de cette manière, qu'un livre défectueux, manquant d'ordre, d'ensemble et de régularité.

En conséquence, suivant avec docilité leurs avis, nous nous sommes décidés à refondre entièrement l'ouvrage, en ne conservant du manuscrit allemand qu'une partie du texte et les planches, auxquelles nous nous sommes bornés à en ajouter quelques-unes.

Ce n'est donc plus simplement une traduction que nous publions aujourd'hui, comme nous en avions d'abord eu l'intention, mais un Traité théorique et pratique de la construction des batteries, entièrement nouveau, aussi détaillé et aussi complet qu'il nous a été possible de le composer, tant d'après notre propre

expérience et les conseils de nos amis,
qu'en nous aidant de tout ce que nous
avons pu nous procurer de meilleur, sur
ce sujet, en manuscrits ou en ouvrages
imprimés soit en France soit à l'étranger.[1]

Notre ouvrage était déjà terminé et
l'impression en était même fort avancée,

---

1. Parmi les ouvrages dont nous nous sommes servis,
pour rectifier le manuscrit allemand et remplir les lacunes
qui s'y trouvaient, nous devons citer particulièrement
l'Aide-mémoire à l'usage des officiers d'artillerie de France,
du général Gassendi ; le Dictionnaire d'artillerie du général Cotty ; celui de Hoyer (en allemand) ; le Manuel sur
la construction des batteries, par Rouvroy (dans la même
langue) ; les leçons d'artillerie de Morla (en espagnol) ;
l'Art militaire de Gayvernon ; le Mémorial pour la défense
des places de Cormontaingne ; et enfin, un Mémoire sur
l'armement des places, que M. le lieutenant-général Rogniat
a fait rédiger, d'après ses idées, par M. le capitaine du
génie Villeneuve, son aide-de-camp, et qui a été inséré
dans le huitième numéro du Mémorial de l'officier du génie.

Nous avons aussi consulté tous les manuscrits relatifs à
ce sujet que nous avons pu nous procurer ; plusieurs de nos
camarades nous ont communiqué des notes, ou les som-
maires des leçons qu'ils ont faites sur les batteries, dans
diverses écoles d'artillerie où ils ont dû faire des cours sur
cette partie du service pour les jeunes officiers. M. le lieutenant-général baron Berge a bien voulu nous permettre

(xj)

quand S. Exc. le Ministre de la guerre invita tous les officiers d'artillerie à s'occuper de la rédaction d'un cours de construction des batteries, d'après un Programme proposé par le Comité.

Privés, par cette circonstance, de l'honneur de concourir à cette rédaction, nous en sommes dédommagés par cette pensée

---

de tirer de nombreux extraits d'un travail complet qu'il a fait sur la défense des places, et c'est un devoir pour nous de lui en témoigner ici publiquement notre reconnaissance.

Nous en devons aussi beaucoup à plusieurs de nos camarades de l'artillerie et du génie, à qui nous avons communiqué notre ouvrage, et qui ont bien voulu nous donner des conseils et nous faire des observations dont nous avons profité avec empressement pour rendre ce Traité moins imparfait. Qu'il nous soit permis de citer particulièrement, entre autres, M. le chef de bataillon du génie Augoyat, professeur à l'École royale d'état-major, qui, malgré ses nombreuses occupations, a eu la complaisance de nous donner tant sur la composition que sur la rédaction de cet ouvrage, qu'il a suivies avec le plus grand soin, ces avis multipliés et toujours motivés qu'on ne peut attendre que du zèle d'un ami véritable ; et comme l'a dit un poète,

D'un censeur solide et salutaire,
Que la raison conduise et le savoir éclaire,
Et dont le crayon sûr d'abord aille chercher
L'endroit que l'on sent faible et qu'on veut se cacher.

que notre ouvrage, qui, pour l'ordre des matières qui y sont traitées, s'éloigne peu de la marche tracée par le Programme, ne sera peut-être pas inutile tant à ceux de nos camarades qui voudront travailler à remplir les données de ce Programme, qu'à ceux qui, plus tard, seront chargés de professer, dans les écoles d'artillerie, le cours définitivement rédigé.

Nous n'avons pas vu, non plus, sans une vive satisfaction, l'utilité, la nécessité même de ce cours, reconnues et proclamées par la décision de S. Excellence. Persuadés que les commandans d'école, les chefs de corps, les officiers chargés de faire le cours et ceux qui devront le suivre, également convaincus de son importance, ne négligeront rien pour seconder à cet égard les intentions du Ministre, nous croyons aussi leur être agréables en leur faisant connaître un procédé qui nous paraît très-propre à fixer dans la mémoire des jeunes officiers les principes de l'art de construire les batteries, tout en exerçant, à peu de frais, le plus grand nombre possible de sous-officiers et canonniers à ces sortes de travaux.[1]

A l'une des extrémités d'un grand hangar, on placerait une grande caisse, remplie de terre, dans laquelle on construirait, sur l'échelle de 6 lignes pour pied, ou de 4 centimètres pour mètre, un bastion ou une demi-lune, avec des embrasures ouvertes sur les faces et une barbette au saillant. Cette portion d'ouvrage représenterait la place attaquée.

---

1. Étant capitaine d'artillerie au service d'Autriche, depuis 1800 jusqu'en 1811, j'ai employé moi-même ce procédé pour l'instruction de ma compagnie, et j'en ai obtenu les plus heureux résultats. Tous les sous-officiers, et même les simples soldats de cette compagnie, s'étaient si bien familiarisés, par ce moyen, avec tous les détails de la construction des batteries, que je n'aurais été nullement embarrassé avec eux pour construire quelque espèce de batteries que ce fût sur un terrain quelconque; et ils avaient acquis cette instruction, non-seulement sans aucune peine, mais encore avec plus de plaisir qu'ils n'en auraient pu trouver à aucuns jeux, chacun d'eux ayant mis une sorte d'amour-propre à ce que la batterie à laquelle il travaillait fût plus promptement et mieux construite que celles de ses camarades. (*Note du général Ravichio.*)

Perpendiculairement au prolongement de la capitale, on disposerait une autre caisse, pour la construction des batteries de mortiers. Sur le prolongement d'une des faces, une troisième caisse serait destinée à l'établissement des batteries de ricochet ou d'enfilade; enfin, parallèlement à l'une des faces ou perpendiculairement à la directrice de l'une des embrasures on placerait une quatrième caisse, dans laquelle on construirait les batteries de plein-fouet.

Toutes ces batteries seraient tracées et construites par les sous-officiers et canonniers, sous la conduite de leurs officiers, suivant la direction et avec les dimensions qu'elles doivent avoir réellement, en se conformant aux principes établis dans le cours : on en construirait de toutes les espèces, *horizontales, encaissées, élevées, dans la parallèle, en avant ou en arrière de la tranchée,* en supposant ou figurant toutes les variétés et inégalités de terrain qu'on peut rencontrer dans les environs d'une place forte.

Rien n'empêcherait même, qu'en disposant une de ces caisses de manière à ce qu'elle pût contenir de l'eau, on n'y construisît différentes espèces de batteries flottantes.

Quant aux matériaux, ils seraient également préparés aux dimensions exactes d'après l'échelle adoptée ; les piquets seraient représentés par de petites chevilles ; les saucissons se feraient avec de la paille, en employant du gros fil au lieu de harts : les gabions et claies se construiraient avec de menus brins d'osier bien plians, etc.

Nous ne doutons point, qu'après avoir été exercés quelquefois de cette manière, les canonniers ne fussent beaucoup plus capables d'exécuter en grand tous les travaux de cette espèce ; et, si on sait exciter à propos leur émulation, ils se livreront avec plaisir à une occupation aussi agréable qu'utile, qu'on pourra même leur présenter comme une récréation, au milieu des études plus sérieuses et plus arides qui remplissent pour eux les mois d'hiver, pendant lesquels les travaux et les manœuvres du polygone sont forcément suspendus.

TRAITÉ

THÉORIQUE ET PRATIQUE

DE LA CONSTRUCTION

DES BATTERIES.

INTRODUCTION.

Le mot *batterie* a plusieurs significations.

On appelle ainsi, en général, la réunion de plusieurs bouches à feu, qui doivent agir concurremment, avec tout le personnel et le matériel nécessaire à leur exécution ; mais on nomme aussi *batterie*, l'emplacement préparé pour les recevoir, et disposé de manière à les garantir plus ou moins complétement du feu de l'ennemi.

Construire une batterie, suivant la dernière acception de ce mot, c'est donc préparer un emplacement tel qu'un nombre déterminé de bouches à feu puissent y être placées convenablement à l'objet qu'elles doivent produire, et qu'elles y soient suffisamment couvertes, ainsi que les canonniers qui doivent les servir.

Il y a des *batteries de campagne*, des *batteries de place*, des *batteries de côte*, des *batteries flottantes* et des *batteries de siége*. Nous donnerons quelques détails sur les quatre premières espèces de batteries; mais c'est principalement à la construction des batteries de siége que nous consacrerons ce Traité, parce que c'est dans les siéges que cette construction présente le plus de difficultés, et que c'est là aussi qu'elle offre les résultats les plus importans.

Il peut paraître, sans doute, fort simple et fort facile de *couvrir un certain nombre de bouches à feu, en formant, en avant d'elles, un épaulement ou un massif de terre de dimensions déterminées, revêtu en tout ou en partie;* mais la chose se compliquera singulièrement, si l'on songe qu'il faut en même temps *choisir l'emplacement le plus avantageux, ou tirer le meilleur parti possible d'un emplacement déterminé; épargner la vie des hommes; économiser le temps et les matériaux, dont on manque le plus souvent; surmonter les obstacles que peuvent présenter la nature du terrain ou les cir-*

constances; vaincre les difficultés que l'en-
nemi aura soin de susciter; juger quels sont,
dans chaque cas particulier, les procédés
qu'il convient d'employer, les matériaux
dont il faut se servir, etc.

Telles sont les différentes questions qui
se présentent dans l'établissement des batteries, et nous allons essayer de donner,
pour les résoudre, des règles précises, com-
plètes, et à la portée des intelligences ordinaires, en offrant dans ce Traité un résumé
de tout ce qui a été imprimé ou écrit sur
ce sujet, soit en France, soit à l'étranger,
et des remarques particulières de plusieurs
officiers d'un mérite reconnu.

Afin de mettre cet ouvrage à la portée du
plus grand nombre possible de lecteurs,
nous nous y sommes interdit toutes les for-
mules scientifiques et les calculs compli-
qués, qui sont d'ailleurs d'une application
plus difficile qu'utile dans la pratique. C'est
à celle-ci que nous nous sommes particulièrement attachés, et nous avons tâché de
ne rien omettre de ce qui peut la bien faire
connaître. A cet égard les officiers d'artillerie expérimentés dans toutes les parties
du service de leur arme pourront trouver

peut-être dans ce livre quelques détails superflus ; mais nous avons cru néanmoins devoir les y faire entrer, afin de ne rien négliger de ce qu'il est nécessaire d'enseigner aux jeunes artilleurs sur l'art de construire les batteries.

Ces derniers trouveront donc ici tout ce qu'il leur est indispensable de savoir sur une partie de leur service qui est de la plus grande importance, puisque du plus ou moins d'intelligence et de zèle avec lesquels on s'en acquitte, peuvent dépendre la reddition plus ou moins prompte des places assiégées, des camps retranchés ou autres postes fortifiés, et les pertes plus ou moins considérables qu'on fera pour s'en emparer.

CHAPITRE Ier

Des objets nécessaires à la construction des batteries.

§. 1.er

Désignation des objets nécessaires à la construction des batteries.

Les objets nécessaires pour la construction des batteries sont de deux sortes :

1.º Les *instrumens, outils* et *ustensiles* dont on se sert pour les construire, et qui, pour la plupart, sont restitués à leur dépôt après l'opération terminée ;

2.º Les *matériaux* employés dans la construction même, qui en forment pour ainsi dire le corps, et qui, une fois employés, ne peuvent en être retirés sans être immédiatement remplacés.

§. 2.

Description et usages particuliers des outils, instrumens et ustensiles employés à la construction des batteries.

Les *outils, instrumens* et *ustensiles* nécessaires pour la construction des batteries, sont les suivans :

1.° **Des** *cordeaux.* **Ils servent à mesurer des distances sur le terrain ou à y tracer des lignes. Dans le premier cas, on les appelle** *cordeaux à mesurer;* **dans le second,** *cordeaux à tracer.* **Ils ont ordinairement 18 à 20 toises (36 à 40 mètres[1]) de longueur, et 3 à 4 lignes (7 à 9 millimètres) de diamètre. Pour que l'humidité ne les pourrisse pas et pour que leur longueur soit invariable, on est dans l'usage en Allemagne de les faire bouillir dans l'huile de lin : afin qu'ils ne s'enmêlent pas, on les pelotonne autour d'un piquet en forme de fuseau, de manière qu'un de leurs bouts étant attaché à un autre piquet, fixé en terre, on puisse aisément les dévider à mesure qu'on s'en sert sur le terrain pour tracer des lignes ou mesurer des distances. Les cordeaux destinés à ce dernier usage sont marqués à chaque toise et à chaque pied (à chaque mètre ou décimètre), soit au moyen d'un**

---

1. Les dimensions indiquées dans cet ouvrage en mesures métriques, ne sont pas exactement équivalentes aux dimensions correspondantes en anciennes mesures, attendu qu'il nous a paru préférable de remplacer les longueurs exactes, mais exprimées par un grand nombre de chiffres décimaux, par les nombres ronds qui s'en rapprochent le plus.

nœud, soit avec un petit morceau de drap ou d'une autre étoffe de couleur tranchante.

2.° Des *toises* (ou *doubles-mètres*). Ce sont des règles ou liteaux en bon bois dur ou en bois blanc bien sec, d'un pouce (3 centimètres) d'équarrissage et de 6 pieds (2 mètres) de long : sur une de leurs faces sont marqués les pieds (les décimètres) par des crans noircis, et la dernière de ces divisions est subdivisée en pouces (en centimètres).

3.° Des *niveaux de maçon*, instrumens trop connus pour qu'il soit nécessaire de les décrire.

4.° Des *grandes règles*, destinées à poser sous le *niveau de maçon;* elles doivent être en bois blanc bien sec et avoir 8 à 12 pieds (3 à 4 mètres) de long, sur 8 pouces (2 décimètres) de large, et 2 pouces à 2½ pouces (5 à 6 centimètres) d'épaisseur.

5.° Diverses sortes de *pioches*, de *pics-hoyaux* ou de *pics-à-roc*, pareils à ceux qu'emploient les jardiniers et terrassiers.

6.° Différentes sortes de *pelles* ou *louchets, idem.*

7.° De *grosses masses* bien emmanchées

et cerclées en fer, et d'autres plus petites en forme de *gros maillets à main*.

8.° Diverses *dames*, pour battre et damer les terres.

9.° Des *cabestans* ou *capestans*. C'est une machine composée de deux leviers, réunis par une chaîne ou un cordeau : elle est destinée à serrer ou étrangler les saucissons. Les leviers ont 3½ pieds (1 mètre 15 centimètres) de long, et ils sont renforcés et forment un coude du côté de la chaîne ou du cordeau.

10.° Des *scies*.

11.° Des *serpes* et d'autres outils de ce genre pour couper le bois.

12.° Des *paniers d'osier* de forme conique : ils ont 1 pied (32 centimètres) de haut, 1 pied (32 centimètres) de diamètre à la partie supérieure, et 8 pouces seulement (22 centimètres) de diamètre au fond.

13.° Des *sacs à terre*. Ils sont en grosse toile avec une ficelle ou un cordon à la partie supérieure, pour les serrer ou étrangler. Il y en a de deux grandeurs : les plus petits ont 14 à 15 pouces (36 à 40 centimètres) de large, et 2 pieds (65 centimètres) de haut. On peut s'en servir, à défaut de paniers, pour le transport des terres. Les plus grands ont la même largeur, mais 2 ½ pieds (80 centimètres) de haut : ils sont employés comme matériaux dans la construction même du *parapet*. Pour garantir ces derniers sacs de l'humidité, en prévenir la pourriture et les faire durer plus long-temps, il serait bon de les tremper dans de l'huile de lin ou de les enduire de goudron.

14.° Des *brouettes*. On les emploie pour transporter la terre, les gazons ou d'autres matériaux ; toutefois on ne peut pas s'en servir dans les tranchées, ni dans les autres endroits où la terre a été remuée, à moins de les faire rouler sur des planches placées sur le sol.

15.° Des *civières* ou petits *brancards*, dont le fond est formé de planches ou d'un fort clayonnage en osier. On s'en sert pour transporter les terres quand on ne peut y employer les *brouettes*.

16.° Des *rateaux*. Ils sont ordinairement en fer, mais on en a aussi en bois.

17.° Des *cruches* ou *arrosoirs* en fer-blanc.

18.° De *gros balais* ordinaires.

19.º Des *pelles en bois.*

20.º Un *banc de bois* ou *établi* de 4 pieds (1 mètre 30 centimètres) de longueur, et 2 pieds (65 centimètres) de hauteur.

21.º Des *piquets ferrés*, semblables à ceux dont se servent les jardiniers.

22.º De *petits piquets* pour jalonner ou tracer les lignes sur le terrain. Ils sont ordinairement de 2 pieds (65 centimètres) de longueur.

§. 3.

Description et usages particuliers des matériaux employés dans la construction des batteries.

1.º La principale matière qui entre dans la construction des batteries, est la terre. On se la procure sur la place même, ou bien on l'apporte dans des *paniers*, des *sacs*, des *brouettes*, etc. Comme ordinairement on ne peut pas choisir l'espèce de terre qu'on doit employer, on en rencontre souvent de différentes qualités, relativement à leur dureté, leur résistance, etc. Nous expliquerons plus loin, d'une manière détaillée, les différens procédés qu'on doit employer dans le travail, suivant les diverses espèces de terres sur lesquelles on opère.

2.° Le *bois de branchage*. Le meilleur qu'on puisse employer, dans la construction des batteries, est celui dont les rameaux sont alongés, minces et droits, dont les tiges n'ont pas trop de grosseur et sont cependant bien garnies de menus brins.

On se sert de cette espèce de bois pour confectionner *a*) les *liens* ou *harts*, *b*) les *fascines*, *c*) les *saucissons*, *d*) les *gabions*, *e*) les *claies*.

a) Les *liens* ou *harts* sont formés de bois tendre, tel qu'*osier, saule* ou tout autre bois bien pliant. On peut s'en procurer de très-bons et en très-grande quantité en bois de vigne sauvage. L'on emploie ces sortes de liens dans la construction des fascines et saucissons, et dans différentes autres parties de la construction des batteries. S'il arrivait qu'on ne pût pas se procurer de l'espèce de bois nécessaire pour ces harts, on pourrait se servir, à leur défaut, de bouts de petites cordes de 4 à 6 pieds (1 mètre 30 centimètres à 2 mètres); on pourrait même, en cas de besoin, et principalement dans les places assiégées, où l'on viendrait à manquer de bois pliant et de menus cordages, y suppléer au moyen de fil de fer ou de laiton recuit.

b) Les *fascines* sont des fagots de branchages, étranglés ou liés au moyen de trois ou quatre *harts*. Ils ont ordinairement 6 pieds (2 mètres) de long sur 8 à 12 pouces (22 à 32 centimètres) de diamètre.

c) Les *saucissons* sont de longs faisceaux de bois bien cylindriques et serrés par des harts : il y en a de 18, 20 et 24 pieds (6 mèt., 6 mèt. 50 cent., et 8 mèt.) de long, et 10 à 12 pouces (28 à 32 cent.) de diamètre. Dans les siéges, il est bon d'avoir aussi des saucissons de 12 pieds (4 mètres), que l'on obtient en sciant en deux ceux de 24 pieds (8 mèt.), attendu qu'il est souvent difficile de transporter ces derniers dans les communications étroites et tortueuses des tranchées.

d) Les *gabions* sont formés de menus branchages, entrelacés entre de forts piquets plantés en cercle, de manière à former des espèces de paniers cylindriques sans fond. Les artilleurs français leur donnent communément 3 pieds (1 mètre) de hauteur, et 18 pouces (50 centimètres) de diamètre. Dans l'artillerie autrichienne, on en fait de 2, 3 et 4 pieds (65 centimètres, 1 mètre et 1 mètre 30 cent.) de diamètre, et dont les hauteurs correspondantes sont 3, 4 et 6 pieds (1 mètre, 1 mèt. 30 cent. et 2 mètres).

e) Les *claies* se font à peu près comme les gabions, seulement les piquets sont plantés en ligne droite, et on se sert pour les faire de branchages un peu plus forts. On emploie quelquefois les *claies* comme revêtement à défaut de *saucissons* ou de *gabions*.

Le bois de branchage sert en outre à fabriquer plusieurs autres matériaux qu'on emploie dans l'attaque et dans la défense des places, et que les artilleurs peuvent être appelés à confectionner : tels sont les *fascines*, dont on se sert pour tracer les *tranchées*, pour former les *blindages*, ou pour affermir et consolider le terrain dans les marécages; les *gabions de sape*, les *gabions farcis* ou *gabions roulans*, etc. Nous donnerons plus loin tous les renseignemens nécessaires pour mettre à même de les construire.

3.° Le *gazon* fait aussi partie des matériaux employés dans la construction des batteries; il faut pour cela qu'il soit coupé régulièrement en forme de briques.

4.° Outre les piquets qui servent comme instrumens, dans la construction des batteries, il y en a encore qui servent comme matériaux pour fixer les saucissons ou les gazons, etc. Il y en a de 2, 3, 4 et 5 pieds (65 cent., 1 mètre, 1 mètre 30 cent. et 1 mètre 60 cent.) de longueur, et ils sont tous de 2 pouces à $2\frac{1}{2}$ pouces (5 cent. à 7 cent.) de largeur. On leur donne 1 pouce (3 cent.) d'épaisseur dans leur milieu, et on en termine l'extrémité en pointe. Les plus courts peuvent se faire en bois blanc; mais les plus grands doivent être en bois dur.

On distingue, dans l'artillerie autrichienne, les *piquets à crochets*, les *piquets à mentonnet* et les *piquets de gazonnage*. Les premiers ont 3 à 4 pieds (1 mètre à 1 mètre 30 cent.) de long et sont en bois dur; ils ont à leur tête une saillie comme les piquets de tentes, et servent à retenir les *harts de retraite*, dont nous expliquerons plus loin l'usage.

Les *piquets à mentonnet* sont très-forts et

(15)

surmontés d'une espèce de tête saillante :
on s'en sert dans la construction des plates-
formes. Ils ont 2 pieds (65 centimètres) de
longueur ; la tête relevée est de 4 ½ pouces
(12 cent.), et a 6 pouces (16 cent.) de long et
2 ¾ pouces (7 cent.) de grosseur ; la saillie
de la tête est de 3 ¾ pouces (10 cent.) ; la
partie inférieure du piquet a 2 ½ pouces (7
cent.) d'épaisseur, et se termine en pointe.

Les *piquets de gazonnage* sont de bois
blanc, simplement équarris. Ils ont 1 pied
(30 centimètres) de long, et ¾ pouces (2
centim.) de grosseur à la tête. Ils servent,
comme leur nom l'indique, à fixer les gazons
employés dans la construction des revêtemens.

5.° Les *lambourdes* sont des prismes rec-
tangulaires de bois dur ou de bois blanc
de différentes longueurs : leur description
particulière sera donnée plus loin avec leur
emploi.

6.° Les *madriers* ou planches de différentes longueurs, largeurs et épaisseurs sont
encore au nombre des matériaux qui entrent dans la construction des batteries.

7.° Il en est de même des *chevilles* en bois
dur ou des clous en fer de 6 à 8 pouces (16

à 21 centimètres) de longueur, et ½ pouce (1 cent.) de grosseur, qu'on nomme *clous de batterie*, et qui sont employés, par les artilleurs allemands, dans la construction des plate-formes.

8.° Les *sacs à terre* ou *sacs à sable*, dont nous avons déjà donné la description et les dimensions (§. 2, art. 13) et qui servent à transporter de la terre ou du sable, peuvent aussi être employés comme matériaux dans la construction des batteries.

9.° Enfin, on y emploie encore quelquefois des *sacs à laine*, formés de coutil, de grosse toile ou de toute autre étoffe d'un tissu solide, que l'on remplit de laine bien pressée, et qu'on lie avec de petits cordages ou de la grosse ficelle passée en croix. Ces sacs ont ordinairement de 9 à 15 pieds (3 à 5 mètres) de long, sur 3 à 4 pieds (1 mètre à 1 mètre 30 cent.) de diamètre. On les emploie, à cause de leur peu de pesanteur, à la formation de l'*épaulement* sur les *bâteaux plats* ou *radeaux*, sur les sites pierreux ou rocailleux, où l'on ne trouve point de terre; enfin, dans des endroits que rend très-périlleux la proximité du feu de l'ennemi, et où l'on doit, par conséquent, mettre la plus grande promptitude dans la construction des batteries.[1]

La confection de ces différens objets, qu'on peut employer dans la construction des batteries, étant spécialement du ressort de l'artillerie, nous allons entrer dans quelques détails sur la préparation de chacun d'eux.

§. 4.

Préparation des harts employées à la confection des fascines ou saucissons, et des harts de retraite.

Pour préparer les *harts*, on coupe, dans les forêts ou dans les taillis, des brins de jeune chêne, de bourdaine, de coudrier, de saule ou d'osier, de la longueur de 5

---

1. Au siége de la citadelle de Turin, en 1799, les Autrichiens firent usage de ces sacs à laine pour former les parapets de leurs batteries, établies dans la tranchée, ouverte à 300 pas du glacis, près de la porte *Susina*; et ils prirent à cet effet, par réquisition, une grande quantité de matelas chez les habitans. De cette manière, ils brusquèrent le siége et se rendirent maîtres de la citadelle en peu de jours. Au siége de Lyon, en 1793, les habitans, obligés d'improviser en quelque sorte des fortifications, employèrent de même des balles de coton, dont leur ville renfermait une très-grande quantité.

pieds (1 mètre 60 cent.) environ, et ayant les qualités indiquées §. 3, article *a*; puis on les dépouille, jusqu'à la distance de 1 pied (32 cent.) du bout, de toutes leurs menues branches.

Il y a différentes façons de tordre ces harts et d'y faire la boucle. Voici celle qui est en usage dans l'artillerie française. On place sous le pied le petit bout de la hart, à l'endroit où elle commence à être assez forte pour former la boucle; de là on commence à tortiller la hart sur elle-même de la main droite, tenant le gros bout en l'air dans la main gauche, en la laissant tourner par ce bout, mais en l'empêchant de tourner par l'autre, qu'on tient ferme avec le pied. On continue à tortiller ainsi le bois, en remontant et en se redressant, à mesure qu'on sent qu'il a perdu sa roideur, et jusqu'à 1 pied (32 centimètres) à peu près du gros bout; on forme ensuite la boucle, en faisant un nœud d'allemand double qui puisse laisser passer librement le gros bout de la hart.

Dans l'artillerie autrichienne, avant de tordre les harts, on les fait tremper quelque temps dans l'eau, puis on les expose sur un

feu de flamme, jusqu'à ce que la chaleur
commence à faire crevasser l'écorce. Cela
fait, pour tordre la hart, on plante verticalement en terre un grand piquet ou espèce de poteau de 3 à 4 pouces (8 à 10 centimètres) de diamètre, à l'extrémité supérieure duquel on perce plusieurs trous.
On introduit dans un de ces trous le gros
bout de la hart, on l'y arrête au moyen
d'une éclisse, et on tord ensuite le brin,
en le roulant en hélice sur un rondin ou
cylindre de bois dur.

On fera bien de ne pas confectionner à
la fois une trop grande quantité de ces
liens; car ils deviennent cassans en séchant.
On peut, à la vérité, les conserver un peu
plus long-temps en bon état, en les laissant
tremper dans l'eau, ou en les enterrant
dans un sol fraîchement remué; mais, malgré ces précautions, ils ne tardent pas à
perdre de leur qualité.

Les harts fabriquées avec les brins de vigne sauvage se confectionnent de la même
manière, excepté qu'il n'est pas nécessaire
de les exposer à l'action du feu : quand ces
sortes de liens ont été bien tordus, ils sont
plus flexibles que toute autre espèce de hart,

moins sujets à se casser et aussi forts qu'une corde de la même grosseur.

Les outils ou instrumens nécessaires pour confectionner les harts suivant la méthode autrichienne, se réduisent à un gros piquet percé de trous, un rondin de 2½ pieds (80 cent.) de long sur 1 pouce 3 lignes (3 cent.) de diamètre, un banc solide, quelques serpes et quelques éclisses.

Les *harts de retraite* sont des harts à deux boucles, qu'on emploie en certains cas pour consolider la chemise ou le revêtement de la batterie ; nous expliquerons plus tard l'usage de ces liens, qu'on prépare comme il suit : on enfonce en terre, à 2 pieds (65 cent.) de profondeur, un grand piquet, ayant 3 pouces (8 cent.) de diamètre et fendu à sa partie supérieure ; dans cette fente on introduit l'extrémité de la hart, qui doit avoir 6 pieds (2 mètres) de longueur, et que l'on tord de droite à gauche, après l'avoir chauffée sur un feu doux pour la rendre pliante et flexible : lorsqu'elle est ainsi tordue et qu'elle a pris la forme d'une vis ou d'un tire-bouchon, on fait une boucle à l'extrémité la plus mince, on plie la hart par le milieu, en passant le

gros bout à travers la boucle ; on l'aban-
donne ensuite à elle-même et, son élasticité la faisant détordre, il se forme naturellement une boucle à l'endroit où on l'a
pliée.

Si on ne trouvait pas à se procurer une
assez grande quantité de ces liens de 6 pieds
(2 mètres) de longueur, on pourrait y suppléer en réunissant deux à deux des harts
ordinaires, qu'on tordrait de manière à ce
que le gros bout de l'une entrât dans la
boucle de l'autre, et qu'on attacherait ensemble par un nœud ordinaire.

§. 5.

Dispositions préliminaires pour la confection
des saucissons.

Quand on voudra confectionner des *sau-*
cissons, il faudra d'abord envoyer dans la
forêt quelques artilleurs avec des hommes de
corvée tirés de l'infanterie ou des paysans
mis en réquisition, pour couper le bois de
branchage et les piquets nécessaires.

Cette ramée étant coupée, on pourra
travailler sur le lieu même à la confection
des saucissons et gabions, ou bien on y réu-

nira le bois de branchage en *fascines* ou *fa-gots*, pour le transporter, ainsi que les piquets, à l'endroit où l'on voudra établir les ateliers.

Il n'est pas nécessaire que ces gros fagots ou *fascines*, auxquels on donne 12 pieds (4 mètres) de long et 2 pieds (65 cent.) de circonférence, soient liés avec beaucoup de soin ; mais on ne saurait en apporter trop à la confection des *saucissons*, qui doivent être formés bien régulièrement, solidement serrés et exactement dans les dimensions prescrites. Les artilleurs français emploient ordinairement six de ces fascines pour un saucisson de 20 à 21 pieds (6 mètres 65 cent. à 7 mètres); mais les artilleurs autrichiens, qui font leurs fascines plus petites, en emploient 9 pour un saucisson de 18 pieds (6 mètres) de long, et 12 pour un saucisson de 24 pieds (8 mètres).

Lorsque l'on a réuni sur le lieu où l'on doit travailler une quantité suffisante de fascines, et qu'on a préparé le nombre de harts nécessaire, on forme, du personnel dont on peut disposer, des *ateliers* composés, dans l'artillerie française, de quatre hommes, et dans l'artillerie autrichienne,

de cinq hommes, dont un doit être nécessairement un artilleur, et on charge un
sous-officier de la surveillance spéciale d'un
certain nombre d'ateliers.

Les outils ou instrumens nécessaires à
chaque atelier sont : une *toise* ou *double
mètre*, un *cordeau à tracer*, quelques *petits
piquets* à jalonner, un *pic-hoyau*, un *piquet
ferré*, deux *masses*, un *cabestan*, une *scie*
ordinaire, deux *piquets* de 2 pieds (65 cent.)
de long, et une certaine quantité de *piquets*
de 6 pieds (2 mètres) de long et 3 pouces
(8 cent.) de diamètre. Ces derniers piquets
sont destinés à former les *chevalets* sur lesquels se confectionnent les saucissons, et
leur nombre se règle sur la longueur qu'on
veut donner à ces derniers. Il faut 9 *chevalets*, et par conséquent 18 *piquets*, pour
un saucisson de 18 pieds (6 mètres), et il
faut 24 piquets pour un saucisson de 24
pieds (8 mètres).

Enfin, chaque *atelier* doit encore avoir
une espèce de petite *fourche* en bois bien
dur, une baguette d'un pied (32 cent.) de
long, et une verge pliante ou un morceau de cordeau d'une longueur égale à
la circonférence du saucisson, c'est-à-dire

de 31½ pouces (90 cent.) pour le saucisson de 10 pouces (28 cent.), et 38 pouces (1 mètre 5 cent.) pour le saucisson de 1 pied (32 cent.), etc.

§. 6.

Confection des saucissons.

Toutes les dispositions préliminaires dont nous venons de parler étant faites pour confectionner les saucissons, on commencera d'abord par établir les *chevalets*.

Planche Ire, fig. 1.re

Pour cela, on tracera sur le terrain le plus uni et le plus horizontal qu'on pourra rencontrer, un rectangle dont le côté le plus long sera égal à la longueur qu'on veut donner au saucisson, et dont le petit côté sera de 2 pieds (65 cent.). On plantera, à cet effet, un piquet à chacun des quatre angles de ce rectangle *A*, *B*, *C*, *D*; on fera passer en dehors de ces piquets un cordeau, que l'on tendra bien également, et l'on creusera tout le long du cordeau une petite rigole avec un *pic-hoyau*.

Cette ligne étant ainsi tracée, on enlèvera le cordeau, puis on portera de *A* vers *D* et de *B* vers *C*, d'abord la longueur de 1 pied (32 cent.), puis des distances de 2 pieds

(65 cent.), jusqu'à l'autre extrémité de ces lignes, en marquant toutes ces distances par un coup de pic-hoyau donné en travers sur la première ligne tracée.

Sur le milieu de *A B* et de *C D,* on plan-tera verticalement deux courts piquets en *E E,* de telle sorte que leurs têtes se trouvent de niveau, à 2 pieds (65 centimètres) au-dessus du sol; puis on tendra fortement, de l'un à l'autre de ces piquets, un cordeau qui s'appuiera sur leurs têtes et qui sera retenu par deux autres petits piquets, plantés obliquement en avant des premiers.

Pour former ensuite les chevalets, à chacune des distances marquées sur les longs côtés du rectangle, on plante obliquement 2 piquets de 6 pieds (2 mètres), de manière à ce qu'ils se croisent au-dessus du cordeau et qu'ils soient enfoncés dans le terrain de 1½ pied à 2 pieds (de 48 à 65 centimètres).

En plantant ces piquets, il faut faire en sorte que ceux plantés sur la ligne *A D* aient tous leur épaisseur en-deçà des points marqués sur le terrain, c'est-à-dire vers *A,* et que ceux plantés sur la ligne B C, aient leur épaisseur au-delà du même point, c'est-à-dire vers C. On peut obtenir le même résultat d'une manière plus exacte, en retranchant de la première distance à partir du point A, la demi-épaisseur des piquets qu'on emploie, et en ajoutant au contraire cette demi-épaisseur à la première distance portée à partir du point B : en supposant, par exemple, que les piquets aient 3 pouces d'épaisseur (8 cent.); au lieu de porter un pied (32 cent.) de A vers D, et de B vers C, on ne portera que 10½ pouces (24 cent.) à partir de A, et on portera 13½ pouces (48 cent.) à partir de B; puis on portera sur chaque ligne des distances égales de 2 pieds (65 cent.), à partir de ces premiers points, et on pourra planter ensuite les piquets bien exactement sur les distances ainsi marquées.

Pour que ces piquets ainsi plantés et disposés en croix de saint André ne se dérangent point pendant la confection des saucissons, il faudra lier fortement chaque chevalet à sa jonction, en se servant de harts bien flexibles, de mèche ou de grosse ficelle.

Chaque atelier ayant ainsi établi ses chevalets, au nombre de neuf pour un saucisson de 18 pieds (6 mètres), et de douze pour un saucisson de 24 pieds (8 mètres), on préparera le bois des fascines : à cet effet, un ou deux hommes couperont avec la serpe tous les brins en sifflet uni ; ils ôteront les rameaux qui ne pourraient pas se plier dans le sens de ce brin; ils redresseront les parties tortueuses, en donnant, de biais, un coup de serpe, dans le rentrant du coude; enfin, ils arracheront les feuilles qui resteraient encore.

Cela fait, un homme à chaque bout, ou quelquefois un seul, qui doit être le plus exercé, couchera alternativement un brin de bois à chaque extrémité du rang des chevalets, les sifflets tournés du côté de l'axe du saucisson, les rameaux s'entrelaçant vers le milieu, en sorte que le saucisson ait la longueur précise qu'on veut lui donner, et en observant que les brins de bois, du côté du sifflet ne se dépassent pas et forment une espèce de tranche verticale. Dans les endroits où l'on s'apercevra que les rameaux moins fournis laisseraient des vides, on insérera quelques branchages et on continuera de mettre ainsi de la ramée entre les chevalets, jusqu'à ce qu'on reconnaisse qu'il y en a assez pour former un saucisson de la grosseur qu'on désire; ce dont on s'assurera en serrant le bois, de temps en temps et de distance en distance, avec le *cabestan*, et en mesurant la circonférence avec la petite verge pliante ou le morceau de cordeau dont nous avons parlé au §. 5.

Quand on s'est assuré de cette manière que le saucisson est suffisamment garni sur toute sa longueur, on le lie ou on l'*étrangle* avec des *harts*, qu'on place à 6, 8, 10 ou 12 pouces de distance l'une de l'autre (16, 21, 27, 32 cent.), suivant le nombre qu'on en a, ou la force du bois qu'on emploie.

Pour placer une *hart*, on embrasse le faisceau avec la chaîne ou la corde du *cabestan*, à côté de l'endroit où l'on veut le lier; puis, en faisant effort à l'extrémité des leviers, on serre peu à peu les branchages: à mesure qu'on serre, on donne au saucisson une forme cylindrique, en arrangeant à la main les brins de bois, dont on maintient le sifflet en dedans tant que l'on peut, surtout à l'extérieur, pour que le saucisson se *larde* mieux, et n'ait pas l'air diminué à ses extrémités. On continue de serrer ainsi jusqu'à ce que le faisceau ait un peu moins que le diamètre qu'il doit avoir, parce que les harts ne peuvent jamais serrer aussi bien que le *cabestan* : à cet effet, on mesure de temps en temps le saucisson, pendant qu'on le serre, en se servant d'un bout de cordeau ou de la verge pliante, dont il faut que les extrémités se recroisent.

Quand le faisceau est suffisamment serré, on place la *hart* tout contre la chaîne ou la corde du *cabestan* ; on passe le bout de cette *hart* dans la ganse ou *boucle* ; on la serre tout contre le faisceau avec le pied gauche, ou avec la petite *fourche* de bois dur dont nous avons parlé au §. 5 ; on tord ensuite la *hart* au-dessus de la boucle, en sorte qu'en faisant une espèce de spirale sur elle-même, elle arrête cette boucle, et forme ce qu'on appelle le *nœud* ; puis, pressant fortement ce *nœud* contre le faisceau, on passe et on engage dans les brins du saucisson le restant de la *hart*, qui doit être d'environ 6 pouces (16 cent.) de longueur : cela fait, on relâche le *cabestan* et on s'en sert pour placer une autre hart.

On commence à placer ainsi une hart à 6 pouces (16 cent.) de chacune des extré-

mités du saucisson, puis on continue à en
mettre alternativement 2 ou 3 à chaque
bout, en avançant et en finissant d'en mettre
dans le milieu, en plaçant toujours les
nœuds sur une même ligne droite. La distance d'une hart à l'autre est mesurée avec
la petite baguette dont nous avons parlé
§. 5, et qui a un pied (32 cent.) de longueur;
mais il sera bon de s'assurer de temps en
temps, avec la toise ou le double mètre,
si on a bien placé ces liens.

Dans l'artillerie autrichienne, après que
toutes les harts sont placées, on scie carrément le saucisson aux deux bouts; pour
cela, on l'étrangle fortement à six pouces
de l'extrémité, et en l'appuyant sur le petit
piquet qui se trouve en dehors.

Quand le saucisson est fini, on le retire
de dessus le chevalet, on le redresse à coups
de masse s'il offre quelques difformités, et
on le nettoie avec la serpe s'il y a quelques brins qui sortent en dehors du faisceau, de manière à ce qu'il soit bien droit
et bien uni.

Dans l'artillerie française, on compte
qu'un atelier de quatre hommes doit faire en
trois heures de travail un saucisson de 20

pieds (6 mètres 40 cent.) de longueur, et de 1 pied (32 cent.) de diamètre. Dans l'artillerie autrichienne, qui ne donne que 10 pouces (28 cent.) de diamètre à ses saucissons, on compte qu'un atelier de cinq hommes peut en confectionner, en dix heures de travail, huit à dix de ceux de 18 pieds (6 mètres) de longueur, et six à huit de ceux de 24 pieds (8 mètres) de longueur.

§. 7.

Dispositions préliminaires pour la confection des gabions.

On n'emploie à la confection des gabions que le bois de branchage le plus menu, mais aussi le plus long, le plus droit, et surtout le plus flexible qu'on peut trouver. Le meilleur est celui de *saule*, puis viennent ceux de *bouleau*, *noisetier*, *peuplier* et *jeune hêtre.*

On y emploie aussi des liens ou harts préparés comme il a été expliqué au §. 3.

Les piquets dont on se sert, et qui doivent tous être terminés en pointe, sont de différentes longueurs, suivant les dimensions des gabions qu'on veut confectionner.

Pour les gabions de 2 pieds (65 cent.) de

diamètre, ils doivent avoir 4½ pieds (1 mèt. 46 cent.) de longueur, sur 1½ pouce (4 cent.) de grosseur.

Pour ceux de 3 pieds (1 mètre) de diamètre, il faut qu'ils aient 5½ pieds (1 mèt. 78 cent.) de longueur, sur 2 pouces (5 cent.) de grosseur.

Enfin, pour les gabions de 4 pieds (1 mètre 30 cent.) de diamètre, il faudra des piquets de 7½ pieds (2 mètres 44 cent.) de longueur, sur 3 pouces (8 cent.) de grosseur.

Ces dimensions sont celles qu'on doit donner, à la rigueur, aux piquets employés aux diverses espèces de gabions; mais comme on les fait faire le plus ordinairement par des hommes peu expérimentés dans cette sorte de fabrication, il arrive assez souvent, surtout pour les gros gabions, que le clayonnage n'est pas bien serré et bien arrêté au moyen des harts, ce qui provient toujours de ce que, les piquets n'étant pas assez solidement enfoncés dans la terre, ils ont cédé d'un côté ou d'un autre pendant l'opération. Pour éviter ce défaut, qui pourrait être cause que les gabions se renversassent quand on les remplirait de terre, on fera bien de donner à chaque espèce de piquet, ou du moins aux plus longs, 9 à 12 pouces (24 à 32 cent.) de longueur de plus que celle précédemment fixée, afin qu'on puisse mieux les enfoncer dans la terre.

Les travailleurs sont partagés, pour confectionner les gabions, en détachemens ou en *ateliers* de trois hommes chacun, parmi lesquels il faut, autant que faire se peut, qu'il y ait un artilleur qui dirigera l'ouvrage, avec un sous-officier pour surveiller un certain nombre d'*ateliers*.

Les outils et instrumens nécessaires à chacun de ces ateliers sont :

Une toise ou double mètre.

Un banc solide.

Une masse.

Une scie ordinaire.

Deux serpes.

Deux leviers de manœuvre.

Un pic-hoyau.

Un piquet à pointe ferrée.

Un cerceau des dimensions du gabion que l'on se propose de confectionner.

Un cordeau à tracer, ou, pour aller plus vite, un *patron* en bois.

Enfin, quelques petits piquets.

Le *cerceau* et le *patron* ci-dessus indiqués n'ayant pas été décrits au §. 2, nous devons entrer ici dans quelques détails sur ces deux objets.

Le *cerceau* n'est autre chose qu'un brin de bois flexible, plié suivant la circonférence d'un cercle, comme en font les tonneliers. Il faut qu'il soit fort et bien lié, et que son diamètre soit exactement celui du vide intérieur du gabion pour lequel il est destiné.

Pour avoir le diamètre de ce cerceau, il faut, en conséquence, retrancher du diamètre extérieur du gabion le double de l'épaisseur du clayonnage, qu'on peut évaluer généralement à un pouce (8 cent.) et le double de l'épaisseur des piquets que nous avons donnée plus haut. Ainsi, pour les gabions de 2 pieds (65 cent.) de diamètre, le cerceau aura 19 pouces (50 cent.); pour ceux de 3 pieds (1 mètre) il aura 30 pouces (84 cent.), et pour ceux de 4 pieds (1 mètre 32 cent.) il aura 40 pouces (1 mètre 10 cent.)

Le *patron* est une planche ou une réunion de planches, consolidée par deux liteaux en croix, arrondie en cercle, d'un diamètre proportionné à celui du gabion

auquel elle est destinée, et à la circonférence
de laquelle on ménage autant d'échancrures
demi-circulaires qu'on doit employer de
piquets; c'est-à-dire 7 pour les gabions de 2
pieds (64 cent.) de diamètre, 9 pour ceux de
3 pieds (1 mèt.), et 11 pour ceux de 4 pieds
(1 mètre 32 cent.): le diamètre de ces échancrures doit être un peu plus fort que celui
des piquets auxquels elles sont destinées, et
il faut les espacer entre elles bien également.

Au moyen d'une opération géométrique,
on pourra toujours diviser une circonférence quelconque en un nombre quelconque de parties égales; mais dans la pratique,
où il suffit d'une approximation, on pourra
tracer les différens patrons ainsi qu'il suit :
pour en déterminer le diamètre, on retran-
chera d'abord de celui du gabion auquel
ils sont destinés, 1 pouce (3 cent.) pour l'é-
paisseur du clayonnage, puis on espacera les
échancrures, auxquelles on donnera pour
profondeur la moitié du diamètre du piquet; pour les gabions de 2 pieds (64 cent.),
10½ pouces (285 mill.); pour ceux de 3 pieds
(1 mèt.), 16 pouces (43 cent.); pour ceux de 4
pieds (1 mèt. 32 cent.), 21½ pouces (54 cent.).

Les piquets, cerceaux et patrons repré- Planche I.re,
fig. 4, 5, 6.

sentés dans la planche Ire sont ceux qui servent à la construction des gabions dans l'artillerie autrichienne.

Les artilleurs français n'emploient pour cette construction ni cerceaux ni patrons : leurs gabions sont ordinairement de 18 pouces (485 millim.) de diamètre; pour les faire, ils se bornent à tracer un cercle sur un terrain bien horizontal, et à planter sur la circonférence de ce cercle sept piquets espacés de 8 pouces (112 mill.) de l'un à l'autre.

Il est sans doute inutile de faire remarquer que, lorsqu'un certain nombre d'*ateliers* sont réunis, les mêmes ustensiles pouvant servir à plusieurs, on peut en diminuer le nombre sans nuire à l'activité du travail.

§. 8.

Confection des gabions.

Les gabions doivent se faire sur un terrain uni et bien horizontal. Pour procéder à leur construction, on plante, au milieu de l'emplacement sur lequel on veut en établir un, un petit piquet, auquel on attache, au moyen d'une boucle un peu lâche, un bout de cordeau d'une longueur égale à la moitié du diamètre qu'on veut donner au gabion, moins la moitié de l'épaisseur du clayonnage. A l'autre bout de ce cordeau l'on fixe un morceau de bois pointu, puis, avec la longueur du cordeau comme rayon, on décrit un cercle dont le petit piquet est le centre.

On divise la circonférence de ce cercle en sept, neuf ou onze parties égales; on marque les points de division par une petite ligne tracée avec un pic-hoyau, et on y enfonce les piquets bien verticalement, de manière à ce qu'ils pénètrent dans la terre de 6 ou 9 pouces (16 ou 24 cent.), en commençant à faire les trous avec un petit piquet ferré, et en frappant ensuite avec une masse sur la tête des grands piquets.

On a deux motifs pour mettre toujours les piquets en nombre impair.

1.° Si on clayonne à un seul brin et pendant plusieurs tours dans le même sens, comme on le fait le plus ordinairement, il faudrait, dans le cas où les piquets seraient en nombre pair, en laisser à chaque tour deux consécutifs en dedans ou en dehors, ce qui rendrait les gabions informes; à la vérité, lorsque le clayonnage se fait à deux brins, au moyen de deux hommes qui entrelacent en sens contraire, comme cela se fait en Autriche, quand on a à sa disposition des hommes exercés, cet inconvénient du nombre pair de piquets ne se rencontre plus, mais on ne peut éviter le second, que voici.

2.° D'après les dimensions ordinaires des gabions, si au lieu de sept, neuf ou onze piquets on n'en employait que six, huit ou dix, ces piquets se trouveraient trop espacés et les gabions ne seraient pas assez ronds. Si, au contraire, on voulait en mettre huit, dix ou douze, ils se trouveraient trop rapprochés et les brins de bois entrelacés, pliés sous des angles trop fermés, risqueraient d'éclater.

Au moyen du *cerceau*, on s'évite la peine de tracer le cercle, et au moyen du *patron* on a immédiatement les divisions cherchées et les emplacemens des piquets.

Ceux - ci plantés bien verticalement et bien solidement, on commence à y entrelacer le branchage, en mettant le gros bout en dedans du gabion, et en laissant alternativement un piquet en dedans et un en dehors; quand la branche qu'on entrelace devient trop mince et qu'on approche

du bout, on y en joint une seconde , et
on a soin de les bien tortiller ensemble,
en continuant l'entrelacement : à mesure
qu'on a fait quelques tours, on serre l'entrelacement à coups de maillet, pour faire
bien joindre les branchages les uns contre
les autres.

Dans l'artillerie autrichienne, on ne continue ainsi le travail que jusqu'au quart de
la hauteur du gabion ; arrivé là, si jusqu'a-
lors on a clayonné en allant de droite à
gauche, on commence à clayonner en allant de gauche à droite jusqu'à la moitié
de la hauteur du même gabion ; puis on
va de nouveau de droite à gauche jusqu'aux
trois quarts de sa hauteur, et on le termine
enfin en travaillant de gauche à droite. Au
moyen de ce procédé, on est plus sûr que
les piquets conserveront invariablement
leur position verticale, et il contribue par
conséquent beaucoup à la régularité et à
la solidité des gabions. Dans le cas où on
se trouverait obligé d'employer du bois de
mauvaise qualité, on ferait bien de changer plus souvent de direction, et si ce bois
était très-peu flexible et très-cassant (comme le chêne, par exemple), il convien-

drait même d'en changer à chaque tour, comme cela serait absolument nécessaire si les piquets étaient en nombre pair.

Pendant le travail, et quelle que soit la marche qu'on ait suivi, on fera bien de vérifier souvent si les piquets conservent leurs distances, soit entre eux, soit avec le piquet du milieu.

Arrivé au niveau de la tête des piquets, et après avoir donné le dernier coup de maillet, on lie ensemble les trois derniers tours, au moyen de quatre petites *harts* également espacées (dans l'artillerie autrichienne on met une hart à chaque piquet); cela fait, on enlève le gabion, en se servant d'un *levier de manœuvre*, dont on enfonce la *pince* sous le clayonnage, près d'un piquet, et en prenant pour point d'appui une masse de batterie. En appuyant sur le bout du levier, on soulève ainsi peu à peu le gabion auprès de chaque piquet, jusqu'à ce qu'on l'ait entièrement dégagé; on lie ensuite les trois premiers tours du clayonnage, comme on a lié les trois derniers; on avive les pointes des piquets, si elles sont émoussées; on nettoie et on ébarbe bien le gabion avec une serpe, et on le met de côté.

On peut se servir des mêmes trous de piquets pour en enfoncer d'autres, et faire de
nouveaux gabions des mêmes dimensions,
tant que les piquets pourront y être enfoncés assez solidement ; mais aussitôt que ces
trous seront trop agrandis, il faudra tracer
un nouveau cercle, et procéder de nouveau à la division et au placement des piquets.

Dans l'artillerie autrichienne, on compte
qu'en dix heures de travail, chaque atelier
de trois hommes, quand ils auront été exercés, pourra confectionner deux gabions de
4 pieds (1 mètre 32 cent.) de diamètre, ou
trois de 3 pieds (1 mèt.), ou enfin quatre de
2 pieds (64 cent.). Suivant l'Aide-mémoire
des officiers d'artillerie de France, un atelier de trois hommes doit confectionner un
gabion de tranchée en deux heures.

§. 9.

De différentes espèces de fascines ou clayon-
nages employés dans les travaux d'attaque
ou de défense des places.

Nous avons déjà dit (§. 3) que les artilleurs, soit dans les travaux des siéges, soit

même en campagne, pouvaient avoir à confectionner avec du bois de branchage différentes espèces de matériaux; nous allons donner ici quelques détails sur leur préparation.

Les *fascines à tracer* sont formées de menu bois de branchage ; elles ont 10 pouces (27 centimèt.) de diamètre, et 4 à 6 pieds (1 mètre 32 cent. à 2 mètres) de long; il faut qu'elles soient les plus droites et les plus égales que possible, et bien serrées au moyen de trois ou quatre harts. On les confectionne de la même manière que les saucissons et sur les mêmes chevalets.

On se sert souvent de ces fascines, dans les travaux de nuit des siéges, pour tracer la direction de la tranchée : à cet effet, chaque travailleur porte une de ces fascines, et la dépose devant lui, suivant la direction qui lui est indiquée par l'officier du génie qui conduit la tranchée; il creuse en arrière et jette la terre au-delà pour se mettre à couvert des feux de l'ennemi, en formant tout à la fois le boyau de tranchée et le parapet.

Les *fascines de blindage* servent à couvrir les *descentes à ciel ouvert* et les *passages de*

fossé, quand on les exécute en vue d'ouvrages de la place, d'où l'on peut être inquiété
par les feux *courbes* de l'ennemi. On établit alors, pour cette *descente* et pour le
passage du fossé, une *galerie blindée*, qu'on
recouvre avec des facines de cette espèce.
Elles sont formées des branchages les plus
gros et les plus forts, auxquels on fera bien
d'ajouter même de bonnes perches. On leur
donne ordinairement 1 pied (32 cent.) de
diamètre, et leur longueur est proportionnée à la largeur du passage qu'elles doivent
couvrir.

Il ne faut pas que ce passage soit trop
large, à moins qu'on ne veuille y placer,
dans le milieu, des montans supportant des
lambourdes, ce qui est indispensable surtout lorsque les fascines doivent être recouvertes de terre; car, sans cette précaution, le plafond de la galerie pourrait ployer
dans le milieu, ce qui entraînerait sa chute.

Pour donner à ces sortes de fascines la
dureté et la solidité qu'elles doivent avoir,
il est nécessaire d'apporter à leur confection les mêmes soins et les mêmes précautions que pour celle des saucissons.

Les *fascines de marécages* sont employées

à combler les fossés pleins d'eau, quand on veut les passer pour se porter sur la brèche, ou à construire des digues pour arrêter l'eau des petits ruisseaux dont on veut former les inondations, ou, enfin, à consolider des chemins ou des *terre-pleins* de batterie sur un sol marécageux. On les prépare comme les fascines ordinaires, à cette exception près, qu'on y emploie de plus gros branchages, et qu'on renferme des pierres ou des cailloux dans leur intérieur, pour qu'elles puissent couler a fond. On leur donne ordinairement 1 pied a 1½ pied (32 à 48 cent.) de diamètre. Quant à leur longueur, elle dépend naturellement de la largeur du passage qu'on veut en former. En Autriche elle est ordinairement de 6 pieds (2 mètr.).

Les *gabions roulans* ou *farcis* sont de gros gabions que les sapeurs font rouler devant eux, pour se couvrir des coups de l'ennemi, lorsqu'ils poussent la sape en avant. Ils ont 3 pieds à 3½ pieds (1 mètre à 1 mètre 30 centim.) de diamètre, sur 5½ pieds à 6 pieds (1 mètre 80 cent. à 2 mètres) de long. On les confectionne comme les gabions des plus grandes dimensions, dont nous avons déjà parlé §. 8; seulement on doit apporter encore beaucoup plus de soins dans leur confection, principalement à bien entrelacer le bois de branchage et à le serrer fortement. On choisira pour leur fabrication les branchages les plus minces, afin qu'étant plus flexibles ils puissent mieux se serrer contre les piquets, ce qui contribuera à rendre la surface des gabions d'une corbure plus uniforme, et à faciliter par conséquent leur mouvement de rotation.

Ces gabions étant achevés, on les remplit ou *farcit* de fascines, ou mieux encore de bourre de vache ou de laine bien serrée. Dans ce dernier cas, il faut qu'ils soient fermés à leurs deux extrémités par des claies ou des planches minces, qu'on arrête solidement aux piquets, qui doivent alors dépasser de 2 pouces (6 cent.) à chaque bout le clayonnage du gabion.

Les *fagots de sape* sont des fascines de 2½ pieds à 3 pieds (83 cent. à 1 mètre) de long, sur 10 à 12 pouces (27 à 32 cent.) de diamètre, liées au moyen de trois harts. On s'en sert pour garnir ou remplir l'intervalle entre deux gabions, ou pour farcir les *gabions de sape* : dans le premier cas, il faut qu'ils renferment intérieurement un piquet dont la tête arrase un des bouts de la fascine, et dont la pointe dépasse l'autre bout de 6 pouces (16 cent.).

Les *gabions de sape* ont 2½ pieds à 3 pieds (83 cent. à 1 mètre) de hauteur, et 1½ pied à 2 pieds (50 à 65 cent.) de diamètre. On les confectionne comme ceux qui servent au revêtement des batteries, excepté qu'on y emploie de plus petits piquets; les sapeurs s'en servent pour se couvrir en conduisant la tranchée.

Il est très-avantageux, dans les travaux des siéges, d'être pourvu d'une grande quantité de petits gabions de 2 pieds (65 cent.) de diamètre, sur 4 pieds (1 mètre 30 cent.) de hauteur. On les remplit de branchages ou de fagots de sape, et les artilleurs s'en servent pour se couvrir de la mousqueterie, en les plaçant sur le devant des embrasures, quand ils ont besoin de les réparer.

Il est aussi fort utile aux artilleurs de savoir confectionner, ou du moins faire confectionner les *paniers* dont on se sert pour le transport des terres, et ceux qu'on emploie pour le tir des pierriers; ils se

familiariseront aisément à ces sortes de travaux de clayonnage par la confection des
gabions ordinaires.

On emploie encore assez souvent, dans
la guerre des siéges et même en campagne,
de *petits paniers* tronconiques, fermés par
leur petit côté : on les remplit de terre, et
on les place, comme les sacs à terre, les uns
près des autres, sur la crête du parapet, où
ils forment des espèces de *crénaux* pour le feu
de l'infanterie. Ces petits paniers ont 1 pied
(32 cent.) de hauteur, 1 pied (32 cent.)
de diamètre à leur ouverture, et seulement
10 pouces (27 cent.) de diamètre au fond.
Pour les confectionner, on trace sur un
terrain uni un cercle ayant pour diamètre
celui que doit avoir le fond du panier ; sur
ce cercle on plante obliquement cinq piquets de 1 pouce (25 mill.) de diamètre et
1 pied 6 pouces (50 cent.) de longueur. A
un pied de distance du fond, on attache à
ces piquets un cerceau de la dimension que
le panier doit avoir à son ouverture, puis
on termine le clayonnage comme pour les
gabions.

Les *claies* se confectionnent aussi comme
les gabions, seulement les piquets, au nom-

bre de cinq, sept ou neuf, sont plantés en
ligne droite, et on y emploie des branchages
un peu plus forts : les claies que font les
artilleurs français, ont ordinairement 6
pieds (2 mèt.) de long sur 3 pieds (1 mèt.)
de haut; en Autriche elles ont de 4 à 6 pieds
(1 mètre 30 cent. à 2 mètres) en carré.

On se sert en campagne de ces sortes de
claies, dans l'attaque des retranchemens,
pour recouvrir les *trous de loup* que l'ennemi peut avoir creusés en avant de sa
position. Dans les siéges, on les emploie,
quand le terrain est humide, pour faire
une espèce de plancher sur lequel les travailleurs puissent travailler à sec; ou bien
encore pour faire la base des parapets des
batteries, ou d'autres constructions de ce
genre, dans les terrains marécageux.

§. 10.

Manière de couper et de lever les gazons em-
ployés pour le revétement des batteries.

Les *gazons* qu'on emploie pour le revêtement des batteries ont, en Autriche,
1 pied (32 cent.) de large, 1 pied 6 pouces
(50 cent.) de long, et 6 pouces (15 cent.)

d'épaisseur. En France, on leur donne 15 pouces (40 cent.) de longueur, 6 pouces (15 cent.) de largeur, et 6 pouces (15 cent.) d'épaisseur, qu'on réduit à 4 pouces (10 met.) avant de les placer.

Le meilleur *gazon* est celui que l'on coupe dans une prairie où l'herbe est bien touffue et a de longues et fortes racines qui rendent le terrain bien compacte. Si le terrain ne se trouvait pas assez humide au moment où il faudrait couper le gazon, on l'arroserait, quelque temps auparavant, de manière à ce que l'eau pénètre bien jusqu'à la racine des plantes, et y fasse adhérer la terre. On tracera ensuite, sur l'emplacement qu'on aura choisi, des lignes parallèles, espacées d'une distance égale à la longueur qu'on voudra donner aux pièces de gazon, et cela en suivant une corde tendue sur le terrain, avec un *louchet* ou un autre instrument bien tranchant qu'on enfoncera à peu près de 6 pouces (16 cent.) de profondeur : ces premières lignes étant ainsi tracées, on tracera de la même manière celles qui détermineront la largeur des pièces de gazon. Quelquefois on se sert, pour ces tracés, de planches qui ont les unes la largeur même des gazons, et les autres leur longueur. Ce procédé est beaucoup plus expéditif.

Pour couper le gazon, un homme place son instrument, le tranchant bien droit, sur la ligne tracée, et en comprime fortement le dos avec le pied; si le terrain est dur, on fera bien, pour hâter l'ouvrage, d'employer deux hommes, dont l'un tiendra l'instrument bien droit sur la ligne tracée, pendant que l'autre frappera à coups de masse sur le bout du manche.

Les gazons étant ainsi découpés, on les relèvera suivant le côté le plus long, et en agissant avec précaution, pour ne point les briser; on les tournera sur le côté de l'herbe, puis on les coupera et on les nettoiera bien exactement : si on ne pouvait pas les employer aussitôt après les avoir levés, il faudrait les rouler, l'herbe en dedans, pour qu'ils conservassent plus longtemps leur humidité.

Dans une toise carrée (3 mèt. 8o cent.), on peut tirer 55 gazons des dimensions de ceux que l'artillerie française emploie dans ses travaux. Un atelier de trois hommes pourra tailler 1oo gazons par heure dans un terrain ordinaire : un canonnier les arrachera, un autre les coupera carrément, et le dernier leur donnera le talus; le second et le troisième doivent être pourvus chacun d'un modèle en bois, représentant, l'un le plan, et l'autre la coupe du gazon.

On se sert, pour le transport du gazon, de *brouettes*, ou de petites *civières* à bras; ce dernier moyen est le meilleur, parce qu'il est moins sujet à briser les gazons et à détacher la terre qui tient à leurs racines.

CHAPITRE II.

Des diverses espèces de batteries et de leurs différentes parties.

§. 11.

Différentes espèces de batteries.

On distingue différentes sortes de batteries :

1.° D'après l'espèce des bouches à feu dont elles sont ou doivent être armées.

2.° D'après la position du sol sur lequel reposent les pièces, relativement à la surface du terrain sur lequel elles sont placées.

3.° D'après l'objet auquel ces batteries sont destinées.

4.° D'après la nature de leur construction, ou celle du terrain sur lequel elles sont établies.

5.° D'après leur emplacement et leur direction, relativement à l'objet qu'elles doivent battre.

6.° Enfin, d'après la nature et l'espèce des matériaux employés à leur revêtement.

Sous le premier rapport on distingue *les batteries de canons, les batteries de canons et obusiers, les batteries d'obusiers, les batteries de mortiers* et *celles des pierriers.*

Sous le second rapport on distingue :

1.° Les batteries dont l'intérieur se trouve de niveau avec le terrain sur lequel elles sont établies, supposé horizontal. Pour abréger le discours, nous les appellerons *batteries horizontales.*

2.° Celles dans lesquelles les bouches à feu se trouvent placées au-dessous du sol naturel, dans une espèce de fossé creusé à cet effet, mais de manière à pouvoir cependant tirer au-dessus de l'horizon : ce sont des *batteries encaissées.*

5.° Enfin, celles dont tout l'intérieur se trouve élevé au-dessus du terrain environnant, au moyen de terres rapportées : on les nomme *batteries élevées.*

Sous le troisième rapport on distingue :

1.° Les *batteries à ricochet* ou *d'enfilade,* qui ont pour objet *d'enfiler* suivant leur longueur les faces des ouvrages ennemis, de manière à ce que les projectiles, en y roulant ou en y faisant plusieurs bonds ou *ricochets,* puissent démonter les bouches à feu qui s'y trouvent placées, et mettre hors de combat les artilleurs chargés de les servir.

2.° Les *batteries de plein fouet,* destinées à battre *de front* le parapet des ouvrages de l'ennemi, et de détruire, par des coups *directs,* les bouches à feu qui se trouvent placées derrière ce parapet.

3.° Les *batteries de brèche,* au moyen desquelles on se propose de renverser le revêtement des ouvrages ennemis, et d'y pratiquer une ouverture par où l'on puisse monter à l'assaut.

Sous le quatrième rapport on distingue :

1.° Les *batteries à barbette :* ce sont celles dont le parapet ne s'élève qu'à la hauteur de l'entretoise de volée; elles ont cet avantage qu'elles permettent de tirer aisément dans toutes les directions.

2.° Les *batteries à embrasures*, dont le parapet est élevé à une hauteur suffisante pour qu'il puisse couvrir entièrement les bouches à feu et leurs servans : on est forcé alors de pratiquer dans l'épaisseur de ce parapet des ouvertures à travers lesquelles les pièces puissent tirer, et ce sont ces ouvertures qu'on appelle *embrasures*.

3.° Les *batteries à étages* ou *échelonnées*, qui sont établies sur un terrain incliné dans le sens de leur longueur, de sorte qu'on ne peut placer qu'une ou deux bouches à feu sur le même plan horizontal, et qu'on est forcé de les disposer sur plusieurs plans qui s'élèvent les uns au-dessus des autres, comme les marches d'un escalier.

4.° Les *batteries à crémaillères* ou *à redans*, dont l'épaulement ne se prolonge pas en ligne droite, mais est dirigé suivant plusieurs lignes droites, formant entre elles des angles rentrans et des angles saillans, comme les dents d'une scie.

5.° Les *batteries construites sur les terrains pierreux*, celles qui le sont sur des *rochers*, ou sur un sol *marécageux*.

6.° Les *batteries coupées dans le terrain* : ce sont celles que l'on construit sur un rideau ou sur la crète d'une colline, qui offre naturellement l'épaisseur du parapet, et dans lesquelles on n'a qu'à ouvrir des embrasures.

7.° Les *batteries fermées* ou à *demi fermées*, dont le parapet règne sur les quatre faces de l'ouvrage, ou sur le devant et les deux ailes seulement.

8.° Les *batteries flottantes*, qui sont construites sur des bateaux plats, des radeaux, des galiotes ou des chaloupes.

Sous le cinquième rapport on distingue :

1.° Les *batteries directes*.

2.° Les *batteries obliques*, et cela suivant la direction de leurs feux relativement à leur tracé.

5.° Les *batteries à feux croisés*, dont les lignes de tir se croisent sur le point même qu'elles doivent battre, ou un peu en avant, ou mieux encore un peu en arrière.

4.° Les *batteries rasantes* ou *à feux rasans*, dont les projectiles parcourent leur trajectoire à peu près parallèlement à la surface du terrain, et sans s'élever plus haut que la moitié de la taille ordinaire d'un homme.

5.° Les *batteries flanquantes*, ou construites latéralement à un pont, une digue, un
débouché, etc., pour les défendre avec
plus de force, en croisant leur feu à peu
de distance en avant.

6.° Les *batteries flanquées*, ou qui sont
protégées par des batteries flanquantes.

Sous le sixième rapport, enfin, on distingue :

1.° Les batteries *entièrement revêtues*, et
celles qui ne sont *revêtues qu'en partie* : le
parapet des premières est revêtu sur les
quatre faces; le parapet des secondes n'est
revêtu qu'intérieurement.

2.° Les batteries *revêtues en saucissons,
en gazons, en gabions* ou en partie avec
quelqu'un de ces matériaux, et en partie
avec d'autres.

5.° Les batteries construites avec des *sacs
à terre* ou des *sacs à laine*, etc.

§. 12.

*Dénominations et descriptions des différentes
parties des batteries.*

Dans une batterie *complète* ou à *embrasures*, les parties principales sont les suivantes (voyez Pl. II) :

(57)

1.° Le *parapet* (*a b c d e f g h*), qu'on appelle aussi l'épaulement, et quelquefois le *coffre de la batterie* : c'est le massif ou l'élévation de terre disposé en avant des bouches à feu, pour les couvrir des coups de l'ennemi; on y distingue :

a) La *genouillère* (*a b g h*) : c'est la partie de l'épaulement qui s'élève depuis le sol jusqu'à la hauteur de l'entretoise de volée des bouches à feu.

b) Les *merlons* (*i k l m*) : ce sont les parties massives du parapet qui s'élèvent au-dessus de la genouillère. On appelle *demi-merlons* ou *merlons des ailes*, ceux qui se trouvent aux deux extrémités de la batterie (*n o p q*).

c) Les *embrasures* (*p q i k, l m i k*) : ce sont les ouvertures pratiquées entre les merlons, pour y faire pénétrer une partie de la volée du canon ou de l'obusier, quand on le tire. Ces ouvertures ont la forme d'un prisme dont la base est un trapèze, et les bouches à feu y entrent par le côté le plus étroit; on y distingue :

c') Le *plan inférieur de l'embrasure* (*b g*), ou la surface de cette ouverture à la hauteur de la genouillère.

c^b) Les *joues de l'embrasure* (*b c f g*), ou les faces latérales des merlons ou demi-merlons dans l'intérieur de l'embrasure.

c^c) La *directrice* (*r s*), ligne idéale tirée du milieu de l'ouverture intérieure de l'embrasure à l'objet qu'on doit battre.

d) La *plongée*, ou le *plan supérieur du parapet* (*d e*) : cette dénomination seule en donne la définition.

e) Le *talus intérieur du parapet* (*a c*) : c'est la face du parapet du côté de l'intérieur de la batterie et contre laquelle sont placées les pièces.

f) Le *talus extérieur du parapet* (*f h*), ou la face du parapet du côté de l'ennemi.

2.° La *berme* (*h t*) : c'est une bande de la surface naturelle du terrain, qu'on laisse entre le fossé et le talus extérieur du parapet, pour prévenir l'éboulement de ce dernier.

5.° Le *fossé* (*u v x*) : c'est l'excavation faite en avant du parapet, pour se procurer les terres nécessaires à sa construction, et pour en rendre l'assaut plus difficile.

4.° Le *terre-plein* (*T*) ; c'est l'espace ménagé en arrière du parapet pour y placer les pièces : dans les batteries *élevées*, cet

(59)

emplacement peut être exhaussé tout entier au-dessus du terrain naturel, ou bien on y dispose une élévation particulière pour chaque bouche à feu : dans les *batteries encaissées*, le *terre-plein* est creusé tout entier au-dessous du terrain naturel.

5.º Les *plates-formes* ($P\ P'\ P''$); il y en a une pour chaque bouche à feu : c'est un plancher composé de *lambourdes* ou *poutrelles* (L, L, L) enterrées dans des rigoles, leur longueur suivant la directrice de l'embrasure, et recouvertes par de fortes planches ou *madriers* (M, M, M).

6.º Les *magasins à poudre* ou *à munitions* (N) : leur dénomination suffit pour en faire connaître l'objet, et nous expliquerons plus tard avec quelques détails leur construction et les principales conditions auxquelles ils doivent satisfaire.

CHAPITRE III.

Du coffre ou du parapet.

§. 13.

Des principales propriétés que doit avoir un parapet.

Le parapet étant destiné à couvrir ou protéger contre les coups de l'ennemi les bouches à feu et les artilleurs de la batterie, il faut :

1.° Que son épaisseur soit telle que les boulets ennemis ne puissent point le traverser.

2.° Que sa hauteur soit déterminée de manière à ce que les pièces et leurs servans soient parfaitement couverts jusqu'à 4 ou 6 toises (8 ou 12 mètres) en arrière du parapet.

§. 14.

Détermination de l'épaisseur du parapet.

L'épaisseur du parapet se détermine d'après deux considérations qui influent sur la profondeur à laquelle les boulets peuvent y pénétrer; savoir :

1.º Le calibre des bouches à feu que l'ennemi pourra probablement opposer à la batterie à bonne portée.

2.º L'espèce et la qualité de la terre employée a la construction du parapet.

On sent, d'après cela, qu'il n'est pas possible de déterminer cette épaisseur d'une manière générale, et qu'elle doit varier suivant les circonstances.

D'après des expériences multipliées, et surtout d'après ce qu'on a observé à la guerre, on a reconnu que 10 à 12 pieds (3 mètres 50 cent. à 4 mèt.) d'épaisseur de parapet suffisaient contre les pièces de campagne : pour résister aux pièces de siége et de place, il faudrait donner au parapet au moins 15 pieds (5 mètres) d'épaisseur dans les terres fortes ; s'il était formé de terres d'une densité moyenne, il faudrait lui en donner 18 pieds (6 mètres), et jusqu'à 24 pieds (8 mètres) si c'étaient des terres légères. [1]

---

[1] Au mois de Septembre 1799 on a fait à Saint-Omer, par ordre du Ministre de la guerre, des expériences de pénétration sur trois sortes de terres et avec le boulet des cinq calibres les plus en usage. La qualité de la poudre et la charge des bouches à feu ne sont pas désignées dans le

Cela serait surtout nécessaire dans les tranchées, attendu que les terres n'y étant pas damées ou battues, elles n'opposent pas la même résistance que celles qui le sont ; si donc on construit une batterie dans la parallèle, il faudra placer le saucisson de fondation du revêtement assez en arrière de l'épaulement de la tranchée, ou fortifier assez cet épaulement en avant,

---

procès-verbal ; mais tout porte à croire qu'on a employé la poudre et la charge ordinaire de guerre. Le tableau ci-dessous fait connaître les résultats de ces expériences.

NATURE des terres et distances.	N.os des coups.	PIÈCES DE				
		24.	16.	12.	8.	4.
		Mètres.	Mètres.	Mètres.	Mètres.	Mètres.
Terres vierges à la distance de 142 mèt.	1.er	2.90	2. =	0.63	2.60	1.45
	2.e	3.32	2.50	3.22	2.55	= (2)
	3.e	1.60 (1)	1.03 (1)	2.72	2.62	1.45
	4.e	3.70	3.70	3.76	= (2)	1.95
Terres de parapet ancien à la distance de 117 mèt.	1.er	= (2)	2.90	3.20	2.76	= (2)
	2.e	4.20	3.78	3.23	2.76	1.95
	3.e	4.36	3.95	3.25	2.27	1.95
	4.e	3.87	3.47	3.23	1.95	1.45
Terres fraich.t remuées à la distance de 105 mètres.	1.er	5.50	3.40	4.70	3.20	2.45
	2.e	5.15	4. =	3.40	3.25	1.25
	3.e	5. =	4.10	3.70	3.20	2.25
	4.e	5.40	= (2)	3.55	= (2)	2.25

(1) Ces trois coups ont été tirés au pied du but où la terre vierge devient une espèce de tuf très-dur.

(2) Les boulets dont on ne donne pas l'enfoncement n'ont pas été retrouvés.

pour donner au parapet de la batterie une épaisseur de 24 pieds (8 mètres), en supposant même les terres d'une qualité moyenne.

§. 15.

Détermination de la hauteur du parapet.

La hauteur à donner au parapet est variable comme son épaisseur, mais par des motifs différens.

Comme le parapet doit couvrir les pièces et les canonniers placés en arrière contre les coups des bouches à feu de l'ennemi placées à bonne portée, et comme ces dernières peuvent se trouver sur le même plan horizontal que la batterie, ou plus haut ou plus bas, on comprend facilement que la hauteur du parapet doit varier suivant ces diverses circonstances.

Si le point d'où l'on peut être battu se trouve sur le même plan horizontal que celui sur lequel on veut établir la batterie, une hauteur de parapet de 6½ pieds à 7 pieds (2 mètres à 2 mètres 25 cent.) sera suffisante; mais, si l'emplacement que l'ennemi peut occuper est plus élevé que celui où l'on veut établir sa batterie, il faudra donner plus de hauteur au parapet, comme on pourrait lui en donner moins, si le premier emplacement se trouvait au-dessous du second. Cependant, dans aucun cas, le parapet ne devra avoir moins de 6 pieds (2 mèt.) de haut, afin que l'homme de la plus grande taille puisse se trouver entièrement à couvert, étant placé contre le revêtement.

Ainsi, dans les deux premiers cas, on doit considérer trois choses :

1.° Jusqu'à quelle distance on veut se trouver à couvert en arrière du parapet.

2.° Quel est le point d'où l'on peut être battu.

5.° Quel est l'emplacement sur lequel on doit établir le parapet.

Quand on connaîtra les distances horizontales de ces trois points, et leurs hauteurs au-dessus ou au-dessous d'un même plan horizontal, il sera facile d'en conclure, soit au moyen d'un calcul, soit au moyen d'une opération graphique, la hauteur qu'on devra donner au parapet[1]. Mais

---

1. Voyez, pour le *défilement*, les ouvrages qui traitent spécialement de la fortification, et particulièrement l'*Instruction sur le défilement des ouvrages de campagne, à l'usage de l'école d'application du corps royal d'état-major.* Paris, 1825.

comme il peut arriver souvent qu'on n'ait pas sous la main les instrumens nécessaires pour faire un nivellement, nous allons faire connaître un procédé pratique fort simple et fort facile, au moyen duquel on pourra, dans ce cas, déterminer cette hauteur.

Un homme ira se placer, avec une grande règle qu'il tiendra verticalement, sur différens points de la ligne sur laquelle doit s'élever le parapet. Un autre ira se placer en arrière, à la distance à laquelle on veut être à couvert ; ce dernier, au moyen d'une toise ou double mètre, visera en même temps la règle tenue par le premier et la crête du parapet de l'ennemi, ou à une toise (2 mètres) au-dessus de l'emplacement sur lequel il peut établir ses bouches à feu : on marquera le point où le rayon visuel, ainsi dirigé, vient rencontrer la grande règle, et la hauteur de ce point au-dessus du sol, sera la hauteur correspondante qu'il conviendra de donner à l'épaulement.

§. 16.

Du talus du parapet.

Il n'est aucune espèce de terres, et quelque damée qu'elle soit, qui puisse se soutenir taillée verticalement sans être retenue.

Le roc seul peut se soutenir ainsi taillé. Le tuf, l'argile, et quelques espèces de rocailles prennent naturellement un talus du quart ou du tiers de leur hauteur verticale. Les terres vierges, ou non remuées, se soutiennent à la moitié, aux deux tiers, et même aux trois quarts de cette même hauteur; les sables ou terres très-légères prennent une pente très-prolongée; les bonnes terres remuées et façonnées peuvent se soutenir sous un angle de 45°; il résulte de là :

1.° La nécessité de donner un *talus* aux terres du parapet.

2.° L'impossibilité de fixer la pente de ce talus d'une manière invariable pour toutes les circonstances.

En terme de fortification, le *talus* s'évalue par le rapport de la base à la hauteur, dans un triangle rectangle dont l'hypothénuse est la ligne oblique formée par l'inclinaison

les terres, et dont l'autre côté de l'angle
droit est la verticale abaissée du sommet
ou de la *crête* de cette inclinaison.

Cette base doit être, suivant la nature
des terres, des ¾, de la ½, ou du ⅓ de la
hauteur.

Comme la face extérieure du parapet est
exposée aux coups de l'ennemi, qui, en
ébranlant les terres, en facilitent nécessairement l'éboulement, on est dans l'usage
de lui donner un talus plus considérable
qu'aux autres côtés de l'épaulement.

D'un autre côté, comme il est avantageux que les bouches à feu et leurs servans puissent être placés le plus près possible de cet épaulement, on est conduit, par
cette considération, à donner à sa face intérieure le moindre talus possible.

Enfin, différens motifs, que nous ferons
connaître par la suite, engagent à donner
aussi une pente au *plan supérieur* du parapet, qui devient ainsi un plan incliné dont
la hauteur varie du ⅑ au 1/12 de l'épaisseur
de l'épaulement.

§. 17.

De l'épaisseur et de la hauteur du parapet.

On est convenu, une fois pour toutes, que, quand on parlerait de l'*épaisseur du parapet*, sans la définir expressément, on entendrait toujours par là son épaisseur supérieure, ou la ligne horizontale menée du point le plus élevé du talus extérieur vers la face intérieure, et que, quand on parlerait de sa *hauteur*, on entendrait sa hauteur intérieure, ou la verticale abaissée de la crête inférieure sur la base ou sur le sol de la batterie.

§. 18.

Du revêtement du parapet.

Pour empêcher l'éboulement des terres du parapet, et pour pouvoir donner au talus intérieur la moindre inclinaison possible, on est dans l'usage de le *revêtir*, ou d'y faire un *revêtement*, auquel on peut employer différens matériaux, tels que *saucissons*, *claies*, *gabions*, *gazons*, etc. Mais, quelque espèce de *revêtement* qu'on fasse au parapet, il ne faut pas croire qu'on puisse ne donner aucun talus à ses faces,

excepté cependant en se servant de gabions; car la *poussée* naturelle des terres,
la pression qu'on leur fait éprouver en les
damant, et l'ébranlement que leur causent
les coups de l'ennemi, tendraient continuellement à les faire écrouler, et tout
autre revêtement qu'on voudrait faire verticalement, ne pourrait résister à cette action toujours agissante.

Quand les revêtemens sont faits en saucissons, on leur donne ordinairement leur
talus, en reculant chaque rang sur celui
du dessous, de 2 pouces à $2\frac{1}{2}$ pouces (5 à
8 cent.) pour le côté extérieur du parapet,
et seulement de $1\frac{1}{2}$ pouce à 2 pouces (4 à
5 centim.) pour la face intérieure.

Quant aux faces latérales du parapet,
on leur donne, suivant les circonstances, ou
le talus du côté extérieur, ou celui du côté
intérieur.

On donne à peu près la même pente aux
revêtemens formés de gazons, ce qui re-
vient à $\frac{1}{4}$ de la hauteur pour la face extérieure, et $\frac{1}{5}$ ou $\frac{1}{6}$ pour la face intérieure.

D'après ce que nous avons dit de la nécessité particulière de donner le moindre
talus possible au côté intérieur du parapet,

on comprend que, si l'on manquait de temps ou de matériaux pour revêtir toutes les faces de la batterie, ou si celle-ci était pratiquée dans la tranchée, il serait superflu de donner un revêtement au côté extérieur et aux faces latérales de la batterie; mais qu'on ne pourrait jamais se dispenser de revêtir sa face intérieure.

§. 19.

De la hauteur de la genouillère.

La hauteur de la genouillère se détermine naturellement par l'élévation de la pièce au-dessus du sol; élévation qui dépend de la construction de l'affût : mais il est à observer que la *plate-forme* élève un peu l'affût et sa pièce au-dessus du terrain naturel, de sorte qu'il faut toujours donner à la genouillère un peu plus de hauteur que si les bouches à feu ne reposaient pas sur ces espèces de planchers.

Pour l'affût de siége français il faut donner 3 pieds 8 pouces (1 mètre 20 cent.) de hauteur intérieure à la genouillère au-dessus du plan supérieur du gîte du milieu, et cette hauteur s'obtient en la formant avec quatre ou cinq rangs de saucissons, suivant leur diamètre. Quant à sa hauteur extérieure, elle est nécessairement varia-ble, attendu qu'elle dépend du talus qu'on donne au plan inférieur de l'embrasure, et que ce talus varie lui-même, suivant l'es-pèce de tir et la position relative de la batterie et de l'objet à battre. En général, on règle le talus de manière à bien décou-vrir l'objet qu'on veut battre, en se cou-vrant le mieux possible du feu de l'enne-mi. En France, dans les batteries d'école, on donne au fond de l'embrasure 2 pouces (5 cent.) pour 6 pieds (2 mètres) de talus de l'intérieur vers l'extérieur.

Dans l'artillerie de plusieurs puissances d'Allemagne, lorsque les batteries sont re-vêtues en saucissons, on donne à la ge-nouillère 5 ½ rangs de saucissons de hauteur pour les pièces de campagne, et 4 ½ rangs de saucissons pour les pièces de siége, ex-cepté pour les batteries à ricochet, dans lesquelles la genouillère a un ou deux rangs de saucissons de plus de hauteur. Quand les circonstances le permettent, et particulièrement dans les batteries horizon-tales, les artilleurs allemands donnent à la genouillère 1 ½ rang de saucissons de hauteur à l'extérieur pour les batteries de campagne, et 2 ½ rangs de saucissons pour celles de siége ; et de cette manière le plan inférieur de l'embrasure se trouve avoir l'inclinaison convenable.[1]

§. 20.

Des embrasures.

Les principales conditions auxquelles les embrasures doivent satisfaire, sont les suivantes :

1.° Elles doivent être disposées de manière à ce que leur *directrice*, axe ou ligne du milieu, soit dans un plan vertical passant par l'objet qu'on veut battre ;

2.° Cette *directrice* doit être perpendiculaire au côté intérieur du parapet de la batterie, ou du moins ne s'éloigner que le moins possible de la perpendiculaire ; car d'une obliquité trop grande de cette ligne sur le parapet résulteraient plusieurs inconvéniens. D'abord les *merlons*, ou les massifs de terre entre deux embrasures, deviendraient

---

1. Toutes ces hauteurs se composent d'un certain nombre de saucissons, plus un demi, attendu que le premier rang est enterré de la moitié de son épaisseur.

trop peu épais pour résister au canon de l'ennemi; ensuite les pièces devant toujours être placées exactement suivant la *directrice,* elles n'entreraient plus assez dans l'embrasure, et leur feu endommagerait bientôt l'ouverture extérieure; enfin, comme dans ce cas l'affût ne pourrait avoir qu'une de ses roues près de l'épaulement, et que l'autre s'en trouverait d'autant plus éloignée que la *directrice* serait plus oblique, il en résulterait nécessairement que la pièce et les servans seraient beaucoup moins bien couverts par le parapet; d'autant plus qu'il faudrait en même temps donner plus d'évasement à l'ouverture extérieure, attendu que, si on lui laissait les mêmes dimensions qu'aux embrasures directes, les explosions les détruiraient très-promptement.

Si donc on est forcé par des circonstances particulières d'établir une batterie sur une direction très-oblique à sa ligne de tir, on fera bien de la construire à *redans* ou à *crémaillère,* de manière à ce que, pour chaque pièce, la directrice puisse être perpendiculaire à la portion d'épaulement qui la couvre.

Dans le cas où plusieurs pièces de la

même batterie devraient battre un même objet peu étendu et peu éloigné, on comprend que les directrices ne pourraient plus se trouver parallèles entre elles, ni par conséquent être toutes perpendiculaires à l'épaulement. Si leur obliquité était peu considérable, on pourrait continuer néanmoins à tracer l'épaulement en ligne droite ; mais si les directrices devaient être très-convergentes, il serait indispensable de construire le parapet *à redans* ou *à crémaillière*, comme nous l'avons expliqué ci-dessus.

5.° L'ouverture intérieure de l'embrasure doit être telle qu'elle permette à la bouche à feu de s'y introduire commodément, sans cependant trop découvrir l'intérieur de la batterie.

Dans l'artillerie française on donne à cette ouverture intérieure 1 pied 8 pouces (55 cent.) de largeur pour les batteries de canon, et 2 pieds 6 pouces (80 cent.) pour les batteries d'obusiers. Les artilleurs de plusieurs puissances d'Allemagne leur donnent 1 pied 6 pouces (5o cent.) pour les canons de campagne, et 2 pieds (65 cent.) pour les pièces de gros calibre.

4.º Les embrasures doivent aller en s'é-
vasant vers l'extérieur de la batterie, afin
qu'on puisse diriger les coups à droite ou
à gauche de la *directrice*, et aussi afin d'é-
viter que les *joues* ou côtés des embrasures
soient détériorées par le feu des pièces.
D'après ce principe, on donne en France
aux ouvertures extérieures des embrasures
de 6 pieds 8 pouces à 9 pieds (2 mètres
15 cent. à 3 mèt.), suivant que l'épaisseur
de l'épaulement, est de 12 à 18 pieds (4
à 6 mètres), et en Allemagne on lui donne
généralement la moitié de l'épaisseur de
l'épaulement à la hauteur de la genouillère.
Ces dimensions ne sont cependant point in-
variables, et la largeur de l'ouverture extérieure de l'embrasure peut dépendre de
l'étendue plus au moins grande qu'on doit
donner au champ de tir.

5.º Nous avons déjà dit, en parlant de la
hauteur de la genouillère, que le talus à
donner au plan inférieur de l'embrasure
dépendait de la position respective de la
batterie et de l'objet à battre, de sorte que,
si ce dernier est plus élevé que le plan de
la batterie, le talus de l'embrasure doit être
dirigé de l'extérieur vers l'intérieur. Cela

aura toujours lieu pour les batteries à ricochet ou tirant à faible charge; mais, pour les batteries qui doivent tirer à charge entière, il ne faudra pas se contenter de bien découvrir l'objet à battre, et il faudra encore, en déterminant la pente du plan inférieur de l'embrasure, avoir égard à l'effet du fluide élastique produit par l'inflammation de la poudre, et donner à ce gaz l'espace nécessaire pour se développer librement, sans quoi son action ne manquerait pas de creuser bientôt ce plan inférieur et de détruire le parapet.

Si donc, dans ces sortes de batteries, on doit tirer horizontalement, il faudra donner au parapet une pente de l'intérieur à l'extérieur, et telle qu'on découvre tout le terrain en avant jusqu'à la crête du fossé.

Lorsqu'on donne deux saucissons de moins à la hauteur extérieure de la genouillère qu'à sa hauteur intérieure, suivant ce qui a été expliqué au §. 19, le plan inférieur de l'embrasure se trouve avoir une pente de 20 pouces (55 cent.) du dedans au dehors, ce qui suffit le plus ordinairement, excepté cependant pour les batteries de brèche, aux embrasures desquelles il faut souvent donner un plus grand talus, pour pouvoir découvrir le bas du revêtement qu'on veut battre.

6.° L'ouverture intérieure de l'embrasure est rectangulaire; mais son ouverture extérieure doit être plus large vers le haut que vers le bas, de sorte que les joues de l'embrasure iront en s'évasant vers l'extérieur en évantail. Il est nécessaire de prendre cette précaution et de revêtir solidement les joues des embrasures, pour qu'elles puissent résister aux effets destructeurs de l'explosion des pièces. Des embrasures peu évasées seraient bientôt entièrement dégradées; mais, d'un autre côté, des ouvertures trop évasées seraient trop découvertes et affaibliraient trop les merlons. En conséquence, on ferait bien de consolider le revêtement de chaque joue d'embrasure au moyen de trois ou quatre piquets pareils à ceux dont on fait usage dans la construction des gabions, bien *ancrés* au moyen des procédés que nous expliquerons plus loin, en parlant des *harts de retraite*.

7.° On doit faire en sorte que les embrasures soient aussi peu apparentes qu'il est possible à la vue de l'ennemi, et qu'elles soient à l'intérieur couvertes supérieurement. On y parviendra en plaçant en travers, au-dessus de leur ouverture intérieure, un saucisson bien fixé sur la crête de chaque merlon, c'est ce qu'on nomme un *saucisson de blindage.*

§. 21.

Des Merlons.

On doit s'attacher à construire les merlons de manière à ce qu'ils ne puissent être facilement renversés, ou traversés par les boulets de l'ennemi qui viendront les atteindre.

Les embrasures ayant des dimensions déterminées, celles des merlons dépendront naturellement de la distance d'une *directrice* à l'autre. Ainsi, dans la détermination de cette distance, on doit prendre garde non-seulement à ménager dans l'intérieur de la batterie l'emplacement nécessaire pour les pièces et pour les servans, mais encore à laisser aux merlons une épaisseur suffisante vers l'extérieur de l'épaulement.

Si donc on admet que la moindre épaisseur que doivent avoir les merlons à l'extérieur soit de 9 pieds (3 mètres) pour un

épaulement de 18 pieds (6 mètres) d'épaisseur, on conçoit que, pour conserver cette
épaisseur aux merlons, il faudra augmenter
la distance d'une directrice à l'autre, toutes
les fois qu'on augmentera l'épaisseur de
l'épaulement ou la hauteur des merlons,
puisque dans l'un et l'autre cas l'ouverture
extérieure des embrasures se trouve agran-
die, ce qui rétrécirait nécessairement les
merlons, si ces embrasures elles-mêmes
n'étaient pas plus éloignées l'une de l'autre.

D'après les dimensions ordinaires des
batteries chez plusieurs puissances d'Allemagne, pour conserver dans tous les cas
aux merlons une épaisseur extérieure de
9 pieds (3 mètres), on augmente d'un pied
(32 cent.), au moins, la distance d'une
directrice à l'autre, toutes les fois qu'on
augmente de 2 pieds (64 cent.) l'épaisseur ordinaire de l'épaulement, qui est de
18 pieds (6 mètres); et si les merlons sont
plus élevés qu'à l'ordinaire, on ajoute encore à la distance entre les directrices, le
double du talus des joues de l'embrasure,
répondant à la hauteur ajoutée aux merlons.

Il est bon de remarquer ici que des

merlons plus élevés étant aussi plus exposés aux coups de l'ennemi, il conviendrait de les renforcer, pour qu'ils puissent y résister également, lors même qu'ils ne seraient pas affaiblis par l'augmentation de l'ouverture extérieure de l'embrasure.

§. 22.

De la plongée ou du plan supérieur du parapet.

Les artilleurs allemands élèvent au-dessus de la partie de l'épaulement qui est revêtue, un massif de terres (*c d e f*, planche 2), destinées à faire affaisser et à consolider par leur poids celles qui sont comprises entre les côtés du revêtement, c'est ce qu'ils appellent le *couronnement du parapet*; les terres qui le forment, doivent avoir un talus très-prononcé des quatre côtés.

Quant au plan supérieur du parapet, nous avons déjà dit, §. 16, qu'on lui donnait un talus qui variait du $\frac{1}{9}$ au $\frac{1}{12}$ de l'épaisseur totale de l'épaulement, et nous allons en faire connaître le motif.

Pour les batteries *à barbette*, comme les pièces doivent découvrir l'objet à battre par-dessus l'épaulement, la pente du plan supérieur du parapet doit être réglée d'après les mêmes principes sur lesquels on se fonde pour déterminer la pente du fond des embrasures; il en est encore de même dans les batteries *à embrasure*, lorsqu'on y ménage, entre les pièces, des emplacemens pour construire des *banquettes*, sur lesquelles montent des fantassins armés de fusils. Dans ces deux cas, il faut donner au plan supérieur du parapet une inclinaison telle qu'elle permette de bien découvrir tout le terrain en avant de la batterie; mais hors de ces deux circonstances, il ne faut donner à ce plan que la pente nécessaire pour l'écoulement des eaux, et il y aurait même un inconvénient à lui donner un talus trop considérable, car alors les boulets ennemis qui l'atteindraient sous une direction peu différente de l'horizontale, y pénétreraient et détérioreraient promptement l'épaulement; tandis que sur une pente peu sensible, et si les terres du parapet sont bien damées, ces mêmes boulets ricocheront et passeront par-dessus la batterie sans y causer aucun dommage.

CHAPITRE IV.

De la berme et du fossé.

§. 23.

De la berme.

Si le talus extérieur du parapet venait aboutir exactement au bord de l'*escarpe* du fossé, cette *escarpe*, surchargée du poids des terres de l'épaulement, pourrait s'écrouler et entraîner par son éboulement celui de tout le parapet.

C'est pour prévenir cet inconvénient, pour rendre la construction plus facile, et aussi pour qu'on puisse faire plus commodément les réparations du parapet, qu'on est dans l'usage de laisser entre ce dernier et le bord du fossé cet intervalle qu'on appelle la *berme*, dont nous avons déjà parlé §. 12, et auquel on donne depuis 2 jusqu'à 4 pieds (65 centimètres à 1 mètre 30 cent.) de largeur, suivant la nature des terres; les plus légères exigeant la plus grande largeur de *berme*.

Cette bande de terre a toutefois l'inconvénient d'offrir à l'ennemi qui a passé le fossé, comme un marche-pied pour monter sur le parapet; mais, nonobstant cet inconvénient, les bermes présentent assez d'avantages, sous le rapport de la solidité du parapet, pour qu'on les ait adoptées généralement.

Si les circonstances et le temps le permettaient, on pourrait à la vérité revêtir l'escarpe du fossé comme le talus extérieur du parapet, qui serait alors continué uniformément jusqu'au fond du fossé : on préviendrait ainsi le danger de voir l'épaulement s'écrouler dans le fossé; mais cette construction serait assez difficile, et il serait plus difficile encore de réparer le parapet quand il serait dégradé par les boulets de l'ennemi.

§. 24.

Du fossé.

Le fossé creusé en avant du parapet fournit les terres nécessaires pour la construction du parapet, et oppose un obstacle de plus à l'approche de l'ennemi.

On est obligé de donner un talus aux parois du fossé, car sans cela ils s'écrouleraient bientôt, fussent-ils creusés dans les terres les plus compactes. Il résulte de là que la largeur du fond du fossé est moins grande que celle qu'il a au niveau du sol. Le talus à donner à ses parois dépend de la nature du terrain, et varie du tiers aux deux tiers de sa profondeur.

La paroi du fossé du côté du parapet s'appelle l'*escarpe* ; celle du côté opposé se nomme la *contrescarpe*.

Le fossé devant toujours avoir la même longueur que l'épaulement, et une profondeur de 7 à 8 pieds (2 mètres 30 centimètres ou 2 mèt. 60 cent.) étant reconnue suffisante pour empêcher qu'on puisse le franchir trop facilement, il ne reste à déterminer que sa largeur, qui doit se proportionner à la solidité ou au cubage du parapet, et qu'on trouvera de la manière suivante.

Calculez la surface d'une coupe verticale faite dans le parapet, divisez le nombre que vous aurez trouvé par celui qui exprime la profondeur du fossé, et vous obtiendrez pour quotient la largeur du fossé, en supposant qu'il soit creusé verticalement.

Cette largeur fictive obtenue, pour en déduire la largeur supérieure réelle du fossé, on y ajoutera la moitié du talus qu'on veut donner aux parois du fossé, et on creusera ensuite celui-ci de manière à ce que la largeur inférieure soit égale à cette même largeur fictive, moins la moitié du même talus.

De cette manière, la solidité ou le volume du vide du fossé étant parfaitement égale au volume du parapet, le premier devra fournir assez de terres pour former le second; cependant, comme il vaut mieux risquer d'avoir trop de terres que trop peu, on fera bien, dans tous ces calculs, de remplacer les fractions de pouces (ou centimètres) par les nombres entiers immédiatement supérieurs. Si, après avoir construit le parapet, il reste des terres surabondantes, on pourra toujours les étendre en avant du fossé, de manière à y former une espèce de glacis, ce qui procurera deux avantages: d'abord, de mieux découvrir l'ennemi qui s'approcherait pour attaquer la batterie, ensuite, de donner un peu plus de hauteur à la contrescarpe du fossé.

CHAPITRE V.

Du terre-plein et des plate-formes.

§. 25.

Du terre-plein en général.

Toute batterie doit avoir en arrière de son parapet un *terre-plein* d'une largeur proportionnée à la longueur des bouches à feu et à leur recul, et tel que les hommes destinés à servir les pièces puissent y manœuvrer commodément.

Les limites de cet emplacement se trouvent naturellement déterminées par cette considération; quelquefois cependant on veut y comprendre aussi les communications nécessaires pour se rendre au magasin à poudre; enfin, le *terre-plein* d'une batterie est proprement tout l'espace en arrière du parapet, et sur lequel on peut se trouver à l'abri des coups de l'ennemi.

Pour les batteries à embrasures, destinées aux canons de siége, on doit donner au *terre-plein* de 22 à 24 pieds (7 mètres 15 cent. à 8 mèt.) au moins de largeur; mais, pour les pièces de campagne, une largeur de *terre-plein* de 18 à 22 pieds (5 mètres à 7 mètres 15 cent.) sera suffisante. Quant aux batteries à mortiers, les artilleurs allemands sont dans l'usage d'y ménager encore l'espace nécessaire pour élever deux ou trois *banquettes.*

Dans les *batteries horizontales*, la seule disposition à faire pour préparer le *terre-plein*, consiste à en rendre le sol bien uni et bien horizontal, soit simplement à vue, soit en se servant du niveau de maçon ou de tout autre instrument. Cette précaution doit également être prise dans les *batteries élevées* et dans celles qui sont encaissées.

§. 26.

Du terre-plein des batteries élevées.

Il arrive souvent qu'on est obligé d'élever l'emplacement des bouches à feu au-dessus du terrain naturel sur lequel on établit la batterie, qui prend alors le nom de *batterie élevée ;* nous expliquerons plus loin comment et dans quelles circonstances cela peut arriver, mais l'on sent que la hauteur de cette élévation dépendra de l'emplacement de la batterie et de celui de l'objet qu'elle doit battre.

En pareil cas, le plan supérieur du terre-plein doit avoir la même longueur et la même largeur que si la batterie était horizontale, et on doit lui donner, sur les deux côtés et en arrière, un talus suffisant pour que les terres se soutiennent bien: il faut ordinairement pour cela que la base de ce talus soit égale à sa hauteur; car, si elle était moindre, les plate-formes ne pourraient résister aux fortes commotions qu'elles ont à supporter.

Afin que les bouches à feu puissent être montées facilement sur un terre-plein ainsi élevé, on doit y faire, ou latéralement ou en arrière, des *rampes*, qui, partant du plan supérieur sur lequel sont établies les plate-formes, iront se terminer en pente douce sur le terrain naturel environnant. On donne ordinairement à ces rampes de 6 à 8 pieds (2 mèt. à 2 mèt. 60 cent.) de largeur, et leur talus est de six fois leur hauteur pour les batteries destinées aux pièces de gros calibres, et de quatre fois seulement cette même hauteur pour les batteries qui doivent être armées de pièces plus légères. Ces *rampes* doivent être bien damées, bien nivelées au moyen du niveau de maçon, et on leur donne sur le côté un talus semblable à celui du terre-plein.

§. 27.

Du terre-plein des batteries encaissées.

Lorsque les batteries sont encaissées, c'est-à-dire lorsque le terre-plein est creusé au-dessous du terrain naturel, les terres provenant de cette excavation sont employées à construire le parapet et les *traverses* qu'on peut avoir besoin d'élever pour se défiler des coups de l'ennemi.

On sent, d'après cela, que la largeur de ce terre-plein ne saurait être fixée invariablement, puisqu'elle dépend naturellement de la quantité de terres dont on aura besoin, de sorte qu'il sera plus ou moins large, suivant la profondeur qu'on pourra lui donner; mais, dans tous les cas, sa largeur ne saurait être moindre que celle que nous avons déterminée §. 25, puisqu'il faut toujours qu'il offre l'emplacement nécessaire pour les affûts et le recul.

Lorsque nous entrerons dans le détail de la construction des batteries, nous montrerons dans quels cas on pourra se contenter de donner exactement au terre-plein des batteries encaissées les mêmes dimensions que si ces batteries étaient horizontales, et dans quelles circonstances on sera obligé de lui en donner de plus considérables.

Il pourra arriver que la disposition du terrain soit telle que le terre-plein doive être seulement creusé vers le parapet, et qu'en arrière il aille se raccorder avec la surface naturelle du sol; enfin, si le terrain avait une pente très-sensible sur le devant du parapet, on pourrait, en creusant plus profondément le terre-plein, couper les embrasures dans le vif du terrain naturel, comme nous l'avons déjà dit au §. 11.

Dans toutes ces circonstances, pour que les terres du sol naturel ne s'écroulent pas sur le terre-plein, on leur donne un talus qui est ordinairement égal à la profondeur même de l'enfoncement. Quant au terre-plein lui-même, il devra être bien nivelé, soit au simple coup d'œil, soit en se servant du niveau de maçon, si on en a le temps. Pour y descendre les pièces, on construira des rampes semblables à celles dont nous avons parlé au paragraphe précédent, avec

cette seule différence qu'elles iront en s'é-
largissant et en s'arrondissant vers le bas,
pour qu'on soit moins exposé à en heurter
les coins et à les détruire en descendant
ou en remontant les pièces.

Quant à l'emplacement de ces rampes,
il dépend naturellement des localités, et
on le choisit de manière à rendre le plus
commode et le plus facile qu'il est possible
la conduite des bouches à feu jusque sur
leur plate-forme.

§. 28.

Des plate-formes.

Si, dans les batteries, les affûts des bouches à feu, de gros calibres surtout, reposaient immédiatement sur le sol, quelque
bien damé qu'il fût, les crosses et les roues
s'y enfonceraient bientôt, soit par l'effet
naturel de la pesanteur, soit par celui du
recul; et de la résulterait, 1.° une plus
grande difficulté pour remettre la pièce en
batterie; 2.° une irrégularité dans la position de la bouche à feu, qui entraînerait
nécessairement l'inexactitude du tir.

Ce sont ces considérations qui engagent

à construire pour chaque pièce un plancher que l'on nomme *plate-forme.*

Si on pouvait construire toutes les plateformes horizontalement, on obtiendrait ainsi plus de justesse dans le tir, et les pièces et leurs servans se trouveraient moins exposés aux coups de l'ennemi; cependant, comme les canons tirant à fortes charges auraient un recul trop considérable sur des plate-formes horizontales, soit pour diminuer ce recul, soit pour faciliter la manœuvre de remettre les bouches à feu en batterie quand elles ont tiré, on construit ordinairement les plate-formes en talus du derrière vers le parapet. Les artilleurs français leur donnent une pente plus ou moins prononcée, qui peut aller jusqu'à 3 pouces par toise (4 cent. par mètre) du derrière vers le devant. Dans les batteries où la charge n'est que le tiers du boulet, le recul n'étant pas aussi considérable, on peut ne donner aux plate-formes que 2 pouces par toise (5 cent. pour 2 mètres) de talus; enfin, dans les batteries à ricochet et dans les batteries de mortiers, les plate-formes doivent toujours être parfaitement horizontales.

Dans les batteries de siége, les artilleurs

français emploient ordinairement , pour construire les plate-formes à canon, trois gîtes de 14 pieds (4 mèt. 60 c.) de longueur, et 5 pouces (14 cent.) d'équarrissage, et ils les recouvrent au moyen de quatorze madriers de 10 pieds (3 mèt. 25 c.) de longueur, 1 pied (32 cent.) de largeur, et 2 pouces (54 cent.) d'épaisseur, fixés au moyen de piquets de plate-forme de 3 pieds (1 mètre) de long et 3 pouces (8 cent.) de diamètre.

Pour les pièces de gros calibres, ou si le terrain est très-mouvant, on fera bien d'employer cinq gîtes au lieu de trois, et pour les pièces de petit calibre, comme le quatre ou le six léger, on pourra, en cas de besoin, se passer de plate-formes, pourvu que le sol soit bien uni et bien dur.

Pour construire les plate-formes, on commence par bien aplanir et damer le sol sur lequel elles doivent être établies, à 3 pieds 8 pouces (1 mètre 20 cent.) environ au-dessous du bord inférieur de l'ouverture intérieure de l'embrasure.

On place ensuite le premier gîte, un de ses bouts s'appuyant contre l'épaulement, dans une rigole creusée suivant la *directrice:* cette rigole aura 8 pouces (22 cent.)

de profondeur du côté du parapet, finissant à rien du côté opposé, et le fond en devra être bien damé et bien égalisé, de manière que la face supérieure du gîte n'incline ni d'un côté, ni de l'autre.

La pente que nous avons indiquée ci-dessus pour cette rigole, est celle qui convient aux batteries de siége ordinaires : pour les batteries à ricochet les gîtes devront être placés horizontalement, et pour une batterie de plein fouet, tirant à la plus forte charge de guerre, on leur donnera jusqu'à 3 pouces par toise (4 cent. par mètre) de talus, comme nous l'avons dit plus haut.

Le premier gîte étant placé bien correctement, on placera les deux autres de la même manière, bien parallèlement au premier, de manière à ce que tous trois soient éloignés l'un de l'autre de 2 pieds 6 pouces (82 cent.) d'axe en axe, que leur face supérieure soit dans un même plan, et que leurs extrémités se trouvent sur une même ligne horizontale, perpendiculaire à la directrice. Si la plate-forme doit être établie sur cinq gîtes, ceux-ci devront être plus rapprochés, de sorte qu'il y ait toujours 5 pieds (1 mètre 64 cent.) d'axe en axe, entre les deux extrêmes, afin que les roues de l'affût de siége français, dont la voie est de 4 pieds 8½ pouces (1 mètre 52 cent.), portent toujours sur ces gîtes, et par conséquent sur la partie la plus solide de la plate-forme.

Les gîtes étant ainsi placés dans leurs rigoles, on achèvera de remplir celles-ci de terre, qu'on damera solidement, mais en prenant garde de ne pas déranger les gîtes.

On placera ensuite les madriers à plat sur les gîtes, bien perpendiculairement à la direction de ceux-ci, tous se joignant entre eux le mieux possible, et leur surface supérieure dans le même plan ; puis on arrêtera le dernier de ces madriers au moyen de trois piquets plantés un à chaque bout et un au milieu, de manière à ce qu'ils appuient bien exactement contre le bord extérieur du madrier, et qu'ils arrasent, sans la dépasser, la surface supérieure.

La plate-forme étant terminée, on rejetera sur les trois côtés de la terre, que l'on damera bien, et à laquelle on donnera un talus. Enfin, on formera, entre deux plate-formes consécutives, une espèce de *cunette* ou rigole, qui puisse faire couler les eaux de la pluie en arrière et en dehors.

Dans les batteries d'obusiers, les plate-formes se construisent absolument comme celles à canon, excepté qu'elles doivent toujours être horizontales.

Chez la plupart des puissances d'Allemagne les plate-formes sont établies sur quatre gîtes de 17 à 18 pieds (5 mètres 42 cent. à 6 mètres) de long, et 6 pouces (16 cent.) d'équarrissage. (*P*, Pl. II.)

Comme la voie de leur affût de siége est de 48 pouces (1 mètre 16 cent.), ils placent les deux premiers gîtes à 19 pouces (52 cent.) de chaque côté de la directrice, et chacun des deux derniers à 3 pieds (1 mètre) de ceux du milieu.

Dans les batteries de plein fouet, ils placent l'extrémité de ces quatre gîtes du côté du parapet, à 6 pouces (16 cent.) du revêtement; et dans les batteries à ricochet ils les éloignent de ce revêtement de 2 à 6 pieds (65 cent. à 2 mètres).

Les gîtes étant ainsi placés, les artilleurs allemands les recouvrent de seize ou dix-sept madriers de 12 pieds (4 mètres) de longueur, 1 pied (32 cent.) de largeur, et 2 pouces à 2½ pouces (55 à 70 centimètres) d'épaisseur. (*M, M,* Pl. II.)

Quelquefois ils espacent leurs madriers d'un quart de pouce (6 cent.), pour que l'eau de la pluie puisse filtrer par ces intervalles.

Ces madriers sont cloués sur les gîtes et ils placent en dessus, de chaque côté, une tringle ou planche de 17 pieds (5 mètres 42 cent.) de long, 6 pouces (16 cent.) de large, et 1½ pouce (4 cent.) d'épaisseur, qu'ils serrent contre les madriers, soit au moyen de piquets à mentonnet, soit en les clouant aux gîtes extérieurs; quelquefois, enfin, ils consolident encore leurs plate-formes au moyen de piquets à mentonnet, plantés à l'extrémité de chaque madrier. (*P*, Pl. II.)

Pour construire les plate-formes à mortier ou pierrier, les artilleurs français se servent de trois *lambourdes de fond*, qui sont des poutrelles de 7 pieds (2 mèt. 30 cent.) de longueur, sur 8 pouces (12 cent.) d'équarrissage; de neuf ou onze *lambourdes de recouvrement*, ayant le même équarrissage que celles de fond, mais ayant seulement 6 pieds (2 mètres) de longueur, et de huit piquets semblables à ceux pour plate-forme à canon.

On n'emploie que neuf de ces lambourdes

7

pour les plate-formes destinées aux mortiers de dix pouces à petite portée, aux mortiers de huit pouces et aux pierriers, mais il y en a onze aux plate-formes pour mortiers de douze pouces et dix pouces à grande portée.

Les trois lambourdes de fond se placent comme les gîtes des plate-formes à canon, excepté, 1.° que les rigoles doivent être parfaitement horizontales et n'avoir que 4 pouces (11 cent.) de profondeur; 2.° que le bout des poutrelles, du côté du coffre, doit être éloigné de 7 pieds (2 mètres 30 cent.) du revêtement, quand le parapet a 7 pieds (2 mètres 30 cent.) de hauteur. On recouvre ensuite les *lambourdes de fond* de celles de *recouvrement*, en plaçant celles - ci comme les madriers des plate-formes à canon; la première arrasant l'extrémité des *lambourdes de fond*, du côté du coffre, et toutes les autres se joignant exactement entre elles; enfin, on consolide la plate-forme au moyen de quatre piquets, dont deux sont plantés en avant et deux en arrière.

La plate-forme se trouvant ainsi un peu plus élevée que le *terre-plein* de la batterie, pour l'y raccorder, on rapportera tout à l'entour des terres, que l'on damera bien, et auxquelles on donnera un talus allant du bord supérieur des lambourdes jusqu'au sol.

On doit apporter le plus grand soin à ce que les plate-formes à mortier soient parfaitement horizontales et très-solides. La première qualité est indispensable pour assurer la justesse du tir; la seconde est nécessaire pour résister aux violentes réactions que ces plate-formes éprouvent dans le tir.

Les artilleurs de la plupart des puissances de l'Allemagne donnent aux plate-formes de mortier 8 pieds (2 mèt. 60 cent.) de largeur, sur 10 pieds (3 mèt. 30 cent.) de longueur, et ils les éloignent du revêtement de 6 pieds (2 mètres), pour une hauteur de parapet ordinaire, en augmentant ou diminuant cette distance proportionnellement, lorsque cette hauteur augmente ou diminue, de manière à ce que les bombes tirées à 45°, puissent toujours passer par-dessus la crête de l'épaulement.

Pour construire ces plate-formes, et particulièrement celles destinées aux mortiers des plus gros calibres, ils se servent de cinq *lambourdes de fond* de 11 pieds à 11 pieds

5 pouces (3 mètres 57 cent. à 3 mètres 65 cent.) de longueur, sur 8 pouces (22 cent.) d'équarrissage, et ayant sur une de leurs faces, à l'extrémité postérieure, une *tête* ou saillie de 12 à 15 pouces (32 à 40 cent.) de longueur et d'une hauteur égale à l'épaisseur des madriers, qui est de 2 pouces à 2½ pouces (54 à 80 millim.).

Toutes ces lambourdes sont placées parallèlement entre elles : celle du milieu suivant la directrice; les deux extérieures de manière à ce que les madriers, qui ont 8 pieds (2 mètres 60 cent.) de longueur, les dépassent de 3 pouces (8 cent.) de chaque côté, et les deux intermédiaires partageant bien également les intervalles entre les trois premières.

On les recouvre ensuite de dix madriers, ayant en longueur et épaisseur les dimensions que nous avons données ci-dessus, et de 1 pied (32 centim.) de largeur. Les madriers, bien serrés les uns contre les autres, et bien emboîtés par les *têtes* ou saillies des lambourdes de fond, sont ensuite cloués sur les lambourdes extrêmes et maintenus de chaque côté, comme dans les plate-formes à canon, par une tringle de 10 pieds (3 mètres 35 cent.) de longueur, 6 pouces (16 centim.) de largeur, et de 2 pouces (6 cent.) d'épaisseur.

Les plate-formes que nous venons de décrire, sont celles que les artilleurs allemands construisent, dans tous les cas, pour leurs mortiers de 60 liv. stein, qui répondent à nos mortiers de 12°; mais, pour ceux des calibres plus faibles, lorsqu'ils ont besoin d'économiser les matériaux , ils donnent aux plate-formes moins de longueur et de largeur : 8 pieds (2 mètres 60 cent.) de longueur sur 7 pieds (2 mètres 30 cent.) de largeur, par exemple, à celles des mortiers de 30 livres stein, et 4 à 5 pieds de largeur (1 mètre 50 cent. à 1 mètre 60 cent.) sur 6 pieds (2 mètres) de longueur, à celles des mortiers de 10 livres stein.

D'un autre côté, quand ils doivent tirer les gros mortiers avec une forte charge, remplissant les trois quarts ou la totalité de la chambre, ils cherchent à donner plus de solidité aux plate-formes, et pour cela, sur les quatre poutrelles enterrées dans le terre-plein, ils en placent quatre autres des mêmes dimensions, et préparées de manière à bien emboîter les premières ; puis, sur cette espèce de grillage ils placent, comme à l'ordinaire, les madriers qui doivent former le plancher de la plate-forme.

§. 29.

Du heurtoir.

Les artilleurs français et ceux de plusieurs autres puissances placent, sur leurs plate-formes, du côté du revêtement, un *heurtoir,* espèce de poutrelle destinée à appuyer les roues de l'affût, quand la pièce est en batterie, et à les empêcher de venir dégrader le revêtement.

En France, ce heurtoir a 8 pieds (2 mètres 60 cent.) de long, sur 8 pouces (22 cent.) d'équarrissage, et en le plaçant contre l'épaulement, il en éloigne les roues de 6 pouces (16 cent.); on pourrait donc à la rigueur ne lui donner que 7 pouces (18 cent.) : en Allemagne il n'a même que 4 à 6 pouces (11 à 16 cent.) d'équarrissage.

Il faut qu'il soit placé bien perpendiculairement à la directrice, qui doit toujours le partager en deux parties égales.

En Allemagne, il porte sur le premier madrier, et on l'arrête à chaque extrémité au moyen d'un fort piquet à mentonnet.

En France, le heurtoir se place immédiatement sur les gîtes et contre l'épaulement [1] : on le fixe invariablement dans sa
position, en plantant un fort piquet à chaque bout vis-à-vis le milieu de son épaisseur. Quand l'embrasure est oblique, le
heurtoir ne touche le revêtement que par
un de ses bouts; on remplit de terre le vide
angulaire qui reste entre lui et l'épaulement,
et on la dame solidement.

Dans ce dernier cas, pour placer le
heurtoir bien correctement, on prend par
le milieu un cordeau de 12 à 15 pieds (4 à
5 mètres) de longueur; on fait tenir chaque
bout de ce cordeau à une des extrémités
d'une même arête du heurtoir; on place
ensuite celui-ci de manière à ce qu'il touche le revêtement du parapet par un de
ses bouts, et que, les deux côtés du cordeau

---

1. La régularité de la position du heurtoir a tant d'in-
fluence sur le tir, et quand il est placé comme nous venons
de l'expliquer, il peut être si facilement dérangé par un
projectile ennemi tombant sur la plate-forme, qu'on ferait
mieux, peut-être, de ne pas le poser sur les gîtes, et de le
placer sur le sol même, de manière à ce que ces gîtes vins-
sent seulement s'appuyer contre sa face postérieure par leur
extrémité.

étant également tendus, son milieu, qu'on tient à la main, se trouve sur l'alignement de la directrice. [1]

Au moyen de ce procédé, on sera sûr que le heurtoir sera partagé en deux parties égales par cette ligne, et qu'il lui sera perpendiculaire. Si cette dernière condition n'avait pas lieu, lorsque les roues de l'affût seraient appuyées contre le heurtoir, la pièce ne tirerait pas suivant la directrice ; pour la mettre sur cet alignement, il faudrait qu'une de ces roues appuyât contre cette pièce de bois, et que l'autre ne la touchât pas, ce qui serait une position peu solide et très-difficile à donner à la pièce, principalement pendant la nuit.

§. 30.

Des plate-formes boulonnées.

Les artilleurs de plusieurs puissances de l'Allemagne trouvent avantageux d'avoir,

---

1. Il faut prendre garde, en plaçant ainsi le heurtoir, que son extrémité la plus rapprochée du revêtement en soit cependant assez éloignée pour que la roue de ce côté ne touche pas la chemise de la batterie, qu'elle endommagerait par son frottement.

pour les batteries à embrasures, des plate-
formes composées de pièces qu'on trans-
porte, toutes préparées, avec le parc de
siége, ou qu'il est facile d'y faire préparer,
de sorte qu'il n'y a plus qu'à les assembler
sur place (P'', Planche II).

Les madriers de ces espèces de plate-formes sont numérotés, et sur les gîtes extérieurs sont fixés quatre boulons, taraudés
à leur extrémité, pour recevoir des écroux
correspondans.

Pour assembler la plate-forme, on place
d'abord le gîte du milieu comme à l'ordinaire, puis on dispose les gîtes extérieurs
de manière à ce que la tige des boulons se
trouve en dessus.

On place ensuite les madriers suivant l'ordre de leurs numéros, de telle sorte que ceux
qui ont des trous pour laisser passer les
boulons, se trouvent exactement à la position qu'ils doivent occuper. Par-dessus les
madriers on place les deux tringles latérales, qui doivent aussi être percées de quatre trous pour laisser passer les boulons;
et enfin on arrête le tout au moyen des
écroux, que l'on serre avec une *clef*.

Ces plate-formes ont l'avantage de se

mettre en place très-promptement et de se démonter aussi facilement ; mais elles ont deux inconvéniens : le premier, d'être plus longues et plus difficiles à réparer que celles dont les madriers ne sont retenus que par des piquets ; le deuxième, que, si les bois viennent à travailler, les boulons à se fausser ou les écroux à s'égarer, il n'est plus possible de les assembler.

§. 31.

Des demi-plate-formes, dites plate-formes à queue d'aronde.

Dans les batteries à ricochet, où les canons n'ont que fort peu de recul, dans celles où les bouches à feu doivent tirer presque continuellement suivant la même direction, ou bien encore lorsqu'ils manquent de bois pour les plate-formes, les artilleurs de plusieurs puissances d'Allemagne se contentent de construire des plate-formes qui ne sont recouvertes en madriers que sur la partie qui doit porter les roues de l'affût. (*P,* Planche III.)

Quant aux crosses, elles portent sur trois madriers, s'appuyant par un de leurs bouts aux madriers destinés à porter les roues.

Ces derniers sont au nombre de neuf, et reposent sur quatre gîtes, qui n'ont que dix pieds (3 mèt. 25 cent.) de longueur; ils sont fixés latéralement par des tringles de neuf pieds (3 mètres 25 cent.) de longueur, 6 pouces (16 cent.) de largeur, et 1 ½ pouce (4 centim.) d'épaisseur.

Des trois madriers qui portent les crosses, celui du milieu est placé suivant la directrice, les deux autres sont placés à droite et à gauche, de manière qu'ils touchent le premier par le bout qui s'appuie à la partie pleine de la plate-forme, et qu'ils en sont éloignés de 1 ½ pied (48 cent.) par leur autre bout.

Ces trois madriers sont cloués, comme à l'ordinaire, sur deux gîtes placés perpendiculairement à la directrice; le premier à 2 pieds (65 cent.) des gîtes qui portent la partie pleine de la plate-forme, et le second à 4 pieds (1 mètre 30 cent.) du premier, et ils sont de plus fixés au moyen de piquets à mentonnet.

C'est à cause de la disposition de ces trois madriers que ces sortes de plate-formes sont appelées *à queue d'aronde.*

Lorsque les artilleurs allemands manquent de madriers, ils se contentent quelquefois de donner aux plate-formes des batteries à ricochet 13 à 14 pieds (4 mèt. 22 cent. à 4 mètres 55 cent.) de longueur, sans y faire de queue d'aronde, attendu le peu de recul des bouches à feu tirant de cette manière.

§. 32.

Des plate-formes pour les bouches à feu de campagne.

Lorsque des bouches à feu de campagne devront tirer long-temps dans la même position, on fera bien de les placer sur des plate-formes que l'on construira comme nous venons de l'expliquer dans le paragraphe précédent, mais en se servant de bois de plus faibles dimensions.

Les artilleurs allemands emploient ordinairement, dans ce cas, la plate-forme à queue d'aronde que nous venons de décrire, en ne donnant aux madriers que $1\frac{1}{2}$ pouce à 2 pouces (4 à 6 centim.) d'épaisseur, 1 pied (32 cent.) de largeur, et 9 pieds (3 mètres) de longueur. Quant aux gîtes, ils n'ont que 4 à 5 pouces (11 à 14 cent.) d'équarrissage; les quatre principaux

ont 10 pieds (3 mèt. 25 cent.) de longueur,
et les deux qui portent la queue d'aronde
seulement 6 pieds (2 mètres). (*P*, Pl. III.
Cette planche représente une batterie pour
pièces de campagne, avec trois plate-formes
différentes.)

Des quatre gîtes principaux, les deux du
milieu sont éloignés de la directrice de 19
pouces (52 cent.); les gîtes extrêmes sont
éloignés des premiers de 1 ½ pied (48 cent.),
et tous les madriers sont retenus sur ces
gîtes, comme sur ceux qui forment la queue
d'aronde, au moyen de cloux et de piquets
à mentonnet.

Lorsqu'ils manquent de bois où de temps
pour construire ainsi les plate-formes des
canons de campagne, ils les établissent sur
des plate-formes qu'ils appellent *volantes*, et
qui se composent seulement de deux gîtes
et trois madriers. Les gîtes ont 7 ½ pieds (2
mètres 44 cent.) de longueur, et on les
enterre perpendiculairement à la directrice; le premier à 3 pieds (1 mètre) du
revêtement, et le second à trois pieds du
premier. Les trois madriers ont 9 pieds (3
mètres) de long, et peuvent, à la rigueur,
n'être que de fortes planches. Il y en a deux

qui servent de support aux roues, et qui sont à cet effet disposés parallèlement à la directrice, à égale distance à droite et à gauche de cette ligne, et espacés entre eux d'une distance égale à la voie de l'affût. Le troisième, qui sert de support aux crosses, doit être placé suivant la directrice, l'un de ses bouts s'avançant entre les premiers : les uns et les autres doivent être cloués sur les gîtes, ou ils y sont fixés au moyen de piquets à mentonnet. (*P'*, Planche III.)

Les artilleurs français, qui ont aussi recours, en cas de besoin, à des plate-formes de ce genre, les nomment plate-formes *à la prussienne*; ils les composent seulement de deux gîtes pour porter les roues, et deux madriers pour porter les crosses. Ces sortes de plate-formes sont très-économiques et construites très-promptement; mais on ne peut les employer que lorsque les bouches à feu en batterie ne doivent point changer de ligne de tir.

Quelle que soit l'espèce des plate-formes qu'on emploie, lorsque les pièces doivent tirer en barbette, par-dessus la genouillère et dans toutes les directions, il faut que les madriers aient tous leur surface supérieure dans un même plan horizontal, et au niveau du terre-plein de la batterie.

Dans les places fortes menacées d'un siége, il est très-avantageux, et on peut même dire qu'il est indispensablement nécessaire, de garnir de plate-formes les batries à barbette, construites aux angles flanqués des bastions, et aux angles saillans des ouvrages extérieurs, de manière que les bouches à feu qu'on y placera puissent tirer dans toutes les directions, de front, de flanc, etc.

Lorsque, dans la suite des opérations du siége, il deviendra nécessaire d'abandonner ces batteries, la plus grande partie des bois de leurs plate-formes pourront être employés à la construction de celles qu'il faudra construire alors pour armer les faces sur lesquelles on aura ouvert à cet effet des embrasures.

Dans les retranchemens que l'on fait en campagne, ou bien lorsqu'on manque de bois débité pour plate-formes, et qu'on a à sa disposition des bois de palissades ou des rondins en grume, une manière très-expéditive de construire les plate-formes, consiste à y employer des rondins, sciés

de long par le milieu, en enterrant la partie arrondie et en mettant en dessus la face
plane.

§. 33.

Des rigoles pour l'écoulement des eaux.

Nous avons dit au §. 25, que, dans
tous les cas, soit que la batterie fût horizontale, élevée ou enterrée, il fallait toujours que son terre-plein fût aplani et nivelé à vue d'œil, ou au moyen de niveau
de maçon. Cette opération est nécessaire
pour qu'on puisse construire les plate-formes avec facilité et exactitude ; mais si, après
la construction de ces plate-formes, le terre-
plein restait ainsi horizontal dans toute son
étendue, il en résulterait, particulièrement
dans les batteries enterrées, que les eaux de
pluie y séjourneraient et finiraient par les
inonder, ce qui rendrait le service des
bouches à feu très-pénible et très-difficile.

Il est donc absolument nécessaire de
donner de l'écoulement à ces eaux. Comme,
par la manière dont les plate-formes sont
construites, elles se trouvent déjà un peu
au-dessus du terre-plein, il suffira, dans les
batteries horizontales ou dans les batteries

élevées, de donner un peu de pente au terre-
plein de l'avant à l'arrière, et de cette manière on se débarrassera des eaux de pluie.

Dans les batteries enterrées, on pràti-
quera, le long du talus postérieur de l'enfoncement qui forme le terre-plein, une
petite rigole, qui conduira les eaux vers un
endroit plus bas qu'on aura trouvé à l'extérieur de la batterie, ou vers un puits
qu'on aura creusé dans son intérieur.

Les plate-formes étant inclinées vers le
parapet, et les madriers serrés les uns contre les autres, si la pluie vient à tomber par
torrent, l'eau ruissellera en abondance de
ces plate-formes vers le talus intérieur du
parapet : en conséquence il faudra creuser
au bas de ce talus une rigole qui com-
muniquera avec celles qu'on ménage entre
les plate-formes (§. 28) et, au moyen
de celles-ci, avec le petit canal creusé en
arrière du terre-plein.

CHAPITRE VI.

Des magasins, des portières et des traverses.

§. 34.

Magasins à poudre des batteries.

Il est de la plus grande importance d'assurer la conservation de la quantité considérable de munitions que le service des batteries oblige à placer à leur proximité, et l'on doit prendre toutes les précautions possibles pour garantir ces munitions de l'humidité, pour que l'explosion des bouches à feu de la batterie même n'y puisse pas mettre le feu, enfin pour les couvrir contre les coups de l'ennemi, et particulièrement contre les bombes, ou du moins contre les obus qu'il peut lancer.

De là résulte la nécessité de construire dans chaque batterie, des *magasins* (N, N, Planches II et III) dans lesquels on puisse conserver les munitions à l'abri de la plus grande partie de ces dangers.

La capacité de ces magasins doit être telle qu'ils puissent non-seulement contenir les munitions qu'exige le service de la batterie pendant vingt-quatre heures, mais encore offrir l'espace nécessaire pour les manier commodément.

D'un autre côté, comme il serait très-dangereux de réunir dans un seul magasin une quantité de munitions trop considérable, toutes les fois qu'une batterie sera armée de plus de quatre bouches à feu, il faudra y construire plusieurs magasins, de manière qu'il y en ait toujours un particulier pour deux ou trois bouches à feu, ou pour quatre tout au plus.

L'emplacement de ces magasins doit être assez rapproché du parapet, afin qu'on n'ait pas à aller chercher les munitions trop loin des bouches à feu, et, ce qui est encore plus important, afin qu'elles soient bien garanties contre les coups directs de l'ennemi. Il faudra donc les établir sur cette partie du terrain, en arrière de la batterie, qui se trouve couverte par le parapet. Les artilleurs français les placent à 6 ou 7 toises (12 à 14 mètres) en arrière de l'épaulement et vis-à-vis les merlons.

Si l'on ne trouvait pas pour ces magasins un emplacement convenable, couvert par l'épaulement, il faudrait garantir chacun d'eux des coups directs de l'ennemi , par une traverse particulière, construite exprès.

A l'endroit choisi pour y établir un magasin, on creusera d'abord un fossé de 5 à 6 pieds (1 mètre 60 cent. à 2 mètres) de profondeur, si on peut le faire sans rencontrer l'eau. Si on la rencontrait avant d'arriver à cette profondeur, on ne creuserait que jusqu'à 4 ou 4½ pieds (1 mètre 30 cent. à 1 mètre 46 cent.), et on releverait le bord de ce fossé tout à l'entour, en y piquetant quelques rangs de saucissons. On couvrira ensuite cette espèce de souterrain d'un toit formé de madriers ou de planches et de saucissons par-dessus , lequel sera porté par deux ou quatre gîtes ou poutrelles , reposant sur quatre montans enfoncés dans le terrain ; sur ces montans s'appuieront aussi les parois latérales du magasin, construites comme le toit, et dont l'une (celle du côté opposé à l'ennemi) sera percée d'une porte : on descendra vers cette entrée au moyen d'un fossé de 2 à 3 pieds (65 cent. à 1 mètre) de largeur, de la profondeur du magasin, et dans lequel sera pratiqué un escalier formé de bouts de saucissons.

Les terres provenant de l'excavation seront rejetées derrière et contre les saucissons de l'enceinte du magasin, ou sur son toit, qui devra aller en pente douce, inclinée du côté de l'entrée vers le côté opposé, pour y rejeter les eaux.

Dans un terrain humide ou léger, ou bien lorsqu'on aura le temps et les matériaux nécessaires, on fera bien de revêtir intérieurement les magasins de planches ou clayonnages et d'en parqueter le sol; si, au contraire, on manquait de temps et de moyens pour revêtir en saucissons les parois de ces magasins, il faudrait donner aux quatre faces de la fosse un talus proportionné à la nature des terres.

Dans les siéges, lorsque l'assiégé a à sa disposition un grand nombre de mortiers ou d'obusiers, et qu'il sait les employer convenablement, l'assiégeant doit redoubler de soins et de précautions dans la construction de ses magasins, dont l'explosion pourrait avoir pour lui les suites les plus funestes.

On fera bien, dans ce cas, de couvrir le magasin et la communication pour y descendre, d'un bon *blindage*, formé de fortes poutres ou solives portant un double lit de saucissons ou fascines, sur lequel on rejettera encore toutes les terres provenant de l'excavation.

S'il se trouvait à proximité de la batterie un monticule, une petite colline ou un ravin, on pourrait profiter de ces accidens de terrain pour y creuser les magasins, comme des grottes ou des souterrains, en ayant le soin de les revêtir de planches intérieurement.

Si l'on peut assez compter sur la garde des tranchées, pour être sûr qu'elle réussira toujours à repousser les sorties, on fera bien d'établir les magasins latéralement aux batteries, et dans l'épaisseur même de leur parapet. Cette disposition sera très-avantageuse, particulièrement lorsqu'on se trouvera à la portée de la mousqueterie de l'ennemi; attendu que, celui-ci cherchant toujours à battre directement la batterie, les magasins et leurs communications seront toujours beaucoup plus exposés à être atteints, lorsqu'ils seront placés en arrière de l'épaulement, que lorsqu'ils seront sur le côté, dans le massif même du parapet.

Lorsqu'on placera ainsi les magasins, il ne faudra pas négliger d'en couvrir l'entrée par un blindage, dont les dimensions seront proportionnées à celles de l'ouverture.

Lorsqu'ils seront sur le derrière de la batterie, on pratiquera, entre celle-ci et les magasins, une communication de 3 pieds (1 mètre) de largeur, creusée comme les boyaux de tranchée.

Dans tous les cas, on détournera les eaux qui pourraient s'introduire dans les magasins, soit au moyen de rigoles, soit en donnant au terrain environnant une pente convenable.

Il est toujours beaucoup plus facile de recouvrir un espace rectangulaire, qu'un espace carré, surtout quand il a d'assez fortes dimensions. C'est pour cette raison qu'on donne la première forme aux magasins des batteries : la longueur et la largeur de ces retangles sont déterminées d'après le nombre et les dimensions des caisses ou des barils nécessaires pour contenir les munitions que trois ou quatre bouches à feu peuvent consommer dans vingt-quatre heures, en se ménageant en outre un espace suffisant pour y manipuler. Dans une batterie dont le feu ne devra pas être trop actif, un magasin de 6 pieds (2 mètres) de hauteur ou profondeur, 5 pieds (1 mètre 62 cent.) de largeur, et 8 pieds (2 mètres 60 cent.) de longueur, suffira pour contenir les munitions qu'on peut consommer dans vingt-quatre heures : mais, dans les batteries de mortiers, si l'on veut charger les bombes dans le même magasin où l'on conserve la poudre, il faudra lui donner 2 pieds (64 cent.) de plus, tant en largeur qu'en longueur.

Toutefois, il sera bien préférable d'avoir pour ces batteries, comme pour les batteries d'obusiers, deux magasins séparés, l'un pour la poudre, l'autre pour le chargement des projectiles, et c'est ce que font ordinairement les artilleurs français.

§. 35.

Des portières pour fermer les embrasures.

Dans les batteries à embrasures, il est quelquefois nécessaire, après chaque coup, et lorsque la pièce recule, de la retourner de côté, le long du parapet, derrière un merlon, pour que les canonniers servans soient à couvert en la rechargeant.

Dans cette circonstance, si on laisse l'embrasure ouverte, elle deviendra un point de mire pour les canonniers et les fantassins ennemis, et les servans de la pièce, ayant à manœuvrer devant cette embrasure, auront beaucoup à souffrir de leur feu, qui pourra être très-rapproché et par conséquent très-meurtrier.

Pour se garantir, du moins de celui de la mousqueterie, les artilleurs de plusieurs puissances ont coutume d'adapter aux embrasures des portières mobiles, qui ferment leur ouverture intérieure, quand on a retiré la bouche à feu pour la charger, et qui s'enlèvent quand on veut replacer la pièce pour tirer.

Les principales conditions auxquelles ces sortes de portières doivent satisfaire sont, d'être impénétrables aux balles de fusil et de carabine, et d'être en même temps assez légères pour qu'on puisse les manœuvrer facilement. Nous allons indiquer plusieurs manières de les construire.

On peut les former de bouts de saucissons, réunis au moyen de piquets qui les traversent, et portés par d'autres piquets saillans qui leur servent de supports.

On peut aussi les former de simples claies, mais elles ne serviront dans ce cas qu'à fermer simplement l'embrasure, et non à mettre les servans en arrière à l'abri des balles de l'ennemi ; car c'est à peine si les portières en saucissons pourront en garantir.

Les meilleures *portières* sont celles que l'on construit avec un double rang de madriers cloués l'un sur l'autre, en croisant en sens opposé les fibres du bois, attendu qu'elles protègent plus efficacement que toute autre contre le feu des armes portatives : ces portières en madriers peuvent se fixer à demeure à l'ouverture intérieure de l'embrasure, et dans ce cas il faut qu'elles soient percées d'un trou circulaire pour y introduire la volée de la pièce. Quand le coup est parti, on ferme ce trou au moyen d'un couvercle tombant, ou au moyen d'un petit volet glissant dans les coulisses d'un châssis.

La portière elle-même pourrait avoir la forme des volets d'une fenêtre ; mais alors il faudrait appliquer contre l'épaulement les châssis nécessaires pour porter les volets.

Si l'on trouvait les *portières* formées ainsi d'un double rang de madriers, embarrassantes par leur poids, on pourrait les faire d'un seul rang de madriers doublés de tôle à l'extérieur. [1]

On peut encore avoir des *portières* d'une autre espèce, dont la construction est à la vérité assez difficile, mais qui sont aussi d'un usage très-commode ; ce sont simplement de grandes et fortes *portes à battans,* formées de lambourdes ou solives, et dans lesquelles on peut remplacer les gonds par de petites roulettes, pour en faciliter le mouvement.

§. 36.

Des traverses.

Nous avons déjà dit qu'une des principales attentions qu'on devait avoir en établissant une batterie, était de choisir son emplacement de manière à ce qu'elle ne fût point battue de flanc ni d'enfilade par

---

1. Voyez le Mémorial de Cormontaigne pour la défense des places ; 2.ᵉ édition, pag. 245.

l'ennemi. Cependant il peut arriver quelquefois qu'on ne puisse éviter ces deux inconvéniens, sans tomber dans un tracé défectueux, qui nuirait essentiellement à l'effet qu'on veut produire. Il faut donc chercher des moyens de couvrir les pièces et leurs servans contre les feux de flanc ou d'enfilade de l'ennemi, quand la position de la batterie les y laisse exposés. Si cette position est telle que la batterie soit battue par un de ses côtés, on la couvrira de ce côté par un *crochet* ou une partie d'épaulement en retour. On lui fera deux *crochets* ou deux *ailes*, si elle est exposée aux coups de l'ennemi des deux côtés, en donnant à ces parties d'épaulement en retour une hauteur convenable : on garantira de même la batterie des coups d'enfilade.

Le relief de ces *crochets* se déterminerait comme nous l'avons expliqué au §. 15, dans le cas où l'emplacement occupé par l'ennemi serait un peu plus élevé que celui de la batterie; mais, s'il arrivait qu'on ne pût ainsi mettre tout l'intérieur de la batterie à couvert qu'en donnant une hauteur exorbitante à ces parties de l'épaulement, il vaudrait mieux ne lui donner qu'une hauteur ordinaire, et construire une *traverse* à l'endroit où il ne couvrirait plus l'intérieur de la batterie, puis une seconde *traverse* à l'endroit où l'on cesserait d'être couvert par la première, et ainsi de suite.

Quelques auteurs ont fixé l'épaisseur des épaulemens des ailes de la batterie à la moitié de l'épaisseur du parapet; mais on ne voit pas sur quoi se fonde cette opinion; car, si les épaulemens en retour doivent seulement dérober l'intérieur de la batterie à la vue de l'ennemi, cette épaisseur est beaucoup trop forte, et s'ils doivent le garantir contre ses coups, elle est beaucoup trop faible. Les ailes de la batterie ayant alors la même destination que le parapet, il faut leur donner aussi la même épaisseur, et il en est de même des traverses.

Quant à la longueur de ces épaulemens en retour et des traverses, on sent qu'elle doit être telle qu'ils mettent bien à couvert les bouches à feu et leurs servans.

Les traverses construites dans l'intérieur d'une batterie devront être revêtues sur toutes leurs faces; car sans cela le talus qu'il faudrait leur donner serait tel, qu'occupant beaucoup d'espace, elles obligeraient à donner un trop grand développement à la batterie, et pourraient forcer à placer les dernières bouches à feu sur un emplacement très-éloigné de celui où elles devraient être pour produire l'effet le plus avantageux.

Si l'on avait à sa disposition des gabions de fortes dimensions, ils conviendraient parfaitement pour la construction des traverses; en s'en servant, on économiserait tout à la fois le temps et l'espace, puisque les traverses n'auraient point de talus, et seraient élevées beaucoup plus promptement.

Si l'on pouvait craindre que la batterie fût attaquée sur les flancs, il faudrait ouvrir des embrasures dans les épaulemens en retour; ou, ce qui vaudrait mieux encore, y établir des *barbettes*, sur lesquelles on placerait des bouches à feu de campagne.

On pourra aussi construire derrière ces parties de l'épaulement des *banquettes* pour l'infanterie. Le plan de la plus élevée, doit être à environ 4 pieds 6 pouces (1 mèt. 46 c.) au-dessous de la crête de l'épaulement, afin que les fantassins qui y seront placés puissent bien ajuster l'ennemi. Les *banquettes* auront 1 ¼ pied (50 cent.) de hauteur, pour qu'on puisse y monter et en descendre commodément : c'est d'après ce principe qu'on détermine le nombre des banquettes qu'on doit faire suivant la hauteur de l'épaulement.

Si on voulait seulement construire un *masque* pour empêcher l'ennemi de découvrir l'intérieur de la batterie, ou tout autre endroit que l'on voudrait dérober à sa vue, on y parviendrait très-promptement et très-facilement au moyen d'un simple rang de gabions de fortes dimensions : si on n'en avait pas à sa disposition, voici comme on pourrait y suppléer.

Sur un morceau de solive ou de fort madrier, couché à terre, on plantera verticalement, à 1 pied (30 centim.) l'une de l'autre, deux perches d'une longueur égale à la hauteur qu'on veut donner au masque : on posera ensuite ces sortes de fourches à 5 pieds (1 mètre 60 cent.) de distance l'une de l'autre, dans l'alignement sur lequel l'on veut construire le *masque;* puis on les garnira de fascines, saucissons, ou fagots de ramée. Ces sortes de *traverses volantes* ont le double avantage d'être construites très-promptement, et de pouvoir se transporter d'un lieu à un autre.

Dans les siéges, lors même que des batteries ne se trouveraient point exposées à être battues de flanc ou d'enfilade, si on s'y voyoit trop tourmenté par les boulets et les obus de l'ennemi, il serait très-avantageux d'y établir une ou plusieurs traverses, suivant leur étendue. Dans les batteries à ricochet, cependant, il ne faudra construire de ces traverses que sur les deux ailes, et jamais dans leur intérieur, pour ne pas leur donner un trop grand développement.

Il sera également impossible de se garantir contre les feux courbes de la place, dans les batteries resserrées dans les parallèles ou dans celles où, l'emplacement étant très-limité, on aurait été cependant forcé d'y réunir un grand nombre de bouches à feu, pour opposer à l'ennemi un feu supérieur au sien; mais toutes les fois que l'assiégeant ne sera pas gêné par l'espace, si l'assiégé a beaucoup de mortiers et d'obusiers, et qu'il sache les employer, le temps,

la peine et les matériaux que le premier
emploira à construire de semblables traverses, seront très-avantageusement com-
pensés par l'utilité qu'il en retirera. Ces traverses se composeront ordinairement d'un
seul rang de grands gabions qu'on remplira
de terre; et il n'est pas douteux que cet
abri ne garantisse les artilleurs des effets
meurtriers d'une partie des éclats de projectiles creux qui feront explosion dans la
batterie.

Dans la construction des batteries de
plein fouet, quoiqu'on ait très-bien choisi
leur emplacement relativement à l'effet
qu'elles doivent produire, il peut arriver
que, soit à cause de leur disposition par
rapport à quelques-uns des ouvrages de la
place, soit à cause de quelque faute qu'on
aura commise dans leur tracé, il devienne
nécessaire de protéger, particulièrement
contre des feux latéraux, une ou deux embrasures, et cela sans rétrécir le terre-plein.
On y parviendra en construisant en avant
du merlon placé relativement à ces embrasures du côté de l'ennemi, une bonne
traverse formée de gabions remplis de terre,
à laquelle on donnera 8 à 9 pieds (2 mè-

tres 6o cent. à 3 mètres) d'épaisseur. Si cette traverse ne met pas entièrement à l'abri des coups de l'ennemi, au moins affaiblira-t-elle beaucoup les boulets qui la traverseront, de sorte que les embrasures en souffriront beaucoup moins.

Soit pour se garantir de ces feux de flanc, soit pour rendre moins dangereux les accidens qui arrivent fréquemment en chargeant les mortiers, surtout quand on ne se sert pas de gargousses et qu'on charge une de ces bouches à feu pendant que l'autre tire, les artilleurs autrichiens sont dans l'usage de construire, en pareille circonstance, une traverse entre deux mortiers : ainsi, dans le cas où on n'aurait pas besoin de couvrir la batterie sur ses ailes, le nombre des traverses serait égal à celui des mortiers, moins un ; si la batterie devait être couverte sur un de ses flancs, elle aurait autant de traverses que de mortiers ; enfin, dans le cas où on voudrait la couvrir à ses deux extrémités, le nombre des traverses serait égal à celui des bouches à feu, plus un.

Les artilleurs de la plupart des puissances d'Allemagne étant maintenant dans l'usage de se servir de gargousses pour char-

ger les mortiers, ils peuvent, particulièrement lorsqu'ils n'ont pas beaucoup à craindre des projectiles creux de l'ennemi, ne
construire de traverses que de deux en
deux mortiers. Mais il faut alors qu'ils aient
la précaution de faire charger et tirer en
même temps les deux mortiers qui sont entre les mêmes traverses, ou bien de régler
leur feu de façon que, tandis que l'un tire,
l'autre soit couvert. De cette manière une
batterie de six mortiers n'exigera que deux
traverses, si elle n'a besoin d'être couverte
à aucune de ses extrémités. Elle en exigera
trois, si elle doit avoir un épaulement d'un
côté, et quatre, s'il faut la couvrir à ses
deux bouts contre le feu de l'ennemi.

Lorsque les traverses n'ont d'autre objet
que celui que nous avons expliqué ci-dessus, et qu'elles sont revêtues en saucissons,
on leur donne ordinairement 8 à 10 pieds
(2 mètres 60 cent. à 3 mètres 32 cent.)
d'épaisseur, sur 12 à 14 pieds (4 mètres à
4 mètres 55 cent.) de longueur; mais souvent on se contente de la former d'un seul
rang de gabions de 4 pieds (1 mèt. 30 cent.)
de diamètre, sur 6 pieds (2 mètres) de
hauteur.

CHAPITRE VII.

Tracé des batteries.

§. 37.

De la longueur de l'épaulement.

On comprend facilement que la longueur à donner à l'épaulement ne dépend que du nombre des bouches à feu dont la batterie doit être armée, et de la distance à laquelle elles doivent être l'une de l'autre.

Nous avons déjà fait connaître comment cette distance pouvait varier, suivant les cas particuliers. Lorsque le parapet a de 6 à 7 pieds (2 mètres à 2 mètres 30 centimètres) de hauteur et de 12 à 18 pieds (4 à 6 mètres) d'épaisseur, on doit espacer les bouches à feu de 12 pieds (4 mètres) d'axe en axe, si ce sont des pièces de campagne, et de 18 pieds (6 mètres), si ce sont des pièces de siége.

Dans les batteries à ricochet, comme il n'est pas nécessaire de tourner la pièce le long des merlons pour la charger, et comme on n'a pas à craindre que les merlons se trouvent trop affaiblis par les embrasures,

puisque celles-ci ne traversent pas entièrement le parapet, on pourrait sans inconvénient, toutes les fois qu'on n'aurait pas
besoin de se réserver des banquettes, réduire la distance des bouches à feu, d'axe
en axe, à 15 pieds (5 mètres) : le plus ordinairement on est obligé aussi de les rapprocher à cette distance dans les batteries
de brèche et dans les contre-batteries établies sur le couronnement du chemin couvert, attendu que dans leur établissement
on se trouve trop resserré pour qu'on puisse
les y espacer davantage.

Pour donner aux demi-merlons une
épaisseur suffisante, il faudra laisser, de la
ligne du milieu ou de la directrice de la
dernière embrasure à l'extrémité du parapet, 9 pieds (3 mètres) de longueur au
moins, pour les batteries des pièces de
campagne, et $13\frac{1}{2}$ pieds (4 mètres 50 cent.)
au moins dans les batteries de siége. Les
artilleurs français donnent même à leurs
demi-merlons 16 pieds (5 mètres 30 cent.)
de longueur intérieurement.

En général, en appelant n le nombre des
bouches à feu, m leur distance d'axe en axe,
o l'ouverture intérieure de l'embrasure,

g la longueur d'un demi-merlon, et L la longueur de l'épaulement, cette longueur sera donnée par l'équation $L = (n - 1) m + o + 2 g$.

Si la batterie devait avoir des traverses, il faudrait, pour avoir la longueur de l'épaulement, à la valeur de L trouvée ci-dessus, ajouter la largeur de toutes ces traverses prises à leur base.

Les artilleurs français espaçant leurs mortiers de 12 à 15 pieds (4 à 5 mètres) d'axe en axe, et laissant 6 pieds (2 mètres) de distance des plate-formes extrêmes au bout de l'épaulement, il sera facile, d'après ces données, de calculer la longueur du parapet pour une batterie d'un certain nombre de mortiers, en se rappelant que les plate-formes ont 6 pieds (2 mètres) de largeur.

Les artilleurs de la plupart des puissances d'Allemagne donnant à ces plate-formes 8 pieds (2 mètres 60 cent.) de largeur, et les éloignant l'une de l'autre de 3 à 4 pieds (1 mètre à 1 mètre 30 cent.), c'est d'après ces bases qu'ils déterminent la longueur de l'épaulement de leurs batteries de mortiers. Mais, dans tous les cas, il faudra ajouter à la longueur du parapet ainsi calculée, la largeur de toutes les traverses, comme pour les batteries à canon.

Il est bien entendu qu'il n'est pas nécessaire de s'attacher d'une manière trop scrupuleuse à suivre ces dimensions à la rigueur; mais il ne faut pas non plus se permettre de s'en éloigner d'une manière sensible, à moins de puissans motifs.

§. 38.

Du choix de l'emplacement des batteries en général.

Les principales considérations qui doivent influer sur le choix de l'emplacement d'une batterie, sont que cet emplacement soit tel,

1.° Que la batterie produise le plus promptement possible l'effet qu'on en attend;

2.° Qu'elle soit le mieux possible à l'abri du feu de l'ennemi;

3.° Que sa construction soit terminée dans le moins de temps qu'il se pourra.

Quand il s'agira de déterminer l'emplacement que devra occuper une batterie, on considérera donc d'abord quel est l'effet qu'on se propose de produire au moyen de son établissement; c'est-à-dire, si on la destine à tirer de *plein fouet* sur un but déterminé; si on veut s'en servir pour démonter l'artillerie ennemie par un *tir d'enfilade* ou *à ricochet;* si on a dessein d'*ouvrir une brèche* dans le rempart d'une ville assiégée ; ou bien, enfin, si l'on se propose de foudroyer son intérieur au moyen des *feux courbes*, etc. On comparera ensuite les positions relatives de l'objet qu'on se propose de battre, et de la batterie elle-même, et l'on en conclura si celle-ci doit être *horizontale, élevée* ou *encaissée*.

Toutes les fois qu'on trouvera un emplacement propre à la construction de ce dernier genre de batterie, on devra lui donner la préférence, et particulièrement dans les siéges ; car elles présentent des avantages incontestables.

Dans une batterie horizontale, en effet, pour qu'on soit à couvert à 1 pied (32 cent.) de hauteur, il faut qu'on ait élevé l'épaulement à cette hauteur, que les terres en soient bien damées, et qu'il soit revêtu intérieurement; tandis que dans une batterie encaissée, quand le parapet est élevé d'un pied (32 cent.), on se trouve déjà à couvert à 2 pieds (65 cent.) de hauteur.

Un autre avantage des batteries encaissées, c'est que le parapet ne s'élevant pas autant au-dessus du sol que ceux des batteries horizontales ou élevées, il se trouve nécessairement moins exposé aux coups de l'ennemi.

De plus, la genouillère toute entière ou sa plus grande partie se trouvant, dans la batterie encaissée, creusée dans le terrain naturel, elle ne saurait être aussi facilement ruinée par le feu de l'ennemi que celle des autres espèces de batteries, et elle ne peut être détruite que par l'explosion des bombes et des obus.

Enfin, les batteries encaissées ont encore cet avantage, qu'on peut les garantir très-facilement des feux de flanc, auxquels elles pourraient être exposées par quelque défaut de leur emplacement, attendu que, dans ce cas, il suffira, pour les couvrir, d'une traverse placée obliquement sur le devant du parapet.

Les *batteries élevées*, au contraire, sont celles dont la construction est la plus longue et la plus désavantageuse; cependant on se voit trop souvent obligé d'y avoir recours, à cause de la position de l'objet qu'on veut battre, et il peut même arriver dans les siéges, qu'on ne puisse éviter de construire de cette façon les batteries destinées à démonter par un tir direct l'artillerie de la place.

§. 39.

Principes d'après lesquels on détermine si une batterie doit étre encaissée, horizontale *ou* élevée.

Les mortiers ou les obusiers tirant à ricochet, lançant leurs projectiles de manière à ce qu'ils décrivent des trajectoires d'une courbure très-prononcée, ces bouches à feu peuvent presque toujours être placées sans difficulté dans des batteries encaissées.

Toutes les fois donc que la nature du terrain le permettra, on pourra construire de cette manière les batteries destinées à ces bouches à feu, soit que l'objet qu'elles doivent battre se trouve plus élevé qu'elles, soit qu'il se trouve sur le même plan, ou qu'il se trouve plus bas.

Quant aux canons tirant de plein fouet

ou à charge entière, le plan de la plate-
forme doit se trouver au-dessous de la
ligne de tir, d'une quantité égale à la distance de cette ligne au plan sur lequel
reposent les roues de l'affût, ce qui revient
à peu près à la hauteur même de ces roues,
qui est de 4 pieds 10 pouces (1 mèt. 55 cent.),
pour les affûts de siége, et de 4 pieds 6 pouces (1 mèt. 45 cent.) pour les affûts de campagne français.

Afin donc de déterminer la position du
plan de la plate-forme, quand l'emplacement de la batterie sera déterminé, on y
plantera un piquet dont la partie hors de
terre ait cette même hauteur des roues de
l'affût, puis on dirigera un rayon visuel
sur l'objet qu'on voudra battre, en rasant
la tête de ce piquet, et faisant avec l'horizon le même angle que devra faire avec
ce plan la ligne de mire : si on découvre
bien l'objet de cette manière, il faudra
établir le terre-plein de la batterie au niveau du terrain, et cette batterie sera *horizontale*. Si le rayon visuel dirigé de cette
manière laisse l'objet à battre au-dessous
de lui, on visera au-dessous de la tête du
piquet, jusqu'à ce que le rayon visuel abou-

tisse sur l'objet que l'on veut battre, et la partie du piquet que ce rayon laissera au-dessus de lui, dans cette nouvelle direction, sera précisément égale à la profondeur dont il faudra creuser le terre-plein de la batterie, qui sera alors *encaissée*. Si, au contraire, pour bien découvrir l'objet qu'on veut battre, on est obligé de viser au-dessus du piquet, la batterie devra être *élevée*, et la distance de la tête du piquet au nouveau rayon visuel indiquera la hauteur que l'on devra donner à la plate-forme au-dessus du sol.

§. 40.

Emplacement des batteries de campagne.

Si nous nous proposions d'établir une batterie de campagne destinée à battre, soit un defilé qui débouchât en face de la position que nous occupons, soit un pont, soit une porte fortifiée, il serait nécessaire que les directrices des embrasures convergeassent toutes vers cet objet, et si cet objet était de peu d'étendue, il deviendrait indispensable de prendre les précautions que nous avons recommandées au §. 20, pour éviter une trop grande obliquité des embrasures.

Dans tous les cas, il sera toujours très-avantageux de disposer une batterie de ce genre de manière à ce que deux bouches à feu, ou une pour le moins, enfilent bien le defilé suivant toute la longueur.

Si la batterie était simplement destinée à battre le terrain en avant, sans avoir un point de mire déterminé, on pourrait percer les embrasures perpendiculairement à la direction du parapet, attendu que dans ce cas l'évasement de ces embrasures vers l'extérieur permettrait de faire obliquer les pièces à droite ou à gauche, rien n'obligeant, en pareille circonstance, à tirer toujours suivant la même direction.

§. 41.

Emplacement des batteries à ricochet.

D'après ce que nous avons dit au §. 11, les batteries à ricochet peuvent presque toujours être *encaissées;* aussi les artilleurs autrichiens les établissent-ils toujours dans la *tranchée* ou dans la parallèle, à moins que des circonstances particulières ne s'y opposent : les artilleurs français les placent ordinairement à 12 ou 15 toises (24 à 30 mètres) en avant des parallèles, et ils les joignent à ces parallèles par un ou deux boyaux de communication, aboutissant à une des extrémités ou aux deux extrémités de la batterie.

Il y a des motifs assez plausibles pour l'une comme pour l'autre de ces positions: en prenant la première, on peut travailler aux batteries dès la pointe du jour qui suit la nuit où l'on a ouvert la parallèle, lors même que celle-ci ne serait pas encore perfectionnée; ce qui donne déjà douze heures d'avance; les troupes destinées au service de la batterie sont moins exposées; on emploie aussi douze heures de moins à sa construction, et elle peut par conséquent commencer son feu vingt-quatre heures plus tôt : mais aussi la parallèle se trouve interrompue; sa construction en devient plus longue, et elle se trouve par là moins en état de résister aux sorties des assiégés dès la première nuit.

Les partisans des batteries placées dans la parallèle disent encore qu'en les plaçant en avant, 1.º elles embarrassent les manœuvres à faire contre les sorties; 2.º elles masquent le feu des troupes; 3.º elles attirent sur la tranchée beaucoup de bombes et de boulets qui l'auraient dépassée sans cela ; 4.º elles sont moins protégées. Les partisans des batteries placées en avant de la parallèle sont obligés de convenir du premier de ces inconvéniens; mais ils soutiennent que ces batteries ainsi placées ne masquent que la partie de la parallèle qui est en arrière, et que les deux boyaux construits comme la parallèle, remplaceront, et au-delà, cette perte de feu; que, si elles font de la partie de la parallèle qui est en arrière, un égout pour les bombes et les boulets, qui l'eussent dépassée sans cela, les batteries placées dans la tranchée ont le même inconvénient relativement aux bouts de parallèle qu'il faut faire alors en arrière; enfin, que les batteries placées comme ils le proposent, sont bien loin d'être moins bien protégées, puisqu'elles sont comme des redans ou des bastions en avant des parallèles, qui leur servent naturellement de flancs ou de courtines.

L'emplacement des batteries à ricochet, soit dans la tranchée, soit en avant de la parallèle, est déterminé par le prolongement des faces qu'on veut ricocher, puisque, suivant ce qui a été dit au §. 11, les projectiles tirés de ces batteries doivent parcourir ces faces suivant toute leur longueur.

Il serait très-avantageux que la directrice de la première embrasure se trouvât exactement sur le prolongement de la crête intérieure du parapet, et que les embrasures, espacées entre elles comme il a été expliqué au §. 37, fussent dirigées parallèlement à la première, ou convergeassent un peu vers celle-ci : mais la crête intérieure du parapet n'est point visible de l'extérieur; ce sera donc sur le prolongement de la *magistrale* ou de la sommité du revêtement de l'escarpe qu'il faudra se régler. On déterminera ce prolongement le plus exactement qu'il sera possible; puis, traçant à 20 ou 22 pieds (6 mètres 50 cent. à 7 mètres 30 cent.) en dedans de sa direction une ligne qui lui soit parallèle, cette dernière sera la *directrice* de la première embrasure. La nécessité de faire les embrasures parallèles ou à peu près parallèles entre elles, mais de manière à ce que les projectiles lancés par les dernières ne manquent pas cependant

l'enfiler le rempart, oblige ordinairement
à ne construire les batteries de cette espèce que pour quatre bouches à feu.

§. 42.

Détermination des prolongemens des ouvrages ennemis.

Nous avons vu, au paragraphe précédent,
qu'il était nécessaire de connaître le prolongement des faces des ouvrages ennemis,
pour déterminer la position des *batteries à
ricochet ;* nous verrons plus loin que cette
connaissance est également nécessaire pour
la déterminaison de l'emplacement des *batteries de plein fouet.* Il est donc fort important pour les officiers d'artillerie de s'exer-
cer à trouver promptement et exactement
ces prolongemens, ce qui est plus difficile
qu'on ne pourrait le croire.

Souvent, en effet, les accidens du terrain dérobent à la vue une partie des fortifications de la place, surtout lorsqu'elles
sont rasantes ou à demi-revêtement ; l'éloignement, la pluie, le brouillard, etc., con-
fondent les objets, et empêchent de distinguer l'une de l'autre les deux faces con-

tiguës des remparts ou des glacis : il faudra donc apporter beaucoup de soin et d'attention à cette opération essentielle.

D'abord , au moyen d'un plan de la place, ou du moins du front que l'on attaque, et en se plaçant sur un point élevé, sur un arbre, au haut d'un clocher, etc., on étudiera de loin la disposition générale des ouvrages dont on se propose de prendre les prolongemens; on approchera ensuite de ces ouvrages autant qu'il le faudra pour bien les voir, et en choisissant l'heure où, des deux faces de l'angle flanqué, l'une est éclairée et l'autre dans l'ombre. On marchera devant une des faces jusqu'à ce qu'on soit sur le prolongement de l'autre, et, quand on y sera arrivé, on marquera ce prolongement par un piquet qu'on enfoncera en terre de $1\frac{1}{2}$ pied (16 centimètres). On recommencera la même opération quatre ou cinq fois à différentes distances, en ayant soin de marquer les piquets d'un même nombre de crans, pour distinguer ceux d'un alignement de ceux d'un autre, et de cette façon on déterminera d'une manière assez rapprochée le prolongement cherché.

Si l'on avait à sa disposition une plan-
chette ou un graphomètre, on pourrait
le déterminer beaucoup plus exactement,
comme nous allons l'expliquer.

En avant de la face dont on veut trou- Planche VII,
ver le prolongement, on mesurera d'abord   fig. 7.
une base quelconque A B; sur cette face,
on choisira deux points remarquables et
faciles à distinguer, tels, par exemple, que
l'angle flanqué et l'angle de l'épaule C et D;
on mesurera ensuite les angles C A B et
D A B; puis les angles A B C et A B D, au
moyen de deux stations en A et B. Ces opérations donneront les moyens de déterminer
les triangles A C B, A D B et C A D; et par
conséquent la ligne A C. Prenant ensuite
en A un angle quelconque C A E, dans le
triangle E A C, on connaîtra A C et les
deux angles adjacens, puisque l'angle E C A
est le complément de A C D; on connaît
également C A, qu'on a pu déterminer
dans le triangle C A D : on pourra donc
déterminer A E, et trouver ainsi un point
E du prolongement de la face C D. On
trouvera de la même manière un autre
point F de la même ligne, et celle-ci sera
par conséquent entièrement déterminée.

§. 43.

Emplacement des batteries destinées à battre de revers les ouvrages ennemis.

On doit généralement supposer que l'assiégé aura pris la précaution de défiler à l'avance, ou du moins pendant le siége même, les faces de ses ouvrages qui peuvent être battus à ricochet, en les couvrant par des traverses.

En conséquence l'assiégeant ne devra pas s'appliquer à placer toujours ses batteries à ricochet de manière à ce que la directrice de leur première embrasure se trouve bien rigoureusement sur le prolongement de la crète intérieure du parapet. Il pourra sans crainte les construire de telle sorte que la directrice de cette première embrasure se trouve en dedans du prolongement, et fasse avec cette ligne un angle de dix à quinze degrés; on se procure de cette manière un tir à ricochet d'autant plus efficace qu'il prend à dos les ouvrages de l'ennemi. Quand l'angle que fait cette directrice avec ce prolongement atteint la dernière limite fixée ci-dessus (quinze degrés), les batteries prennent le nom de batteries *à revers*.

Il peut arriver quelquefois que les ouvrages de la place soient disposés de telle sorte que plusieurs faces se trouvent les unes derrière les autres à de faibles distances, de manière que leurs prolongemens viennent rencontrer la tranchée en des points peu éloignés aussi les uns des autres.

En pareil cas, au lieu de construire plusieurs batteries à ricochet isolées l'une de l'autre, on fera bien d'en construire une seule de huit à dix bouches à feu, qu'on placera de manière à ce que les quatre premières de ses pièces enfilent directement la face intermédiaire des ouvrages ennemis. Cette face sera battue un peu à dos par les dernières bouches à feu, et toutes prendront à revers la face la plus avancée vers la campagne.

Par ce moyen, on pourra écraser l'artillerie qui se trouvera sur ces différentes faces, en dirigeant successivement sur chacune d'elles, et suivant que les circonstances l'exigeront, le feu de toutes les pièces de la batterie.

Très-souvent aussi il peut être fort avantageux de chercher à ricocher, non-seulement les faces des ouvrages de la place, mais encore les courtines du front attaqué, quand on peut parvenir à en trouver le prolongement. On fera donc bien de construire des batteries à ricochet destinées à cet usage particulier. Quand le prolongement de ces courtines tombera à peu près perpendiculairement sur la direction de la tranchée, si l'on veut établir la batterie dans la parallèle même, sa construction se bornera à élargir cette parallèle en arrière, autant que cela sera nécessaire pour donner au parapet l'épaisseur ordinaire, comme nous l'expliquerons plus loin, et à revêtir la face intérieure et les deux faces latérales de ce parapet. Si, au contraire, ces prolongemens tombaient obliquement sur la direction de la tranchée, ce qui arrivera fort souvent, il faudrait construire le parapet à *redans*, comme nous l'avons indiqué.

Cependant, comme cette construction présente d'assez grandes difficultés, lorsque l'angle que fait la direction de la face à ricocher avec celle de la tranchée ne sera pas au-dessous de soixante degrés, il vaudra mieux donner, si cela est nécessaire,

un peu plus de hauteur au parapet, et établir les plate-formes obliquement, comme
nous l'avons expliqué au §. 29, en parlant du *heurtoir;* mais si cette obliquité
devait être trop grande, il faudrait construire le parapet de la batterie obliquement à l'épaulement de la tranchée ; c'est-
à-dire, en s'éloignant intérieurement de ce
dernier d'un côté, de manière à ce que
les embrasures aient la direction qu'elles
doivent avoir : enfin, si l'angle formé par
ces directrices et par la direction de la
tranchée se trouvait au-dessous de 45°, ce
qu'il y aurait de mieux à faire, serait d'é-
tablir la batterie en arrière de la parallèle,
en pratiquant à cet effet un nouveau boyau
de tranchée, pour pouvoir la construire à
couvert, comme font les artilleurs allemands; ou bien on la porterait en avant,
comme nous avons déjà dit que le font les
artilleurs français.

§. 44.

Emplacement des batteries de plein fouet.

Nous avons vu, au §. 11, que les batteries de *plein fouet* étaient particulière-

ment destinées à démonter l'artillerie ennemie par des coups directs, et à ruiner
les embrasures et les merlons des ouvrages
opposés. Il faut donc qu'elles soient placées, dès la première parallèle, de manière
à les bien découvrir, et que leurs projectiles puissent les atteindre, tirés de but en
blanc, ou en ne donnant aux pièces qu'une
faible élévation.

Si le profil des ouvrages de la place est
tel qu'on ne puisse découvrir de leur parapet que ce qu'il est nécessaire d'en détruire, il faudra alors, suivant ce que nous
avons dit au §. 59, construire ces batteries
horizontales; il faudra les faire *élevées*, si
on n'aperçoit pas suffisamment du parapet; mais, toutes les fois que de l'emplacement de la batterie on découvrira une
hauteur de revètement plus considérable
qu'il n'est nécessaire pour les bien battre,
il ne faudra pas négliger de profiter de
cette circonstance pour construire la batterie *encaissée,* ce mode de construction
ayant de grands avantages, comme nous
avons déjà eu occasion de le faire voir.

En enterrant la batterie, on découvrira
un peu moins du parapet que l'on veut

battre ; mais à la seule inspection de la figure 8, pl. VII, on reconnaîtra que, pour un enfoncement assez considérable de la batterie, on ne perd de vue qu'une très-faible partie de ce revêtement.

En effet, la similitude des triangles C A B Planche VII,
fig. 8. et C D E donne $DE : AB :: DC : AC$; en nommant donc D E, c'est-à-dire la partie du revêtement qu'on perd de vue en enterrant la batterie, x ; A B, c'est-à-dire la quantité dont on enfonce la batterie, a ; D C, ou la distance de la crête du glacis au revêtement de l'escarpe, m ; A C, ou la distance de la batterie à la crête de ce même glacis, n ; on aura, $x : a :: m : n$, d'où on tirera

$$x = \frac{a \cdot m}{n} :$$ or, m peut être évalué à 40 mèt. ; à la deuxième parallèle n est ordinairement égal à 300 mètres ; on aura donc

$$x = \frac{a \times 40}{500} = \frac{2\,a}{15} ;$$ et, enfin, en supposant que $a = 1$ mètre $x = 153$ millimètres à la première parallèle, où n est ordinairement égal à 600 mètres, on a, en supposant toujours $a = 1$ mètre, $x = \frac{40^{m}}{600} = 0^{m},066.$

La direction la plus avantageuse qu'on

puisse donner à ces batteries, se trouvera en prenant pour *directrice* de la première embrasure, non pas la directrice même de la dernière embrasure ennemie, mais une ligne qui traversera obliquement cette dernière embrasure, en passant par l'angle extérieur de son premier merlon, et par l'angle intérieur du merlon opposé.

Sur cette ligne, à la distance à laquelle on veut établir la batterie, on élèvera une perpendiculaire, et cette perpendiculaire sera le tracé du talus intérieur de l'épaulement.

Il y a des artilleurs qui prétendent qu'il faut établir les batteries de plein fouet parallèlement aux faces qu'elles doivent battre; attendu, disent-ils, que les boulets en pénétreront plus profondément dans le parapet, et qu'enfilant directement les embrasures de l'ennemi, ils démonteront plus facilement son artillerie.

Ces considérations sont sans doute justes; mais en s'astreignant à donner ainsi à ses embrasures une direction déterminée, on court risque de voir leurs lignes de feu raser de très-près le cheminement des tranchées et des sapes; d'où il résulterait qu'on ne pourrait sans danger en continuer les travaux, à moins de suspendre le feu des batteries.

Il faut remarquer encore que, s'il est avantageux d'avoir ses embrasures exactement dirigées sur celles qui sont opposées, c'est un avantage qu'on ne peut se procurer sans le donner en même temps à l'ennemi. Enfin, en donnant aux batteries de plein fouet une direction oblique, comme nous l'avons expliqué ci-dessus, on y trouvera les avantages suivans :

1.° Comme on pourra toujours, en pareil cas, augmenter ou diminuer un peu cette obliquité, il sera toujours possible de donner aux batteries une direction telle que leur ligne de feu ne gênera point la marche des travaux.

2.° Il sera impossible à l'ennemi de riposter à nos coups, du moins des embrasures sur lesquelles nous tirerons, à cause de l'obliquité des nôtres relativement aux siennes.

3.° Les merlons, contre lesquels nos boulets viendront frapper suivant une obliquité convenable, seront plus promptement ruinés que s'ils étaient battus perpendiculairement, et l'ennemi ne se trouvera même pas en sûreté en se plaçant derrière le milieu de ces merlons; puisque, lorsque l'angle extérieur de ses embrasures sera détruit, les boulets iront atteindre l'angle intérieur opposé, et n'y trouveront pas une épaisseur de parapet suffisante pour les arrêter.

Lorsque le commandant de l'artillerie et celui du génie d'une armée assiégeante seront de bonne intelligence, ils trouveront presque toujours le moyen de tracer la parallèle de manière à ce que les batteries puissent être établies dans la tranchée même toute achevée.

Les artilleurs allemands choisissent toujours cette position, et elle leur procure de grands avantages pour la marche des travaux, lors même qu'ils sont forcés de construire ces batteries *horizontales* ou *élevées;* car si, dans ce cas, leur établissement dans la parallèle n'épargne pas le travail et le temps, il épargne du moins la vie des travailleurs, qui se trouvent beaucoup moins exposés que lorsque l'on construit les batteries en avant des parallèles.

Lorsque des circonstances particulières rendent tout-à-fait impossible la construction des batteries de plein fouet dans la parallèle même, les artilleurs allemands aiment mieux les placer en arrière qu'en avant de cette parallèle.

À la vérité, en les plaçant en avant, il reste derrière ces batteries un espace libre pour la garde de la tranchée; mais aussi cet espace devient comme un égout pour les projectiles, et principalement pour les projectiles creux de l'ennemi, qui, dépassant la batterie, viendront inquiéter les troupes placées en arrière, et celles-ci d'ailleurs ne pourront pas être employées très-utilement à la défense de la batterie qui se trouvera devant elles.

Ajoutons à cela, qu'une batterie placée en avant de la parallèle exigera toujours plus de temps pour sa construction, que si elle était placée en arrière; puisque, dans cette dernière position, elle se trouverait déjà couverte en partie par l'épaulement de la tranchée.

Les batteries placées en arrière de la parallèle auront encore cet avantage, qu'elles seront ruinées beaucoup moins promptement que celles qui seront placées en avant; car un assez grand nombre des coups de

l'ennemi iront nécessairement frapper l'é-
paulement de la parallèle, et s'arrêteront
dans son épaisseur.

Cependant ces batteries auront aussi cet
inconvénient assez grave, que la garde de
la tranchée ne pourra pas rester dans la
partie de la parallèle en avant d'elles, pendant qu'elles feront feu; mais les partisans
de cette manière de placer les batteries,
répondent que ces troupes pourront toujours se tenir dans les communications
qu'il faudra nécessairement pratiquer en
arrière pour la commodité de leur service, ou bien qu'elles se placeront à droite
et à gauche pour se tenir prêtes à repousser les sorties.

Si on leur objecte que le parapet de la
parallèle masquera la batterie et lui dé-
robera la vue du terrain environnant, ils
répondent qu'on pourra alors pratiquer,
sur la crête du parapet de la parallèle et
vis-à-vis chaque embrasure de la batterie,
des rigoles ou des espèces de crénaux, qui
permettront de diriger convenablement le
feu des pièces. Comme, dans ces sortes de
batteries, les bouches à feu tirent constamment dans la même direction, il suffira de

donner à ces rigoles 2 pieds (65 cent.) de largeur; quant à leur profondeur, on comprend facilement qu'elle dépendra de la disposition du terrain ; mais le plus ordinairement il ne sera pas nécessaire qu'elle excède 1 pied (32 cent.).

Si l'on se décide à placer les batteries de plein fouet en avant de la parallèle, soit parce qu'on juge cette position préférable, soit parce qu'on ne trouve point d'emplacement convenable dans cette parallèle même ou en arrière, on les établira à 12 ou 15 toises (24 à 30 mètres) de cette parallèle, et on les y réunira au moyen d'un boyeau de tranchée.

Si l'on assiégeait une place fortifiée régulièrement, comme on ne pourrait en découvrir les flancs que lorsqu'on serait parvenu sur la crête du glacis, les batteries destinées à battre ces flancs de plein fouet devraient être alors établies dans la partie du *couronnement du chemin couvert* qui se trouverait directement vis-à-vis: or, comme, dans ces circonstances, on se trouve assez souvent très-restreint pour le choix d'un emplacement, il pourrait arriver qu'on fût obligé de donner à la batterie une direction oblique à celle du flanc qu'elle doit battre : ce qu'on pourrait faire de mieux en pareil cas, serait de construire une telle batterie à *redans*.

C'est aussi ce qu'on devra faire ordinairement quand on établira des batteries sur un ouvrage extérieur de la place, dont on se sera emparé et d'où l'on voudra battre les ouvrages intérieurs.

§. 45.

Emplacement des batteries de brèche.

Nous avons vu au §. 11, que les *batteries de brèche* étaient destinées à battre le revêtement d'un ouvrage, pour y pratiquer une ouverture ou *brèche*, au moyen de laquelle l'assiégeant puisse y donner l'assaut.

On ouvre ordinairement la brèche vers le milieu des faces des ouvrages de la place; quelquefois cependant, quand la fortification est irrégulière, on est forcé de l'ouvrir, soit à la courtine, soit à l'un des flancs.

On coupe d'abord le revêtement par une ligne horizontale, à une toise (2 mètres) du fond quand le fossé est à sec, et à fleur d'eau quand il ne l'est pas, et on donne en longueur à cette ligne la largeur que doit avoir la brèche; puis on trace, à coups de canon, et en commençant vers le bas, deux lignes verticales, qu'on prolonge depuis la ligne horizontale jusqu'à la hauteur du terre-plein; ensuite on tire, par bordées, contre le rectangle compris entre ces trois lignes et la magistrale, pour renverser toute cette partie de revêtement.

On voit d'après cela que les batteries de brèche doivent être établies, 1.° sur le *couronnement du chemin couvert*, car sans cela on ne pourrait pas découvrir le mur de l'escarpe assez bas; 2.° bien exactement vis-à-vis de la face qu'on veut battre, afin que les boulets, frappant bien perpendiculairement, puissent y pénétrer à une assez grande profondeur.

Si cependant il était question de faire brèche dans un ouvrage de fortification sans revêtement, il serait avantageux d'établir les batteries de brèche de manière à ce que leurs boulets atteignissent le terre-plein un peu obliquement; ils le laboureraient davantage, et en lançant ensuite quelques obus perpendiculairement contre ce terre-plein déjà ébranlé, leur explosion y ouvriroit la brèche très-promptement.

On voit, d'après ce qui précède, qu'on se trouvera toujours très-restreint dans le choix d'un emplacement pour les batteries de brèche; il pourra aussi arriver que la direction du couronnement du chemin couvert ne permette pas de les établir parallèlement aux faces qu'elles doivent battre, et alors il faudra les construire à *redans* ou à *crémaillière*.

On comprend aussi que ces batteries étant très-rapprochées des ouvrages de la place, qui auront sur elles un commandement plus ou moins considérable, elles se trouveront souvent exposées à être battues d'enfilade par la mousqueterie de l'ennemi, et que celui-ci pourra même tirer sur elles à mitraille avec des pièces de campagne. De là résulte la nécessité, 1.º de couvrir ces batteries de traverses aussi multipliées que cela sera possible; 2.º d'avoir des *portières d'embrasures* telles que celles que nous avons décrites au §. 35; 3.º de placer aux batteries des tireurs adroits, qui contiendront, par un bon feu de mousque-

terie, celui de la place, devenu très-dangereux à cause de sa proximité.

Il pourra souvent arriver qu'on ait beaucoup de peine à trouver pour les batteries de brèche un emplacement convenable
et assez spacieux, quelquefois même on sera
forcé, pour se le procurer, et pour bien
découvrir le revêtement qu'on voudra battre, de faire sauter, au moyen de la mine,
une partie des ouvrages sur lesquels on
voudra établir ces batteries.

On devra donc chercher à les resserrer
dans le moindre espace possible, et pour
cela on y placera les bouches à feu à 12
ou 15 pieds (4 à 5 mètres) l'une de l'autre,
d'axe en axe, et on ne donnera à leur parapet
que 12 pieds (4 mètres) d'épaisseur, au plus;
ce qui aura d'autant moins d'inconvénient
qu'on doit supposer que, lorsqu'on établit les batteries de brèche, on a déjà détruit ou démonté les bouches à feu de gros
calibre de l'assiégé, que les parapets de la
face qu'on veut battre sont entièrement
ruinés, et qu'on n'en a plus à craindre que
la mousqueterie, ou tout au plus quelques
pièces de campagne tirant à mitraille.

L'épaulement n'ayant que cette épaisseur de 12 pieds (4 mètres), l'ouverture extérieure de l'embrasure pourra n'être que de 5 pieds (1 mètre 60 cent.), à 6 pieds 8 pouces (2 mètres 15 cent.). Quant à la pente à donner au plan inférieur de cette embrasure, on devra la régler de manière à bien voir le pied du revêtement. Quand le fossé n'aura pas une grande largeur, cette nécessité de bien découvrir le bas de l'escarpe obligera souvent à couper le parapet du chemin couvert, et quelquefois même une partie de la contrescarpe. On sent que cela dépendra de la manière dont les ouvrages attaqués seront disposés, et de *leur tracé.*

§. 46.

Emplacement des batteries de mortiers.

Nous avons vu, au §. 39, que les batteries de mortiers peuvent toujours être *encaissées,* pourvu que la nature du sol sur lequel on doit les construire permette de s'y enfoncer. De cette manière, elles seront construites beaucoup plus promptement et avec beaucoup moins de dangers que si elles étaient *horizontales :* aussi les artilleurs allemands les construisent-ils toujours dans la parallèle déjà terminée, à moins que des circonstances particulières ne s'y opposent, et les artilleurs français les enterrent, dans tous les cas, de 4 à 5 pieds (1 mètre 30 cent. à 1 mètre 60 cent.).

L'emplacement de ces batteries étant indifférent pour la direction du tir, on ne devra les établir que sur les points qui ne conviennent pas à l'emplacement des batteries à canons.

La position la plus avantageuse qu'on puisse donner aux batteries de mortiers, est à la deuxième et troisième parallèles, ou au couronnement du chemin couvert ; cependant des circonstances particulières peuvent engager à les placer à la première parallèle, et même quelquefois à des distances plus éloignées de la place.

En pareil cas, pourvu qu'on puisse faire tomber les bombes dans les ouvrages et qu'elles y éclatent, n'importe en quel point de l'intérieur, elles produiront toujours l'effet qu'on en attend. L'emplacement le plus convenable pour les batteries de mortiers, sera donc alors le prolongement de la capitale de l'ouvrage que l'on doit battre;

1.° Parce qu'étant ainsi placées, elles

n'occuperont aucun des emplacemens qui doivent être réservés pour les batteries de canons;

2.° Parce qu'en changeant un peu la direction des mortiers sur leurs plate-formes, on pourra s'en servir pour bombarder les ouvrages latéraux, et protéger ainsi les batteries de canons qui se trouveraient inquiétées dans des directions sur lesquelles il leur serait impossible de riposter pour se défendre.

Mais, quand on se sera assez rapproché de la place pour qu'on puisse espérer avec quelque certitude de jeter les bombes dans la largeur du terre-plein du rempart, on fera bien de placer les batteries de mortiers à côté de celles à ricochet et sur le même alignement, afin qu'elles aient directement devant elles le prolongement de l'ouvrage qu'elles doivent battre, ce qui procurera cet avantage, que, soit que la portée des bombes soit trop longue, soit qu'elle soit trop courte, elles tomberont toujours sur le rempart.

C'est principalement contre les flancs reculés ou retirés de la place, pour éteindre leur feu et pour épargner celui des

troisièmes batteries, qu'on construit les batteries de mortiers dans la troisième parallèle et au couronnement du chemin couvert, sur le prolongement de ces mêmes
flancs.

§. 47.

Emplacement des batteries de pierriers.

Les batteries de pierriers s'établissent
aussi à la troisième parallèle et sur le couronnement du chemin couvert. Elles doivent être à 5o ou 6o toises (100 ou 120 mèt.),
au plus, des objets qu'elles doivent battre.

On peut les placer sur les capitales ou
sur les prolongemens des faces et des flancs
des ouvrages. Si elles doivent battre en
même temps les places d'armes et leurs réduits, il est très-important de les placer sur
leur capitale commune, aussitôt qu'on est
parvenu à la troisième parallèle.

- - Si des batteries plus importantes, telles
que celles à ricochet, occupaient déjà le
prolongement des faces, il faudrait placer à
côté d'elles les batteries de pierriers, et la
pointe des places d'armes saillantes offri-
rait particulièrement un emplacement très-
convenable pour leur établissement.

Une attention qu'il est très-important d'avoir, c'est de placer ces batteries de manière à ce que la chute des pierres, des perdreaux ou des grenades à main qu'elles lanceront, n'incommode point les travailleurs et les troupes de la tranchée et de la sape poussée en avant. Si cependant il n'était pas possible d'éviter ce danger, il faudrait que ces travailleurs et ces troupes eussent soin de se retirer momentanément, toutes les fois que ces batteries tireraient.

§. 48.

Direction à donner au parapet des batteries de mortiers et de pierriers.

Lorsque rien ne s'y oppose, on construit ordinairement le parapet des batteries de mortiers perpendiculairement à leur ligne de tir; cependant il n'y aurait aucun inconvénient à ce que la direction du parapet fît un angle aigu ou obtus avec la ligne de tir, et cela arrive même très-fréquemment pour les batteries établies dans la parallèle déjà achevée.

On doit d'autant moins craindre d'adopter cette disposition, qu'on sait qu'on peut

très-facilement placer les mortiers ou pierriers dans une direction oblique sur leur
plate-forme. Cependant, si cette obliquité
devait être très-considérable, on ferait bien
d'établir chaque plate-forme et chaque traverse parallèlement à la ligne de tir, et
non pas perpendiculairement au parapet.
De cette manière, les bouches à feu ne se
trouveraient plus sur une ligne droite, mais
bien sur une ligne à crémaillère ou à redans.

§. 49.

Tracé des batteries sur le terrain.

Il résulte de ce que nous avons dit dans les
paragraphes précédens, que, suivant l'espèce
de batterie qu'on se propose de construire,
et suivant l'emplacement qu'on aura choisi
pour son établissement, la ligne qui servira
à déterminer sa direction, pourra la diviser
en deux parties égales, ou passer par le
milieu de l'une de ses embrasures. Sur cette
ligne, et au point où elle devra rencontrer le saucisson du rang inférieur du revêtement intérieur du parapet, on élèvera
une perpendiculaire qui déterminera l'emplacement de ce rang inférieur de saucissons.

Sur cette perpendiculaire, suffisamment prolongée, on portera, de part et d'autre, la moitié de la longueur du parapet, si la ligne de direction passe par le milieu de la batterie; si cette ligne passe par le milieu d'une embrasure, on portera de chaque côté, autant de fois que cela sera nécessaire, sur la perpendiculaire, et en se conformant à ce que nous avons dit au §. 37, la distance des bouches à feu entre elles d'axe en axe, puis la demi-largeur de l'ouverture intérieure d'une embrasure, et enfin la longueur d'un demi-merlon. On marquera les extrémités du parapet et le milieu de l'ouverture intérieure de chaque embrasure, au moyen de petits piquets qu'on enfoncera en terre : à partir de ces points on élèvera des perpendiculaires à la direction du parapet; on les prolongera vers l'extérieur de la batterie si elle doit être *horizontale,* et des deux côtés si elle doit être *encaissée.*

Sur ces dernières lignes, et en avant de celle qui indique la direction du parapet, on marquera l'épaisseur de ce parapet et ses deux talus intérieur et extérieur; en-suite, si le terre-plein de la batterie doit être au niveau du terrain, on marquera de même la largeur de la berme et celle du fossé, y compris ses deux talus : si la batterie doit être *encaissée*, on marquera de la même manière, et comme nous l'avons indiqué au §. 27, la largeur du terre-plein et ses talus.

Tous ces points ainsi déterminés, seront marqués au moyen de petits piquets à jalonner, dont nous avons parlé §. 2. On tendra des cordeaux à tracer le long de ces piquets, et en creusant ensuite de petites rigoles le long de ces cordeaux, on tracera toutes les lignes qui déterminent les largeurs du parapet, de ses deux talus et de la berme; celles du fossé, et de ses talus, si la batterie est *horizontale*, ou celles du terre-plein et de ses deux talus, si la batterie est *encaissée*.

Nous avons vu, §. 16, que la largeur du talus du parapet dépendait de sa hauteur; on devra donc, avant de le tracer, déterminer cette hauteur d'après les règles que nous avons établies au §. 16. Il est aussi nécessaire d'avoir bien examiné à l'avance la nature du sol qui se trouve entre la batterie et l'objet qu'elle doit battre, ainsi que celui sur lequel

on doit l'établir, afin de pouvoir ensuite opérer immédiatement sur le terrain, en s'aidant
de la vue seule, ou, ce qui vaudrait mieux,
en se servant d'un croquis fait sur une petite échelle, et sur lequel seront marqués
le développement et les principales parties
de la batterie avec leur profil.

Ce croquis sera d'une grande utilité,
non-seulement pour le tracé de la batterie
sur le terrain, mais encore pour la formation du devis des matériaux nécessaires à
sa construction, pour la distribution des
travailleurs, et pour régler la marche même
du travail, quand il devra être exécuté par
des individus peu habitués à ces sortes d'ouvrages.

CHAPITRE VIII.

Détermination du personnel et du maté-
riel nécessaires pour la construction
des batteries.

§. 50.

Considérations générales sur la formation
de l'état des objets nécessaires pour la
construction des batteries.

Si on a lu avec un peu d'attention ce
que nous avons dit jusqu'ici, on concevra
qu'il serait fort difficile de donner, pour la
détermination des objets qui entrent dans
la construction des batteries, des règles
certaines et précises, telles, par exemple,
que celles au moyen desquelles on calcule
le nombre des boulets d'une pile.

On a pu voir, en effet, que, pour la même
espèce de batterie, la quantité des matériaux
nécessaires à sa construction pouvait beaucoup varier, suivant la nature du terrain,
et aussi suivant le plus ou moins de danger
auquel on est exposé par le feu de l'ennemi.

Nous nous bornerons donc à donner ici
des règles générales et approximatives, en

nous efforçant de ne pécher ni par excès, ni par défaut. Nous allons chercher à déterminer ainsi, d'abord, le nombre des travailleurs nécessaires à la construction d'une batterie : il sera facile d'en conclure, du moins pour la plus grande partie, le nombre des outils et instrumens qu'il faudra leur donner, et enfin nous évaluerons la quantité des divers matériaux qu'ils devront employer dans la construction.

§. 51.

Détermination du nombre d'hommes nécessaire pour la construction des batteries.

Le nombre d'hommes, ou le *personnel* nécessaire pour la construction des batteries, dépend naturellement de la marche adoptée pour le travail et de la distribution des travailleurs.

Pour la construction des batteries *horizontales* de canons et obusiers, les artilleurs français emploient trois canonniers pour le revêtement des côtés et du coffre ; trois à chaque embrasure, et cinq par embrasure au revêtement intérieur du parapet.

Ils emploient douze travailleurs de la ligne par embrasure, dont six dans le fossé, placés à 3 pieds (1 mètre) de distance l'un de l'autre; trois sur la berme, à 6 pieds (2 mètres) l'un de l'autre, et trois sur le coffre, également à 6 pieds (8 mètres) l'un de l'autre. Si cependant le dépôt des saucissons était éloigné, il faudrait prendre vingt travailleurs de la ligne par embrasure, au lieu de douze.

Il faut au moins un sous-officier pour diriger la construction de chaque merlon, et un dans le fossé pour deux merlons. Sur trois sous-officiers, un au moins doit appartenir à l'artillerie.

Quant aux officiers, si le nombre de ceux qu'on a à sa disposition le permet, on en mettra un par embrasure pour surveiller la construction du coffre, et un par deux embrasures pour surveiller les travailleurs du fossé.

Pour les batteries de mortiers, les artilleurs français occupent également trois canonniers au revêtement des côtés du coffre, et ils en comptent cinq par mortier pour le revêtement du parapet. Quant aux travailleurs de la ligne, ils en emploient également douze par mortier, et les distribuent comme pour les batteries de canons.

Le nombre des officiers et sous-officiers se proportionne naturellement à celui des canonniers et travailleurs de la ligne ; mais comme il n'y a point d'embrasures aux batteries de mortiers, et que cette circonstance diminue et simplifie beaucoup le travail, il pourra être convenablement surveillé par un nombre de sous-officiers et d'officiers beaucoup moindre que pour les batteries de canons et d'obusiers.

Il doit être bien compris que le nombre de travailleurs dépendant de la longueur du parapet, et cette longueur étant augmentée de la somme des épaisseurs des traverses, quand on sera obligé d'en établir dans une batterie, soit de mortiers, soit de canons ou obusiers, elle exigera un plus grand nombre de travailleurs, d'abord en raison du surcroît de longueur du coffre, et en outre pour la construction de ces traverses elles-mêmes.

Les artilleurs allemands distribuent leurs travailleurs dans le fossé par file de trois hommes, espacés de 4 pieds (1 mètre 30 c.). De ces trois hommes, l'un creuse avec un pic-hoyau, et deux jettent la terre avec des pelles par-dessus l'épaulement.

Lorsque le fossé a déjà atteint une certaine profondeur, et que les hommes munis de pelles ne peuvent plus sans difficulté jeter les terres assez loin sur le parapet, ils placent, pour transporter ces terres, de 4 pieds en 4 pieds (1 mèt. 30 c. à 1 mèt. 30 c.), suivant la longueur de la batterie, un homme avec deux paniers, ou bien deux hommes avec trois ou quatre sacs à terre.

Ils comptent pour chaque merlon trois canonniers pour faire le revêtement ; six travailleurs pour enfoncer les piquets, transporter les saucissons et les scier ; quatre hommes pour damer les terres, et deux pour les répandre et les égaliser.

Enfin, ils ajoutent au nombre total de travailleurs, déduit des bases ci-dessus, cinq ou six hommes sur cent, de corvée, pour porter les vivres aux autres, etc.

Si la batterie n'est pas construite dans la parallèle, elle doit s'y rattacher par des boyaux de communication, qu'il faudra faire construire en même temps que la batterie, mais par d'autres travailleurs : ces derniers ne se trouvent, par conséquent, pas compris dans les calculs qui précèdent.

Comme la construction des batteries *en-*

cuissées exige tout au plus moitié moins de travail que celle des batteries horizontales, on pourra diminuer d'un quart ou même d'un tiers la force du personnel, et il faudra encore un bon tiers de temps de moins pour les construire que pour construire des batteries *horizontales*.

On comprend facilement que les batteries *élevées* exigeront, au contraire, pour leur construction, beaucoup plus de temps, d'outils, de matériaux, et un personnel beaucoup plus nombreux que les batteries ordinaires ; mais il est impossible de déterminer d'avance cette augmentation, qui dépend de beaucoup de circonstances variables, telles que l'élévation qu'on doit donner à la batterie, la distance à laquelle on doit aller chercher les terres, etc.

§. 52.

Détermination du nombre d'outils, ustensiles et instrumens nécessaire à la construction des batteries.

1.º On ne peut avoir moins d'un *cordeau à mesurer* et un *cordeau à tracer* dans chaque batterie. Dans les batteries un peu étendues, il sera nécessaire d'en avoir plusieurs, et surtout des derniers. Les artilleurs français comptent sur un cordeau de 6 toises (12 mèt.) par bouche à feu, sans distinction de cordeau à tracer ou à mesurer, et ils y ajoutent deux paquets de mèches pour les batteries de moins de quatre bouches à feu, et quatre paquets pour celles qui en ont quatre ou plus de quatre.

2.° Ils comptent également, pour chacune des bouches à feu dont la batterie doit être armée, une *toise*, ou *double mètre*, un *niveau de maçon*, et une *grande règle* pour le poser. Cependant les artilleurs allemands ne portent dans leur devis qu'une *toise*, un *niveau de maçon*, et une *grande règle* pour deux pièces.

3.° Dans l'artillerie française on compte en *pic-hoyaux*, *pioches* et *pelles*, autant d'outils en tout, qu'il y a de canonniers et de travailleurs de la ligne employés à la batterie. C'est le moindre nombre qu'on en puisse prendre, et l'on fera bien, si l'on peut, de le porter au double. Quant à la proportion à mettre entre ces diverses espèces d'outils, on sent qu'elle dépendra naturellement de la qualité des terres qu'on aura à remuer.

4.° Pour les batteries à embrasures, les artilleurs français demandent quatre *masses* pour la première de ces embrasures, et trois pour chacune des suivantes; et dans les batteries à mortiers, trois *masses* par bouche à feu. Les artilleurs allemands comptent dix masses pour les deux premières embrasures, et ils en ajoutent deux pour chaque embrasure au-dessus de deux.

5.° Dans l'artillerie française on demande trois *dames* par embrasure ou par mortier; mais les artilleurs allemands en portent, dans leurs états, quinze pour les deux premières embrasures ou les trois premiers merlons, et quatre pour chaque merlon en sus de trois.

6.° Les artilleurs français comptent, pour chaque couple d'embrasure, ou pour deux bouches à feu, une *scie* pour couper les saucissons et un *cabestan* pour les étrangler. Dans l'artillerie de la plupart des puissances de l'Allemagne, on compte trois scies et trois cabestans pour les deux premières embrasures, et une scie et un cabestan seulement pour chacune des suivantes.

7.° Dans l'artillerie française on donne aux travailleurs huit *haches* et deux *serpes* pour la première embrasure ou la première

bouche à feu, et un de chacun de ces instrumens tranchans de plus pour chacune
des embrasures ou des pièces suivantes :
quant aux artilleurs allemands, ils comptent quatre ou cinq *serpes* pour la première
embrasure, et une de plus pour chacune
des suivantes; mais ils ne portent point de
haches dans leurs états.

8.° La construction des batteries ne s'exé-
cutant d'ordinaire que de nuit, il est nécessaire de se munir de *lanternes sourdes*
et de chandelles. Il faut compter au moins
une lanterne et une livre de chandelles pour
les batteries armées d'une, deux ou trois
bouches à feu ; deux lanternes et deux
livres de chandelles sont nécessaires pour
les batteries plus considérables.

9.° Les artilleurs allemands portent encore
dans leurs devis un *rateau* en fer et un *arro-
soir* pour les batteries peu considérables,
et deux de chacun de ces objets pour les
grandes batteries; plus un *baquet* et une
cruche pour deux embrasures.

10.° Enfin, une chose dont il sera encore
utile de se munir, c'est d'un certain nombre de *balais,* si on peut se les procurer;
dans le cas contraire, il sera toujours fa-

cile d'en faire sur le lieu même, avec les menus rameaux qui restent, quand on confectionne les saucissons, gabions, etc.

Tout ce que nous avons dit dans ce paragraphe, se rapporte spécialement à la construction d'une batterie *horizontale ;* s'il s'agissait d'une batterie *encaissée ,* le nombre des travailleurs diminuant, la quantité d'outils et ustensiles devrait aussi diminuer proportionnellement, comme il devrait être augmenté, par un motif contraire, pour les batteries *élevées ;* mais, dans tous les cas, il faudra bien s'assurer de leur qualité, car sans cette précaution, on serait exposé à les voir se détériorer très-promptement par leur usage, et lors même qu'on aurait augmenté leur nombre de cinq ou six pour cent, on courrait le risque d'en manquer, et de se trouver ainsi arrêté au milieu de la construction de la batterie.

§. 53.

Détermination du nombre de saucissons nécessaire pour le revêtement d'une batterie.

Nous avons vu (§. 3) qu'il y a des saucissons de différentes longueurs ; l'épaisseur et la hauteur du parapet sont également

variables (§§. 14 et 15), et par conséquent
il n'est pas possible d'évaluer, d'une manière
précise et générale, le nombre de saucissons nécessaire pour le revêtement d'une
batterie ; mais voici comment on pourra
opérer, dans tous les cas, pour le calculer.

Faites la somme des longueurs des faces
du parapet qui doivent être revêtues; divisez cette longueur totale par celle d'un
saucisson, et vous aurez le nombre des saucissons d'un rang du revêtement; multipliez
ce nombre par celui des rangs de saucissons qui doivent composer le revêtement,
d'après la hauteur du parapet, et vous aurez
le nombre total des saucissons nécessaires
pour ce revêtement.

A cette quantité de saucissons il conviendra d'ajouter ceux nécessaires pour le
revêtement des joues des embrasures, et
ceux employés pour blindage (voyez §. 20);
ceux employés pour les portières (v. §. 35);
ceux dont on croirait devoir recouvrir le
toit des magasins des batteries (§. 34), et,
enfin, ceux qui seraient nécessaires pour le
revêtement des traverses, dans le cas où on
serait obligé d'en construire dans la batterie.

Dans tous ces calculs, il n'y a toujours

que quatre choses à considérer, la longueur et la hauteur des faces à revêtir, la longueur et le diamètre des saucissons qu'on doit employer; mais, quand on aura calculé, d'après ces données, le nombre des saucissons nécessaire pour le revêtement de la batterie et de tous ses accessoires, il faudra ajouter à ce nombre cinq et même six pour cent, pour remplacer ceux qui, ayant été mal confectionnés ou mal coupés, ne pourraient pas être employés.

Les artilleurs français, qui emploient des saucissons de 1 pied (52 c.) de diamètre, et de 18 à 20 pieds (6 m. à 6 m. 65 c.) de long, en comptent vingt-sept pour la première embrasure, aux batteries de canons ou obusiers, et en ajoutent treize pour chacune des embrasures suivantes. Aux batteries des mortiers ou pierriers ils comptent vingt-un saucissons pour la première bouche à feu, et en ajoutent sept pour chacune des suivantes.

§. 54.

Détermination de la quantité de harts dont on doit se munir pour remplacer celles des saucissons.

Il arrive souvent, dans le transport des

saucissons, quand on les charge sur les voitures, ou qu'on les décharge, et plus fréquemment encore quand on les piquète, que plusieurs des *harts* qui les relient, éclatent. Il faut donc en avoir une certaine quantité en réserve, comme aussi pour *ancrer* les saucissons, quand les terres sont légères, ou que les piquets sont mauvais.

Quand les harts sont bien flexibles, on peut, pour calculer cette réserve, en compter une pour chaque longueur de saucissons de 6 pieds (2 mètres) ; mais si elles étaient de mauvaise qualité, il faudrait en prendre un plus grand nombre, et dans tous les cas un tiers de cette réserve devra se composer de *harts de retraite,* dont nous avons expliqué la confection §. 4, et dont nous ferons connaître plus tard l'emploi.

Pour les batteries de canons et obusiers, les artilleurs français comptent deux bottes de harts pour les batteries qui n'ont qu'une ou deux bouches à feu ; trois pour celles qui en ont trois ou quatre ; et quatre pour celles qui en ont cinq ou six. Pour les batteries de mortiers et pierriers ils comptent une botte de harts par chaque couple de bouches à feu.

§. 55.

*Détermination du nombre de piquets néces-
saire pour le revêtement.*

Le nombre de piquets nécessaire pour
fixer les saucissons du revêtement, dépend
naturellement : 1.° du nombre et de la longueur des saucissons qu'on emploie dans le
revêtement ; 2.° de la distance à laquelle
les piquets sont placés entre eux.

Dans l'artillerie française, quand les terres ont peu de poussée, et surtout quand les
piquets sont bons, on les espace de 3 pieds
(1 mèt.), de sorte qu'on en met six pour un
saucisson de 18 pieds (6 mèt.) de longueur,
et qu'on en aurait suffisamment, si on en
portait dans ses états dix-sept par saucisson.

Cependant, comme il faut se précaution-
ner pour les cas où les piquets seraient mauvais et où les terres auraient beaucoup de
poussée, on en compte ordinairement dix
par saucisson.

Les artilleurs français n'emploient pour
les batteries revêtues en saucissons qu'une
seule espèce de piquets ; ce sont ceux qui
ont 2 pouces (6 centim.) de diamètre à la

tête, et 2 pieds 6 pouces (80 cent.) de long ;
mais les artilleurs allemands en emploient
de quatre sortes, savoir : de 2 pieds (65
cent.), 3 pieds (1 mètre), 4 pieds (1 mètre
30 cent.), et 5 pieds (1 mètre 60 cent.) de
longueur.

Ils piquètent les premiers rangs de saucissons avec des piquets de la première
espèce, plantés de pied en pied (32 en 32
cent.) pour le premier rang, et de deux en
deux pieds (65 en 65 cent.) pour le second.

Les troisième et quatrième rangs sont
fixés par des piquets de 3 pieds (1 mètre);
tous les suivans avec des piquets de 4 pieds
(1 mètre 30 cent.), à l'exception des deux
derniers rangs, pour lesquels ils emploient
des piquets de 5 pieds (1 mètre 60 cent.),
surtout quand les terres sont légères ou sa-
blonneuses.

§. 56.

*Détermination de la quantité de bois à plate-
formes nécessaire pour les batteries.*

De ce que nous avons dit, §§. 28 à 32,
des différentes espèces de plate-formes pour
canons, obusiers et mortiers, on déduira
facilement l'état des bois à plate-formes

nécessaires pour une batterie armée d'un nombre quelconque de bouches à feu de quelque espèce et calibre que ce soit, et quelle que soit l'espèce de plate-forme qu'on voudra lui donner. Nous nous bornerons, en conséquence, à rappeler ici le nombre des pièces de bois nécessaires pour la construction des plate-formes ordinaires à canons ou obusiers, et à mortiers et pierriers.

Suivant les procédés généralement adoptés dans l'artillerie française, il faut pour une plate-forme à canon ou obusier, un heurtoir, trois gîtes, quatorze madriers et dix piquets de plate-forme ; et pour une plate-forme à mortier ou pierrier, trois lambourdes de fond, onze lambourdes de recouvrement et huit piquets. Quant aux artilleurs allemands, ils comptent quatre gîtes, dix-sept madriers, deux lattes ou demi-madriers, et vingt-quatre clous de batterie pour une plate-forme à canon ; et cinq lambourdes de fond, dix madriers, deux lattes et seize clous, pour celle des mortiers.

Quant à la quantité de bois de plate-formes qui doit entrer dans la composition d'un équipage de siége, l'Aide-mémoire du général Gassendi la porte aux deux tiers du nombre des bouches à feu pour les canons, aux neuf huitièmes pour les mortiers, aux quatre tiers pour les obusiers, et aux sept sixièmes pour les pierriers.

§. 57.

Détermination de la quantité de matériaux nécessaire pour la construction des magasins à poudre.

Il faut, pour un magasin à poudre de batterie, cinq à six pièces de bois de 7 à 8 pieds (2 mèt. 50 cent. à 2 mèt. 60 cent.) de hauteur, et de 6 à 8 pouces (16 à 22 cent.) d'équarrissage, pour servir de montans, et quatre à cinq poutrelles de 8 à 9 pieds (2 mèt. 65 cent. à 3 mèt.) de longueur, et de 3 à 4 pouces (8 à 10 cent.) d'équarrissage, pour être placées en travers des montans et supporter le toît du magasin. Faute de pièces de bois de ces dimensions, on pourrait y suppléer au moyen de liteaux de mêmes longueur et largeur, et ayant seulement 3 à 4 pouces (8 à 10 cent.) d'épaisseur.

Aux bois ci-dessus désignés, et qui composeront la charpente du magasin, il faudra ajouter : 1.° dix madriers d'un pied (32 cent.) de largeur, et de 10 à 12 pieds (3 mèt. 32 cent. à 4 mèt.) de longueur, pour en former le toît; 2.° la quantité de planches nécessaire pour les doubler intérieurement, mais toutefois si on peut se les procurer sans trop de difficulté; car ces dernières ne sont pas absolument indispensables.

Enfin, dans l'état des objets nécessaires pour la construction d'un magasin, il ne faudra pas oublier une certaine quantité de clous à planches, et les saucissons nécessaires pour les garantir des coups de l'ennemi, comme nous l'avons expliqué au §. 34.

§. 58.

Détermination du nombre de gabions nécessaire pour le revêtement d'une batterie.

Lorsqu'une batterie devra être entièrement revêtue en gabions, on déterminera le nombre de gabions nécessaire pour ce revêtement d'après les mêmes principes que ceux qui servent pour les batteries revêtues en saucissons, et en se servant des mêmes données; savoir, la longueur ou le développement des faces qui doivent être revêtues, et leur hauteur, le diamètre des gabions et leur hauteur. En divisant d'abord la hauteur du revêtement par la hauteur des gabions, on obtient pour quotient le nombre des rangs de gabions nécessaires pour former le revêtement; puis, divisant la longueur du revêtement par le diamètre des gabions, on détermine le nombre des gabions de chaque rang, après quoi il n'y a plus qu'à multiplier ces deux quotiens l'un par l'autre, pour avoir le nombre total des gabions nécessaires pour le revêtement.

Il ne faudra pas oublier de comprendre dans le devis les matériaux nécessaires pour ces sortes de batteries;

1.° Les gabions nécessaires pour le revêtement des joues des embrasures et celui des traverses, s'il doit y en avoir dans la batterie.

2.° Un rang de saucissons, pour former comme la base du revêtement, si les terres sont trop légères pour qu'on puisse se contenter d'y piqueter immédiatement les gabions, et, dans tous les cas, un certain nombre de ces saucissons pour garnir les vides entre les gabions, comme nous l'expliquerons par la suite, et pour former le blindage des embrasures, comme nous l'avons dit au §. 20.

5.° Une assez grande quantité de harts pour ancrer les gabions.

Les artilleurs de la plupart des puissances d'Allemagne emploient ordinairement douze gabions de 4 pieds (1 mèt. 30 cent.) de diamètre pour le revêtement de chaque merlon, et onze seulement pour le revêtement des demi-merlons, avec un gabion de 2 pieds (64 cent.) pour le revêtement de la partie de la genouillère correspondante au dessous de l'ouverture intérieure de l'embrasure.

Ces gabions sont disposés, comme on le voit planche V, de telle sorte qu'il y en a cinq pour le revêtement d'une joue d'embrasure, ou pour celui des côtés extérieurs des demi-merlons ; qu'il s'en trouve deux pour le revêtement extérieur de chaque merlon ou demi-merlon, quatre pour le revêtement intérieur de chaque merlon, et trois seulement pour le revêtement intérieur des demi-merlons, ceux des angles étant comptés pour chacune des deux faces qui composent cet angle.

§. 59.

Détermination de la quantité de matériaux nécessaires pour les batteries revêtues en gazons, en clayonnages, en sacs à terre ou en matériaux de différentes espèces.

Les gazons employés pour le revêtement des batteries se posent à plat et par lits réguliers, l'herbe en dessous, formant *boutisses* et *panneresses*, comme les briques dans la construction d'une muraille. D'après les dimensions que nous avons indiquées pour ces gazons, §. 10, pour le revêtement d'un parapet haut de 4 pieds 6 pouces (1 mèt. 45 cent.), il en faut 42 par mètre courant. Si le parapet avait 6 pieds (2 mèt.) de hauteur, il faudrait alors cinquante-quatre gazons par mètre courant de revêtement. Rien ne sera plus facile que de déterminer d'après ces données la quantité de gazons nécessaires pour le revêtement d'une batterie quelconque; mais il faudra y ajouter au moins dix pour cent du nombre qu'on aura trouvé, pour remplacer ceux qui pourraient se briser dans le travail.

Il ne faudra pas oublier non plus, dans le devis, les piquets nécessaires pour fixer les gazons : on en emploie trois par pièce de gazon.

La détermination de la quantité de claies, de sacs à terre ou de sacs à laine nécessaires pour le revêtement d'une batterie à laquelle on voudrait employer ces matériaux, ne présenterait pas plus de difficulté, et nous croyons inutile de nous y arrêter.

Nous avons vu, §. 11, que l'on construisait quelquefois des batteries dont une partie était revêtue avec une espèce de matériaux, et l'autre partie avec une autre espèce : c'est ce que les artilleurs allemands nomment *batteries mêlées*. On déterminera la quantité de chacun des matériaux qui y doivent être employés d'après les principes qui précèdent.

Les batteries *mêlées* les plus ordinaires sont celles dont la genouillère est revêtue en saucissons, et dont les merlons et demi-merlons sont formés de gabions (v. Pl. VI).

Planche VI. Cette figure représente une batterie au niveau du terrain, dont la genouillère est revêtue en saucissons intérieurement et extérieurement : les merlons sont formés de seize gabions de 3 pieds (1 mètre) de diamètre, et le demi-merlon de quinze gabions des mêmes dimensions, de telle sorte que chaque merlon ou demi-merlon présente extérieurement trois gabions de largeur, que les merlons en ont quatre de face intérieurement, les demi-merlons seulement trois, et que le revêtement intérieur d'une joue d'embrasure se trouve formée de six.

Si c'est une batterie enterrée qu'on doit établir dans la parallèle, comme on utilise alors pour la construction du parapet les terres déjà amoncelées pour l'épaulement de la tranchée, et qu'il n'est ni nécessaire, ni même souvent praticable de revêtir le talus extérieur du coffre, on se contente de placer deux gabions au lieu de trois sur le devant de chaque merlon. On pourra même ne former le revêtement de chaque joue d'embrasure que de cinq gabions, en laissant sur le devant les terres de la tranchée, sans revêtement et suivant leur talus naturel, mais en leur donnant une épaisseur telle qu'avec les cinq rangs de gabions les merlons aient les dimensions convenables. Dans ce dernier cas il ne faudra que dix-huit gabions par merlon, et seulement douze pour chaque demi-merlon.

Pour déterminer la longueur de ces sortes

de batteries, il sera bon, quand on pourra le faire, de disposer sur le terrain les douze, treize, quatorze ou quinze gabions, de manière à figurer un merlon ou un demi-merlon; on en conclura ensuite la longueur exacte à donner aux uns et aux autres, et conséquemment à toute la batterie; mais il faudra y ajouter quelques pieds en sus des dimensions qu'on aura trouvées de cette manière, afin que la longueur assignée à la genouillère puisse suffire, lors même qu'il y aurait quelques gabions irréguliers et d'un diamètre un peu trop grand.

En calculant la quantité de matériaux nécessaires pour ces sortes de batteries, on déterminera, d'après les principes exposés §. 53, le nombre des saucissons nécessaires pour le revêtement de la genouillère, et on devra y ajouter ceux qu'on sciera en bouts de 4 pieds (1 mètre 20 cent.) de long, pour garnir le vide angulaire que deux gabions consécutifs laissent entre eux.

§. 60.

Tableaux du personnel et du matériel nécessaires pour la construction d'une batterie.

En se conformant exactement aux prin-

cipes exposés dans les paragraphes qui précèdent, on pourra toujours déterminer très-
facilement l'état du personnel et du matériel nécessaires à la construction de toute
espèce de batterie. Nous allons en donner
pour exemple une table présentant cet état
pour les batteries horizontales, revêtues en
saucissons, d'après les procédés employés
dans l'artillerie française.

Cette table a été dressée d'après les principes exposés dans les paragraphes précédens ; elle offre seulement l'état du personnel et du matériel nécessaires à la construction d'une batterie horizontale revêtue en
saucissons, pour canons, obusiers, mortiers ou pierriers, contenant depuis une
bouche à feu jusqu'à six ; mais il sera facile,
d'après cet exemple, et en se conformant
aux règles données ci-dessus, de faire l'état
du nécessaire pour toute autre espèce de
batterie, quelle que soit la position de son
terre-plein relativement au terrain naturel,
de quelque nombre et de quelque espèce
de bouche à feu qu'elle soit armée, et
quelle que soit enfin l'espèce de matériaux
employés à son revêtement.

TABLE présentant l'état du personnel et du ...

			NOMBRE DES BOUCHES
PERSONNEL.	Artillerie...	Officiers	
		Sous-officiers	
		Canonniers	
	Travailleurs de la ligne.	Officiers	
		Sous-officiers	
		Soldats	
OUTILS ET USTENSILES ...		Cordeau de 6 toises (2 mètres)....	
		Paquets de mèches	
		Toise ou double mètre	
		Niveaux de maçon et grande règle ...	
		Pics-hoyaux, pelles et pioches (en tout	
		Masses	
		Dames	
		Scies.......................	
		Haches et serpes, de chacune	
		Lanternes et livres de chandelles	
MATÉRIAUX POUR LE REVÊTEMENT.		Saucissons de 1 pied (33 cent.) de di	
		et de 18 à 20 pieds de long (6 m. à 6 m	
		Piquets	
		Boîtes de harts	
BOIS A PLATE-FORMES ...		Heurtoirs....................	
		Gîtes ou lambourdes de fond	
		Lambourdes de recouvrement.......	
		Madriers	
		Piquets de 3 pieds (1 mètre) de long,	
		(8 cent.) de diamètre...........	
MATÉRIAUX POUR LA CONSTRUCTION DES MAGASINS.		Montans	
		Poutrelles	
		Madriers	
		Planches	
		Clous { de 6 pouces (15 cent.) de longu	
		à planches	

aires pour la construction d'une batterie horizontale.

BATTERIES DE CANONS OU D'OBUSIERS					BATTERIES DE MORTIERS OU DE PIERRIERS					
2.	3.	4.	5.	6.	1.	2.	3.	4.	5.	6.
1	2	2	3	3	1	1	1	2	2	2
2	2	3	3	4	1	1	1	2	3	3
19	27	35	43	51	8	11	16	21	26	31
2	3	4	5	6	1	1	1	2	2	2
2	4	4	6	6	1	2	2	4	4	4
24	36	48	60	72	12	24	36	48	60	72
2	3	4	5	6	1	2	3	4	5	6
2	2	4	4	4	2	2	2	4	4	4
2	3	4	5	6	1	2	3	4	5	6
2	3	4	5	6	1	2	3	4	5	6
43	53	83	103	123	20	35	52	69	86	103
7	10	13	16	19	3	6	9	12	15	18
6	9	12	15	18	3	6	9	12	15	18
1	2	2	3	3	1	1	2	2	3	3
3	4	5	6	7	2	3	4	5	6	7
1	1	2	2	2	1	1	1	2	2	2
40	53	66	79	92	21	28	35	42	49	56
400	520	660	790	920	210	280	350	420	490	560
2	3	3	4	4	1	1	2	2	3	3
2	3	4	5	6	=	=	=	=	=	=
6	9	12	15	18	3	6	9	12	15	18
=	=	=	=	=	11	22	33	44	53	66
28	42	56	70	84	=	=	=	=	=	=
20	30	40	50	60	8	16	24	32	40	48
6	6	12	12	12	6	6	6	12	12	12
8	8	16	16	16	8	8	8	16	16	16
10	10	20	20	20	10	10	10	20	20	20
8	8	16	16	16	8	8	8	16	16	16
20	20	40	40	40	20	20	20	40	40	40
60	60	120	120	120	60	60	60	120	120	120

Nous ne croyons pas nécessaire d'offrir une table semblable pour les batteries construites d'après les méthodes employées par les artilleurs allemands; mais nous pensons qu'il peut être intéressant de comparer le personnel employé par ces puissances dans les constructions de cette espèce, avec celui que demande l'artillerie française, et c'est pour faciliter cette comparaison que nous donnons ici le devis du personnel nécessaire, suivant les artilleurs autrichiens, pour la construction de leurs différentes espèces de batteries.

DÉSIGNATION DES BATTERIES.	NOMBRE de bouches à feu.	ARTILLERIE.				INFANTERIE.			
		Officiers.	Sous-officiers.	Canonniers.	Charpentiers ou sapeurs.	Officiers.	Sous-officiers.	Sapeurs ou charpentiers.	Soldats.
Batterie de campagne horizontale et dont les merlons ont 4 rangs de saucissons de haut.ʳ	2	1	1	8	1	1	2	1	70
	4	1	2	14	1	1	3	2	120
	5	1	2	17	1	2	4	3	140
	6	1	3	20	2	2	5	3	170
Batterie de siége horizontale et dont les merlons ont 5 rangs de saucissons de hauteur.	2	1	2	10	1	1	2	1	90
	4	1	3	16	1	2	4	2	150
	5	1	3	19	2	3	5	3	180
	6	1	4	23	2	3	6	4	210
	8	2	5	30	3	4	8	5	270
	10	2	6	36	4	5	10	6	330

DÉSIGNATION DES BATTERIES.	NOMBRE de bouches à feu.	ARTILLERIE.				INFANTERIE.			
		Officiers.	Sous-officiers.	Canonniers.	Charpentiers ou sapeurs.	Officiers.	Sous-officiers.	Sapeurs ou charpentiers.	Soldats.
Batterie de siége encaissée, établie dans la tranchée, et dont les merlons ont 4 rangs de saucissons de hauteur.	2	1	2	8	1	1	2	1	64
	4	1	3	12	1	1	3	2	110
	5	1	3	15	2	2	4	3	130
	6	1	4	18	2	3	5	4	160
	8	2	5	24	3	3	7	5	200
	10	2	5	30	4	4	9	6	250
Batterie à ricochet ou à revers, dont les joues des embrasures ne sont point revêtues.	3	1	2	10	1	1	2	2	80
	4	1	3	12	1	1	3	2	100
	5	1	3	14	2	1	4	3	120
Batteries de mortiers encaissées, construites dans la tranchée, et dont les traverses sont revêtues en saucissons, y compris celles des flancs.	4	1	3	16	2	2	4	2	120 à 140
	5	1	4	20	3	3	5	2	140 à 160
	6	1	4	24	3	3	6	3	160 à 180
	7	1	5	28	4	4	7	3	180 à 200
	8	2	5	32	4	4	8	4	200 à 220

§. 61.

Cubage du coffre de la batterie.

Il est nécessaire de connaître, du moins d'une manière approchée, la solidité ou le cubage du coffre de la batterie qu'on se propose de construire : cette donnée est indispensable, soit pour déterminer la largeur et la profondeur que l'on devra donner au fossé, soit pour calculer le nombre des travailleurs nécessaire pour achever la batterie dans un temps déterminé, soit encore, le nombre des travailleurs étant fixé *à priori,* pour calculer combien de temps il leur faudra pour terminer la construction.

Le tracé et le profil de la batterie une fois déterminés, il sera très-facile d'en avoir la solidité : on déterminera d'abord, au moyen d'une opération géométrique fort simple, la surface d'un carré équivalent au polygone qui forme le profil de la batterie ; puis, multipliant cette surface, exprimée en pieds ou mètres carrés, par le développement ou la longueur du parapet, exprimé en pieds ou mètres, on obtiendra un produit qui représentera en pieds ou mètres cubes la solidité du coffre.

Si la batterie est percée d'embrasures, il faudra calculer ensuite de la même manière la solidité ou le volume de l'une d'elles, la multiplier par leur nombre, et retrancher le produit obtenu du nombre exprimant la solidité du coffre : le reste de cette soustraction sera la solidité réelle du massif de terre du parapet.

D'après l'Aide-mémoire à l'usage des officiers d'artillerie de France, le solide de la batterie de siége pour une pièce est de 2100 pieds cubes (ou environ 70 mètres cubes), et la solidité d'une embrasure est de 300 pieds cubes (environ 10 mètres cubes), de sorte que le massif des terres du coffre, pour un parapet percé d'une embrasure, est de 1800 pieds cubes (ou environ 60 mètres cubes).

CHAPITRE IX.

Détails pratiques sur le tracé des batteries.

§. 62.

Considérations générales sur le tracé des batteries.

Tout ce que nous avons dit au chapitre VII, sur le tracé des batteries, est immédiatement applicable à celles que l'on aurait à construire sur un champ de manœuvre, ou même sur un terrain qui se trouverait hors de la portée du canon de l'ennemi, et où on n'aurait pas encore ouvert la tranchée.

Mais, dans les siéges, les batteries ne sont jamais établies ainsi isolément; soit qu'on les construise dans la parallèle même, soit qu'on les place en arrière, soit qu'on les porte en avant, elles doivent, dans tous les cas, se trouver en communication avec cette parallèle, et l'on comprend que leur tracé et leur construction seront nécessairement modifiés par ces diverses circonstances.

Nous allons en conséquence exposer ici les règles à suivre pour exécuter ces opérations de la manière la plus facile et la plus prompte.

§. 63.

Détermination de l'emplacement des batteries à construire dans la parallèle déjà commencée.

Lorsque la tranchée sera ouverte, et qu'elle se trouvera assez avancée pour couvrir les travailleurs, du moins dans la partie où l'on voudra établir les batteries, le commandant de l'artillerie de l'armée assiégeante se rendra à cet endroit avec l'officier d'artillerie de tranchée, ceux qui devront être chargés spécialement de la construction des batteries, et le nombre de canonniers nécessaires pour exécuter le tracé : c'est ordinairement l'après-midi du premier jour, ou au plus tard le second jour après l'ouverture de la tranchée, lorsqu'elle est déjà assez large pour qu'on puisse circuler en file derrière les travailleurs, et assez profonde pour qu'on s'y trouve à peu près à couvert.

Les officiers d'artillerie et les canonniers

dont nous venons de parler, s'achemine-
ront donc vers les points où, d'après le plan
qu'on en aura arrêté d'avance, on devra
établir les batteries. Si ce sont des batteries de mortiers ou à ricochet, pourvu que
leur ligne de tir ne coupe pas la parallèle
sous un angle plus petit que soixante degrés,
on ne devra pas hésiter à les établir aux
points mêmes où ces lignes de tir rencon-
trent cette parallèle, et chacun de ces points
sera assigné à l'officier d'artillerie qui devra
y faire construire sa batterie.

Quant aux batteries de plein fouet, il
peut arriver souvent que les enfoncemens
et les irrégularités du terrain que la parallèle est obligée de suivre, ou les élévations
et les monticules qui se trouvent en avant,
rendent impossible la construction de ces
batteries aux points mêmes où leur ligne
de tir vient rencontrer cette parallèle. On
cherchera alors si on peut les établir un
peu à droite ou un peu à gauche de ces
points, mais toujours dans la parallèle : si
on n'y trouvait point d'emplacement propre à la construction de ces batteries, à
moins de s'éloigner beaucoup des points
où elles devraient être établies, on cher-

cherait d'abord cet emplacement sur la ligne de tir et en arrière de la parallèle ; et enfin, dans le cas où on ne pourrait faire autrement, on le chercherait sur la même ligne et en avant de la parallèle; mais, dans ce dernier cas, cette opération ne devrait être faite que par un seul officier ou par deux, tout au plus, pour ne pas attirer prématurément sur ce point l'attention et le feu de l'ennemi.

Enfin, si l'on ne trouvait aucun emplacement convenable pour l'établissement de ces batteries, ni dans la tranchée même, ni en arrière, ni en avant, le commandant de l'artillerie de l'armée assiégeante devrait alors s'entendre avec le commandant du génie, pour leur assigner un tout autre emplacement, en apportant, s'il le fallait, des changemens plus ou moins considérables dans le plan des attaques, suivant le plus ou moins d'importance dont ces batteries pourraient être; mais, ce ne serait que dans le cas d'une absolue nécessité, et s'il était tout-à-fait impossible de faire autrement, qu'on devrait avoir recours aux *batteries élevées*, dont la construction est si longue et exige une si grande quantité de matériaux.

§. 64.

Tracé des batteries encaissées établies dans la parallèle, et de leurs communications.

L'officier d'artillerie chargé de la construction d'une de ces batteries, aura avec lui, pour faire cette opération, un sous-officier et quelques soldats munis d'une toise ou double mètre, de quelques piquets à tracer, de masses de batterie et d'un cordeau à tracer.

Planche VII, fig. 9.

Il commencera par déterminer approximativement le tracé du talus intérieur du parapet de la batterie, non pas en ayant égard à l'état de l'épaulement de la parallèle tel qu'il existe en cet instant, mais en calculant sur l'épaisseur présumée que les travailleurs de la tranchée pourront donner à cet épaulement par le travail de l'après-midi et de la nuit suivante. Ainsi, par exemple, si l'épaisseur de l'épaulement $N P$ se trouve déjà de 6 pieds (2 mètres), et si l'officier juge que jusqu'au lendemain les travailleurs pourront encore l'augmenter de 3 pieds, il regardera cette épaisseur comme étant déjà portée à 9 pieds (3 mètres); retranchant cette quantité de l'épais-

seur totale qu'il conviendra de donner à
la batterie d'après les principes exposés
au §. 14; soit cette épaisseur de 18 pieds
(6 mètres), le reste de cette soustraction, ou
9 pieds (3 mètres), sera la quantité dont il
devra augmenter l'épaisseur de la tranchée,
et qu'il faudra porter en conséquence de
P vers C.

La position du côté intérieur de la batterie étant ainsi fixée, on déterminera sa
hauteur, comme nous l'avons expliqué au
§. 15, et on tracera sur le lieu même, ou
au retour au dépôt, un croquis du plan et
du profil de la batterie, d'après lequel on
établira facilement le devis de tous les objets nécessaires pour sa construction, en se
réglant d'après les principes exposés au
chapitre précédent, §§. 59, 60, et l'on remettra ce devis à l'officier qui doit fournir tous les matériaux et commander les
travailleurs.

Il s'agit maintenant de tracer les com- Planche VII,
munications de la batterie : admettons pour   fig. 10.
cela que la ligne $c\,c$ représente la trace indéfinie du talus intérieur du parapet, la
ligne indiquant la direction du tir de la
batterie tombera au milieu de $c\,c$, ou sera

la directrice de l'une des embrasures, qui pourra être celle de l'une de ses extrémités. Quoi qu'il en soit, en partant de cette ligne de direction, comme nous avons enseigné à le faire, §. 37, on mesurera sur $c\,c$ la longueur $a\,b$ de l'épaulement; puis, aux points a et b, on élèvera deux perpendiculaires à l'épaulement $a\,g$, et $b\,f$, du côté intérieur de la batterie, et on donnera 10 toises (20 mètres) de longueur à ces deux lignes; enfin, des points e et f, ainsi déterminés, on dirigera vers la parallèle les deux obliques $f\,d$ et $g\,e$, qui devront être les plus courtes qu'il soit possible de tracer en se défilant des ouvrages de la place, et la ligne brisée $e\,g\,f\,d$ sera le tracé de la communication à établir en arrière de la batterie.

On mesurera le développement de cette communication, et on calculera le nombre de travailleurs nécessaire pour l'établir, à raison d'un homme pour une longueur de 4 pieds (1 mètre 30 cent.).

On demandera immédiatement ces travailleurs à l'officier du génie chargé de la conduite de la tranchée, et on les mettra de suite à l'ouvrage, afin que la communication soit achevée dans la nuit suivante, en même temps que les travailleurs de la parallèle donneront à son épaulement, sur toute la longueur $a\,b$, l'épaisseur que doit avoir l'épaulement de la batterie.

Si deux batteries établies sur la même parallèle ne devaient être éloignées l'une de l'autre que d'une vingtaine de toises (une quarantaine de mètres), comme cela arrive toujours pour les batteries à ricochet et les batteries de mortiers destinées à battre la même face d'un ouvrage ennemi, on pourrait alors ne faire qu'une seule communication pour ces deux batteries, en prolongeant suffisamment la ligne $g\,f$ qui se trouve en arrière; pourvu toutefois que, par suite de cette disposition, les branches $e\,g$ et $f\,b$ de cette communication ne soient pas exposées à être enfilées de quelqu'un des ouvrages de la place : c'est à éviter cet inconvénient qu'on doit surtout s'appliquer dans le tracé de ces communications.

§. 65.

Tracé des batteries à ricochet et des batteries de mortiers.

Les batteries à ricochet et les batteries de mortiers, destinées à battre d'enfilade une face des ouvrages de la place, dépendent absolument, quant à la direction de leur feu, de celle du prolongement de cette face, et les lignes milieu de leurs plateformes doivent être exactement parallèles à ce prolongement.

Ce ne sera que le jour suivant, et avant de commencer la construction de la batterie, qu'on tracera ces lignes milieu; cependant il sera prudent, particulièrement lorsque le prolongement de la face coupera très-obliquement la direction de la parallèle; il sera prudent, disions-nous, pour ne pas se tromper considérablement dans le tracé du côté intérieur de la batterie, de déterminer immédiatement, si ce n'est toutes ces lignes milieu, au moins celle d'une des plate-formes.

Planche VII, fig. 10. On déterminera donc le prolongement KL de la face de l'ouvrage ennemi, comme nous avons enseigné à le faire §. 42, et on marquera ce prolongement au moyen d'un piquet planté sur le parapet, et d'un ou deux autres piquets plantés à 4 toises (8 m.) en arrière. Sur la ligne $L\,K$ on élèvera ensuite la perpendiculaire indéterminée $L\,Q$, soit en employant un des moyens que fournit la géométrie pratique pour tracer sur le terrain une perpendiculaire à l'extrémité d'une ligne donnée, soit en se servant simplement de ce qu'on appelle le triangle de Pythagore, formé de trois bouts de cordeau, dont les longueurs sont entre elles comme les nombres 3, 4 et 5, de sorte que, le carré du dernier côté étant égal à la somme des carrés des deux autres, l'angle opposé est nécessairement droit, ce qui donne un procédé facile pour élever une perpendiculaire à un point quelconque d'une ligne donnée.

Si au point L, où il s'agit ici de faire cette opération, on était trop éloigné du parapet pour se trouver à couvert, il conviendrait de n'y employer qu'un seul homme, afin de ne pas attirer sur soi le feu de la place.

La ligne $L\,Q$ étant tracée, à partir de L, on portera vers Q une longueur $L\,M$ égale à l'épaisseur présumée du parapet de l'ouvrage ennemi, y compris son talus intérieur, et augmentée d'un ou deux pieds (3o à 6o c.); au point M on élèvera une ligne $M\,R$ parallèle à $L\,K$, ou perpendiculaire à $L\,Q$, et ce sera la ligne milieu de la première embrasure ou de la première plate-forme de la batterie. Le plus ordinairement la ligne $L\,M$ est égale à 22 ou 24 pieds (7 à 8 mètres); mais si l'on manquait de données pour pouvoir l'apprécier avec un peu d'exactitude, il vaudrait mieux risquer de lui donner un peu trop que trop peu de longueur.

La direction de la première embrasure, ou la ligne milieu de la première plate-forme étant ainsi déterminée, on calculera, suivant le principe exposé au §. 37, la longueur de la batterie, et en élevant au point Q une perpendiculaire à la ligne $L\,Q$: le point b, où cette perpendiculaire viendra rencontrer la direction $a\,b$, déterminera la longueur de l'épaulement.

Lorsqu'on en aura le temps, on fera bien de tracer immédiatement la directrice des autres embrasures, ou les lignes milieu des autres plate-formes, en marquant d'abord sur la ligne $M\,Q$ les distances auxquelles ces lignes devront être l'une de l'autre, et ensuite en élevant aux points ainsi marqués

des perpendiculaires à *L Q*, qui se trouveront par conséquent parallèles à *M R*.
Cependant si une batterie à ricochet devait être armée de quatre bouches à feu
et que le rempart n'eût pas beaucoup de
largeur, on ferait bien de faire converger
un peu les directrices des trois dernières
embrasures vers la directrice de la première, et dans tous les cas il faudra bien
prendre garde que ces directrices ne soient
pas divergeantes; car, si cela arrivait, les
coups des dernières pièces porteraient à faux.

Si la direction de la ligne de tir de la
batterie *K L* formait avec la direction de
la parallèle un angle *n*, de cinquante degrés environ, on pourrait placer les plate-
formes sur une ligne perpendiculaire à cette
direction du tir, sans être obligé de trop
éloigner du parapet celles voisines du point
M; mais alors il faudrait que les directrices
des embrasures convergeassent un peu vers
la ligne de tir, pour ne pas tomber dans l'inconvénient de les voir trop espacées entre
elles dans l'épaisseur du parapet. Ce qui
vaudrait encore mieux, ce serait de donner au talus intérieur de ce parapet *a b* une
direction oblique se rapprochant de la per-

Planche VII, fig. 11.

pendiculaire à *K L*, en l'éloignant plus d'un côté que de l'autre de l'épaulement de la parallèle, de manière à ce que l'angle *a N R* soit de soixante degrés ou de deux tiers d'un angle droit, ce qu'on peut faire facilement sur le terrain. En construisant alors la batterie, on renfoncera le parapet en dedans, vers la partie *a N*, et lorsque les circonstances le permettront, on profitera de l'obscurité de la nuit pour le renfoncer en dehors du côté de *b*, de manière à ce que sa face extérieure soit parallèle à sa face intérieure.

Planche VII, fig. 12. S'il arrivait que le prolongement que l'on veut ricocher, *K L*, fig. 12, Pl. VII, coupât la direction de la parallèle sous un angle de trente degrés ou au-dessous, ce qu'on pourrait faire de mieux, serait de tracer l'épaulement de la batterie *a b* en arrière de cette parallèle, de manière à ce que sa direction et celle de la ligne de tir *n R* formassent entre elles un angle *a N R* de soixante degrés.

On pourrait alors, si cela était nécessaire, faire à cette batterie une aile en retour, *b p*, et on la relierait avec la parallèle par un boyau de communication, *p s*, auquel on donnerait 12 pieds (4 mètres) de largeur.

On commencerait donc, dans ce cas, à faire travailler pendant la nuit sur toute la ligne *a b p s,* comme à une tranchée ordinaire, et le jour suivant on construirait la batterie, comme si elle était établie dans la parallèle.

Il ne sera pas nécessaire de construire une communication sur le derrière d'une batterie de cette espèce, car la circulation de la partie de la parallèle qui se trouvera en avant, ne sera nullement interceptée par l'effet du tir à ricochet, et les troupes dont on garnira cette portion de la parallèle, s'y trouveront placées très-utilement pour arrêter les sorties de l'ennemi.

§. 66.

Tracé d'une batterie de plein fouet derrière la parallèle.

Quand on établit une batterie de plein fouet derrière la parallèle, c'est ordinairement une batterie *horizontale,* et souvent même on est obligé de la faire *élevée,* pour lui donner le commandement qu'elle doit avoir; à moins cependant que l'objet que l'on se propose de battre, ne soit lui-même assez élevé au-dessus de l'horizon; car alors il pourrait être nécessaire de donner au fond des embrasures un talus allant de l'extérieur à l'intérieur. Hors ce cas particulier, si l'on n'a pas donné à la batterie un relief suffisant, il faudra, la nuit qui précédera l'ouverture du feu de la batterie, raser préalablement le parapet de la parallèle en avant de cette batterie et sur toute l'étendue où cela sera nécessaire, pour bien démasquer tout le champ de tir.

Pour l'ordinaire, le feu d'une batterie de plein fouet établie derrière la parallèle rend impraticable la portion de cette parallèle qui se trouve en avant, à moins que le sol sur lequel cette batterie est construite, ne se trouve naturellement plus élevé de 10 pieds (3 mètres 32 cent.), au moins, que le terrain sur lequel on a tracé la parallèle. On sera donc obligé généralement d'ouvrir une communication derrière cette batterie, et il s'agit seulement de savoir si elle doit être établie parallèlement à la tranchée, comme le représente la Pl. XVI, ou sur une direction oblique à celle de la parallèle, comme le représente la Pl. XVIII.

Dans le premier cas, on pourra probablement faire servir le fossé de la parallèle comme fossé de la batterie. On ne devra pas, en conséquence, tracer celle-ci aussi loin en arrière de la tranchée qu'on serait obligé de le faire dans le second cas, et on procédera à ce tracé ainsi qu'il suit.

On tracera d'abord sur le bord exté-rieur du fossé de la parallèle la ligne $a\,b$, qui représentera la longueur que doit avoir la batterie : aux deux points a et b on élèvera les perpendiculaires indéfinies $a\,e$ et $b\,f$; sur ces dernières on portera de a vers c, et de b vers d, la largeur du fossé de la batterie, largeur qui ne devra pas être tout-à-fait aussi considérable que celle que nous avons indiquée au §. 24, parce que, dans le cas qui nous occupe, on pourra aussi employer, à former le coffre de la batterie, une partie des terres provenant du déblai de la communication $e\,f$, qu'on pratiquera en arrière. On marquera ensuite sur ces mêmes lignes $a\,e$, $b\,f$, la largeur de la berme, celle du parapet, celle du terre-plein et celle de leur talus, conformément aux principes que nous avons exposés précédemment; enfin,

Planche VII,
fig. 13.

du point *e* vers *g*, et du point *f* vers *h*,
on tracera la communication avec la parallèle, comme nous l'avons expliqué au
§. 64.

Cette communication sera tracée au
moyen d'un rang de fascines, qu'on fixera
avec quelques piquets, et les terres provenant du déblai seront jetées par-dessus ces
fascines, qui, à cause de la banquette qu'il
conviendra de ménager, devront être
placées suivant les lignes *l k*, et *m n*, à
1 ½ pied ou 2 pieds (50 à 65 cent.) en avant
des lignes *g e*, et *f h*. Quant aux travailleurs placés dans la tranchée, ils devront en
jeter les terres sur le revers de cette tranchée et par-dessus la berme *p p*, dans le
coffre de la batterie.

Planche VII, fig. 14.

Dans le second des cas dont nous avons
parlé ci-dessus, c'est-à-dire lorsque la batterie ne devra pas être établie parallèlement à la tranchée, il faudra marquer
successivement sur la direction de la ligne
de tir de cette batterie *a e*, les largeurs du
fossé, de la berme, de l'épaulement avec ses
talus intérieurs et extérieurs, et enfin du
terre-plein de la batterie et de la communication en arrière; après quoi, des perpen-

diculaires à la ligne de direction du tir, élevées par tous les points *a*, *b*, *c*, *d* et *e*, et égales à la longueur de la batterie, détermineront sur le terrain le tracé de ces différentes faces : enfin, par les points extrêmes *e* et *f* on mènera les lignes *e k* et *f i*, pour tracer les branches latérales de communication, en les dirigeant de manière à ce qu'elles soient les plus courtes possibles, sans toutefois qu'elles puissent être enfilées des ouvrages de la place.

Tout le tracé étant exécuté, on distribuera les travailleurs sur tout son développement, et on prescrira à ceux placés sur la ligne *i f e k*, de jeter les terres du déblai en avant d'eux, tandis que ceux qui se trouveront placés dans la partie de la tranchée située en avant de la batterie, déboucheront du point *l*, et creuseront un fossé, sinon d'une grande largeur, du moins assez profond, dont ils jetteront les terres dans le coffre de la batterie, par-dessus la berme *p p*, afin que le deuxième jour, se trouvant déjà à couvert, ils puissent s'occuper sans danger à élargir ce même fossé.

S'il était nécessaire de donner un épau- Planche VIII
fig. 15

lement à la batterie sur un de ses flancs, du côté du point d, par exemple, il faudrait en exécuter le tracé préalablement et de manière à ce que le sommet a de l'angle formé par la contrescarpe du fossé du flanc, et celle du fossé de la batterie, fût toujours situé dans l'intérieur de la tranchée, afin qu'on trouvât encore assez d'espace pour établir la rampe qu'on est obligé de faire en pareil cas en x et y, pour conduire les bouches à feu sur leurs plate-formes.

§. 67.

Tracé d'une batterie de plein fouet en avant de la parallèle.

Nous avons déjà exposé, §. 44, tous les inconvéniens que présente la construction des batteries de plein fouet en avant de la parallèle; si cependant on se détermine à en établir une dans cette position, dans le cas où la place qu'on assiégerait opposerait une vigoureuse défense, il serait absolument nécessaire d'occuper préalablement cet emplacement au moyen d'un boyau de communication, qu'on exécuterait comme il suit.

Supposons que *a b* représente la direc- Planche VIII,
tion de la parallèle et *c d* celle du parapet fig. 16.
de la batterie; que le magasin ne puisse pas
être placé sur le côté, mais qu'il doive
l'être, comme cela arrive ordinairement,
en arrière de la batterie.

Soit que cette batterie doive être *hori-*
zontale, soit qu'on veuille la faire *élevée*,
il faudra toujours la placer assez en avant
de la parallèle pour que le point *c* (le
point du revêtement de la batterie le plus
rapproché de l'épaulement de la tranchée)
en soit éloigné de 10 toises (20 mètres) au
moins. [1]

---

1. Voici une manière simple et facile de trouver le point
c, manière qu'on pourra employer, quand la direction de la
batterie différera peu du parallélisme à la direction de la
tranchée, et quand il importera peu que la ligne de direction du tir D E se trouve exactement au milieu de l'épaulement.

Sur cette ligne D E, prenez à volonté une distance quelconque G A; au point A élevez la perpendiculaire B A,
que vous ferez égale à la moitié de la longueur de la batterie, si la ligne D E passe par son milieu; par le point B
menez une perpendiculaire B c à la direction de la tranchée,
et prenez B c égal à 10 toises (20 mètres); le point *c* sera
le point cherché.

Pour tracer maintenant la direction *c d* de la batterie du

Si l'on pouvait construire la batterie encaissée, ce qui vaudrait toujours mieux, il
faudrait alors porter suivant *c d*, non-seulement la longueur que doit avoir l'épaulement de la batterie, mais encore 6 à 8
pieds (2 mètres à 2 mètres 60 cent.) de
plus, à cause de l'espace néecesssaire pour

---

point A, menez A K égal et parallèle à B*c*; et menez par
les points *c* et K une ligne indéfinie *c d*, sur laquelle vous
prendrez K *d* égal à *c* K.

On voit que par ce procédé le point K, milieu de la batterie, se trouve transporté un peu à droite de la ligne de
direction, et il s'en écarterait encore davantage, si l'angle
que fait la ligne D E avec la direction *a b* était plus aigu.

C'est pourquoi nous allons indiquer, pour trouver le point
c, un autre procédé, au moyen duquel le milieu de la batterie restera toujours sur la ligne D E.

A dix toises de *a b*, tracez *a' b'* parallèle indéfinie de *a b*
à cette ligne ; sur D E prenez, comme ci-devant, une distance arbitraire G A, et au point A élevez de même la
perpendiculaire A B, que vous ferez égale à la moitié de la
longueur de la batterie : par le point B, élevez ensuite une
ligne B *c'* parallèle à D E ou perpendiculaire à A B ; elle
rencontrera la parallèle à la direction de la batterie au
point cherché *c'*.

Pour tracer ensuite la direction de la batterie, abaissez
du point *c'* une perpendiculaire indéfinie sur D E; et à partir
du point de rencontre de ces deux lignes, portez, à droite
de la dernière, une quantité égale à la distance de cette
ligne au point *c'* : vous déterminerez ainsi le point *d'*

les banquettes des communications latérales, s'il devait y en avoir pour réunir la
batterie à la tranchée.

Si l'on était obligé de faire un flanc à la
batterie, du côté du point d, il faudrait
encore augmenter la longueur de la ligne
$c\,d$ proportionnellement à l'épaisseur qu'on
voudrait donner à ce flanc.

Quant aux communications $c\,k$ et $d\,m$,
on les tracerait toujours comme nous l'a-
vons expliqué plus haut au §. 64.

Si la batterie doit être horizontale sur la
ligne $c\,d$, qui représente la direction de
la batterie, on marquera d'abord la longueur de cette batterie ; on élèvera ensuite
deux perpendiculaires, $c\,f$ et $d\,g$, à la ligne
$c\,d$, et sur ces deux perpendiculaires on
portera, depuis c vers f et depuis d vers g,
l'épaisseur du parapet, la largeur de la
berme et celle des fossés, avec leurs talus
respectifs : on tracera ensuite les deux communications $k\,f$ et $q\,m$, toujours de manière à ce qu'elles ne soient pas enfilées
du feu de la place, et de plus avec la précaution de ne pas trop les rapprocher des
lignes $i\,c$, $i\,d$, afin que les travailleurs qui
creuseront pendant la nuit ces communi-

Planche VIII,
fig. 17.

15

cations, ne soient pas exposés à trop affaiblir ces parties du parapet.

La partie $f\,g$ de cette espèce de tranchée pourra servir de fossé à la batterie, et lorsque son parapet aura assez d'épaisseur, on en jettera les terres en arrière par-dessus la berme pour former le coffre. On emploira aussi à ce remblai les terres qui proviendront de l'élargissement des boyaux de communication $k\,f$ et $q\,m$.

S'il arrivait que ces tranchées ne missent pas assez à couvert en arrière de la batterie, il faudrait y construire un flanc sur un des côtés ou sur tous les deux, si cela était nécessaire, en se conformant à ce que nous avons dit au §. 36; puis, à la suite de la communication $q\,m$, on en pratiquerait une autre petite, derrière le flanc, en $h\,n$, en établissant une rampe sur le revers, ou en arrière de la ligne $d\,h$.

Il pourra souvent arriver qu'un seul boyau de tranchée $k\,f$, ou $q\,m$ soit suffisant pour établir la communication entre la parallèle et la batterie; mais alors il faudra avoir soin de donner à ce boyau unique une largeur telle que les terres qui proviendront de son déblai puissent suffire au remblai du coffre de la batterie, et cela indépendamment de celles qu'on pourra prendre dans le fossé; c'est-à-dire qu'en pareil cas, il faudra donner aux lignes cf et dg plutôt trop que trop peu de longueur, et principalement lorsqu'on ne pourra pas approfondir beaucoup le fossé, ou lorsqu'on voudra épargner un travail trop pénible.

§. 68.

Tracé d'une batterie à redans ou à crémail-lières dans la parallèle.

Si aucun autre motif que l'obliquité de sa direction n'engageait à établir une batterie en avant ou en arrière de la parallèle, on pourrait le plus ordinairement la construire dans la tranchée même, en y pratiquant des *redans*, suivant ce que nous avons dit au §. 20, et comme on le voit représenté à la planche **XX**.

Avant de se décider pour ce genre de construction, on fera bien cependant de se rappeler que les batteries pour lesquelles on l'emploie, ont trois graves inconvéniens : 1.° elles offrent trop de prise aux coups des bouches à feu de l'ennemi, et principalement à celles qui lancent des projectiles creux; 2.° dans les angles rentrans des redans, le parapet se trouve trop affaibli pour offrir la résistance suffisante, à moins qu'on n'éloigne beaucoup les embrasures les unes des autres, ce qui est souvent impossible dans la tranchée, où l'on n'a ordinairement à sa disposition qu'un emplacement fort restreint; 3.° elles exigent beaucoup plus de temps et de matériaux pour leur construction, à cause du plus grand développement du revêtement intérieur du parapet.

Si, après avoir réfléchi mûrement à tous ces inconvéniens, et après les avoir comparés à ceux que présenterait l'établissement de la batterie en avant ou en arrière de la parallèle, on se détermine à la construire à *redans* dans la parallèle même, voici comme on procédera à son tracé : soit *A B C D,* le fossé de la parallèle; *a k,* la direction du parapet de la batterie, dans le cas où il devrait être en ligne droite; et *l m,* la directrice d'une embrasure : par deux points *m* et *n,* pris arbitrairement sur cette ligne en arrière de la parallèle, on lui mènera les deux perpendiculaires in-

Planche VIII, fig. 18.

définies $n\,p$ et $m\,q$; puis, sur ces dernières lignes, à partir des points m et n, on marquera des distances égales à la moitié de l'intervalle qu'on voudra mettre d'une embrasure à la suivante, en augmentant convenablement cette distance d'après le plus ou moins d'obliquité de la batterie, comme cela a été expliqué au §. 21 : on marquera ainsi, sur chacune des lignes $m\,q$ et $n\,p$, un nombre de points égal au double des embrasures, moins 2; puis, à partir du dernier point de chaque côté, on portera sur les mêmes lignes de 13 à 14 pieds (4 mèt. 25 cent. à 4 mètres 55 cent.) pour la distance du milieu de la dernière embrasure à l'extrémité du demi-merlon.

Par les points ainsi marqués, on mènera des lignes perpendiculaires à $n\,p$ et $m\,q$, ou parallèles à $l\,m$: ces perpendiculaires seront, les unes les directrices des embrasures, les autres les lignes milieu de l'espace compris entre deux embrasures consécutives; par le point de rencontre de chacune de ces dernières lignes avec la direction $k\,a$, qu'on abaisse maintenant une perpendiculaire sur la ligne milieu suivante, on obtiendra de cette manière le tracé des redans ou crémaillères *a b d*, *d c f*, *f g h*, etc., et toutes ces opérations pourront s'exécuter facilement sur le terrain, soit au moyen du triangle de Pythagore, soit avec la toise et l'équerre, soit même a la simple vue.

§. 69.

Tracé d'une batterie de plein fouet avec traverse.

Nous avons vu, §. 36, qu'il est souvent indispensable, pour la conservation des hommes, de construire des traverses dans les batteries, et nous avons fait remarquer, §. 37, que, dans la détermination de la longueur à donner au parapet, il fallait avoir égard au nombre et à l'épaisseur de ces traverses, afin d'ajouter à cette longueur, déterminée d'après le nombre et l'écartement des pièces, la somme des largeurs des traverses à leurs bases.

Le plus ordinairement on se contente de construire une traverse de deux en deux pièces, et cela afin de ne pas donner un trop grand développement aux batteries, et principalement à celles de huit à dix bouches à feu, qui exigent déjà un espace assez considérable, indépendamment des traverses.

La manière la plus simple et la plus prompte de construire les traverses, consiste à les former de 4 rangs de gabions de 4 pieds (1 mètre 30 cent.) de diamètre, placés sur un rang, parallèlement aux plate-formes; mais pour qu'elles ne gênent point la manœuvre des pièces, et pour qu'on puisse même tourner les bouches à feu sur le côté pour les charger le long de l'épaulement, sans être obligé de mettre trop d'intervalle entre les embrasures, ces traverses ne devront pas dépasser la moitié de la longueur de la plate-forme du côté du parapet, et, s'il était nécessaire de les alonger, il vaudrait mieux le faire sur le derrière.

Au moyen de cette construction, on obtiendra encore cet avantage, qu'en cas de besoin, et pour se garantir des éclats des projectiles creux qui viendraient éclater entre deux traverses, une partie des canonniers pourra se retirer en passant entre le parapet et ces traverses, tandis que les autres se retireront par leur derrière.

On voit, d'après ce qui précède, que la seule attention qu'on doive avoir en traçant une batterie avec traverses, est d'espacer davantage les embrasures entre lesquelles on se propose d'en construire une. Quant aux détails particuliers de ce tracé, on les trouvera indiqués dans la fig. 35, Pl. XV, et nous croyons qu'il suffit d'y renvoyer.

CHAPITRE X.

Détails pratiques sur le tracé particulier des embrasures et des barbettes.

§. 70.

Nous avons déjà vu que la direction de toute la batterie dépendait immédiatement de la direction des embrasures, et qu'en conséquence il fallait toujours tracer avec beaucoup d'exactitude, ou les directrices de toutes ces embrasures, ou au moins celle de l'une d'entre elles, avant de s'occuper du tracé de la batterie elle-même.

Planche VIII, fig. 19.

Si on n'a tracé préalablement qu'une seule directrice, il faudra, avant la construction de la batterie, déterminer toutes les autres, ce qui se fera au moyen de deux piquets *a* et *b*, plantés de manière à ce que leurs têtes se trouvent dans le plan inférieur de l'embrasure, soit que la pente de ce plan aille du dedans au dehors de la batterie, comme cela a lieu pour les batteries de plein fouet, soit que cette pente aille du dehors au dedans, comme il peut arriver aux batteries à ricochet.

a d, ou la différence de hauteur des deux piquets, s'obtiendra au moyen d'une simple proportion, d'après la similitude des triangles *a b d* et *a c f*, dans lesquels on a *a d* : *a f* :: *b d* : *c f*, d'où l'on tire

$$a\,d = \frac{a\,f \times b\,d}{c\,f}.$$

Cette opération, qui donnera le tracé exact de la directrice, aura encore cet avantage, qu'elle mettra à même de ne point amonceler inutilement des terres dans le vide de l'embrasure, ce qui diminuera d'autant le travail.

Lorsqu'on aura élevé le coffre jusqu'à la hauteur *a b* de la genouillère, et que les terres en seront bien damées et bien aplanies, on s'occupera du tracé des joues de l'embrasure. Pour cela, au point *a* on élèvera une perpendiculaire *g e*, sur laquelle Planche VIII, fig. 20.

on portera, de part et d'autre du point a, les deux longueurs $g\,a$ et $d\,e$, égales à la moitié de la largeur de l'ouverture intérieure de l'embrasure. Par le point g, on mènera $g\,i$, parallèles à $a\,b$, en portant, à partir du point b, sur une perpendiculaire à $a\,b$, $b\,r$ égal à $a\,g$. Cela fait, pour déterminer $l\,b$, ou la demi-largeur de l'embrasure correspondante au point b, on considérera les deux triangles semblables $g\,l\,r$ et $g\,k\,i$, dans lesquels on a $l\,r : k\,i :: g\,r : g\,i$, d'où l'on tirera $l\,r = \dfrac{k\,i \times g\,r}{g\,i}$.

Supposons, par exemple, que l'épaisseur du parapet à la hauteur de la genouillère soit de 18 pieds (6 mètres), que l'ouverture intérieure de l'embrasure soit de 2 pieds (64 centim.) [1], l'ouverture extérieure de 9 pieds (3 mètres), et la distance $a\,b$ de 6 pieds (2 mètres), on aura alors :

$k\,i = 3\tfrac{1}{2}$ pieds (1 mètre 18 cent.);

$g\,r = 6$ pieds (2 mètres);

$g\,i = 18$ pieds (6 mètres);

et, par conséquent, $l\,r = 1$ pied 2 pouces (35 cent.); et, enfin, $l\,b$, ou la demi-lar-

---

1. En France elle est de 20 pouces (54 cent.).

geur de l'embrasure au point $b = 2$ pieds
2 pouces (67 cent.).

Le point l ainsi déterminé, on fera $b\,m$
égal $l\,b$, et rien ne sera plus facile ensuite
que de tracer les directions $g\,l$ et $e\,m$ des
joues de l'embrasure.

§. 71.

*Manière de couper les embrasures dans un
parapet.*

Il peut arriver souvent qu'on ait besoin
d'ouvrir des embrasures dans l'épaulement
d'un retranchement, ou dans le parapet
d'une place forte, et cela, soit avant que
l'ennemi ait commencé son feu, soit pendant qu'on y est exposé : voici comment il
faudra s'y prendre, en pareil cas, pour tracer ces embrasures.

Si l'on se trouve hors de la portée du feu
de l'ennemi, ou si ce feu n'est pas encore
commencé, on déterminera d'abord la directrice d'une embrasure, d'après le but
qu'on se propose d'atteindre, et on marquera cette directrice, au moyen de deux
piquets, sur le plan supérieur du parapet;
on tracera ensuite les autres directrices, en

déterminant leurs distances entre elles, d'a-
près ce que nous avons dit au §. 21. Dans le
plan vertical de ces directrices on plantera
des piquets, soit en arrière du parapet,
soit sur le devant, quand cela sera possible, et l'on marquera sur ces piquets la
hauteur de la genouillère, conformément
à ce que nous avons dit au §. 19. A partir
des points ainsi déterminés, on portera à
droite et à gauche la moitié de la largeur
de l'ouverture intérieure, et de l'ouverture
extérieure de l'embrasure, suivant ce que
nous avons dit au §. 20, en y comprenant,
bien entendu, l'épaisseur qu'on doit donner au revêtement. On tracera de même,
sur la plongée, l'ouverture supérieure de
l'embrasure, en y comprenant aussi l'épaisseur du revêtement, et l'on réunira par
des lignes les points correspondans qu'on
aura marqués de cette manière.

Au moyen de ce procédé on aura, tracées sur les côtés intérieur et extérieur du
parapet, et sur la plongée, toutes les lignes
qui doivent déterminer la forme de l'embrasure, et si le parapet n'a point de revêtement ou n'est revêtu qu'en gazon, rien ne
sera plus facile que d'y creuser le solide

prismatique dont on aura d'avance toutes les arêtes.

Si le parapet était revêtu en briques ou en maçonnerie, il faudrait préalablement démolir la portion du mur comprise dans le tracé de l'ouverture intérieure de l'embrasure; mais si le revêtement était formé de saucissons, fascines ou clayonnage, on commencerait par faire creuser dans l'épaulement le vide de l'embrasure; puis, au moyen d'une scie, on couperait l'ouverture dans le revêtement, suivant les dimensions qu'elle devrait avoir.

Aussitôt qu'on aura creusé le vide de l'embrasure, on donnera à son plan inférieur la pente qu'il doit avoir; on aplanira et on damera bien les terres à sa surface; on y tracera les joues de l'embrasure avec l'évasement convenable, et on fera enfin le revêtement, en procédant comme nous l'expliquerons plus tard.

Si l'on devait opérer sous le feu de l'ennemi en pleine activité, on ne pourrait pas se laisser voir sur le parapet pour tracer les embrasures. Dans ce cas, si l'on ne trouve à l'extérieur, dans la campagne, aucun objet, tel qu'un arbre, un clocher, une maison, etc., sur lequel on puisse prendre une direction au moins approximative, voici comment on pourra procéder.

Planche VIII, fig. 21.

On aura une latte ou tringle AB de 1½ toise à 2 toises (3 à 4 mètres) de longueur : à ses deux extrémités on fixera deux montans d'inégale longueur, placés perpendiculairement comme Ac et Bd, ou, ce qui vaudrait encore mieux placés obliquement comme Af et Bg, faisant avec AB un angle de 12 degrés égal au complément de celui que fait la plongée avec l'horizon.

On posera cette tringle sur le parapet, les montans en dessus, le plus long vers l'extérieur, et on la fera glisser, en tatonnant, jusqu'à ce que l'alignement des deux montans indique la directrice de l'embrasure; directrice qu'on marquera dans l'intérieur de l'ouvrage au moyen de deux piquets plantés sur le rempart.

On tracera sur le revêtement intérieur du parapet l'ouverture intérieure de l'embrasure, et on commencera à la creuser, y compris l'épaisseur du revêtement, sans monter sur le parapet, jusqu'à une longueur de 6 à 9 pieds (2 à 3 mètres) environ, en travaillant dans la direction des piquets plantés sur le rempart, et en élargissant l'ouverture à mesure qu'on avancera.

Quand on aura creusé jusqu'à cette longueur, on déterminera la demi-largeur que l'embrasure doit avoir en ce point, en opérant comme nous avons enseigné à le faire au paragraphe précédent; on portera cette demi-largeur à droite et à gauche de la directrice, perpendiculairement à cette ligne : de cette manière on tracera exactement la direction des joues de l'embrasure, et rien ne sera plus facile ensuite que de continuer à creuser l'embrasure jusqu'à son ouverture extérieure.

§. 72.

Tracé des barbettes.

Les artilleurs pouvant être très-souvent chargés, en temps de guerre, de construire des *barbettes* pour y placer les bouches à feu, nous croyons nécessaire d'entrer ici dans quelques détails sur leur tracé.

Si l'on doit placer des bouches à feu *en barbette* au saillant d'un ouvrage de fortification ou d'un retranchement, la première chose à laquelle il convienne de faire attention, c'est de laisser assez d'espace en arrière des pièces pour que, dans le recul, elles ne sortent point du plan supérieur de la barbette. Il faudra donc donner à celle-ci de 15 à 21 pieds (5 à 7 mètres) de largeur pour les canons de campagne, et 24 pieds (8 mètres) au moins pour les pièces de siége.

Planche IX, fig. 22.

D'après cette observation, par deux points *a* et *b*, choisis arbitrairement sur chacune des deux faces de l'ouvrage, on élèvera deux perpendiculaires indéfinies à ces faces, *a c* et *b d*; sur ces perpendiculaires, et à partir des points *a* et *b*, on portera des longueurs *a c* et *b d*, égales entre elles et à la longueur qu'il est nécessaire de donner à la barbette pour permettre le recul; puis, par les points *c* et *d* on mènera des parallèles aux faces correspondantes de l'ouvrage.

Ces deux lignes iront se rencontrer en *g*, et si, de ces points d'intersection, on abaisse sur les deux faces, deux perpendiculaires *g f* et *g h*, ces dernières lignes seront les directrices de la ligne du milieu des plate-formes les plus voisines du saillant.

Si on ne doit placer qu'une pièce sur

chaque face , on tirera ensuite les lignes *p k* et *q k* parallèles à *f g* et *g h*, distantes de ces dernières lignes de 6 à 7 pieds (2 mètres à 2 mètres 3o cent.), pour les pièces de campagne, et de 8 à 9 pieds (2 mètres 6o cent. à 3 mètres), si ce sont des pièces de siége : cette disposition donnera l'espace nécessaire pour que les artilleurs puissent commodément manœuvrer leurs bouches à feu. Par le point *k* on élèvera une perpendiculaire *l m* à la capitale *k s*; sur cette perpendiculaire on portera, de chaque côté de la capitale, une longueur égale à la moitié de la largeur qu'on veut donner à la rampe, largeur qu'on peut évaluer à 6 pieds (2 mètres); on joindra ensuite par des lignes droites les points *p* et *l*; *m* et *q*, et l'on obtiendra ainsi le tracé *s p l m q* du plan supérieur de la barbette : quant à la longueur de la rampe, pour y monter les pièces, elle doit être de quatre à six fois la hauteur de cette même barbette, au-dessus du terre-plein du rempart.

Reste donc à déterminer cette hauteur, ce qu'il est facile de faire, en observant que les pièces placées en barbette sont destinées à tirer par-dessus le parapet, et qu'ainsi la hauteur du plan sur lequel doivent poser leurs roues, doit être égale à la hauteur totale du parapet, moins la hauteur de l'entretoise de volée.

Il n'est pas indispensable de placer la rampe dans la direction de la capitale, et il peut arriver quelquefois qu'on soit obligé de la construire sur un des côtés de la barbette, dont le plan supérieur serait alors *s p k q*.

Si l'on devait placer plusieurs bouches à feu sur une des faces, ou sur les deux faces de la barbette, on mènerait, à 12 ou 16 pieds (4 mètres à 5 mètres 30 cent.) de distance l'une de l'autre, des parallèles aux lignes *g h* et *g f*, et ces parallèles seraient les directrices des bouches à feu ; puis à 6 ou 7 pieds (2 mètres à 2 mètres 30 cent.), ou à 8 pieds (2 mètres 60 cent. à 3 mètres) de la dernière de ces directrices, sur chaque face, on mènerait les lignes déterminant l'espace nécessaire pour la manœuvre, et on achèverait comme nous l'avons expliqué ci-dessus, le tracé de la barbette. Dans ce cas, et principalement si on avait un assez grand nombre de bouches à feu à placer, on ferait bien de pratiquer deux rampes au lieu d'une , et on les placerait sur les côtés de la barbette.

Il peut arriver qu'indépendamment des barbettes placées aux angles, on doive en construire sur les faces des ouvrages. Lorsque la directrice des bouches à feu placées sur ces barbettes sera perpendiculaire à celle de la face, le tracé ne présentera aucune difficulté, et, sans entrer à ce sujet dans de plus grands détails, nous croyons suffisant de renvoyer à la figure 23, pl. IX.

Mais, si la direction des bouches à feu devait être oblique à celle de la face, il y aurait une attention à avoir dans le tracé des barbettes.

A droite et à gauche de cette directrice *a b*, on mènera d'abord deux parallèles à cette ligne, *c d* et *f g*, à la distance de 6 à 7 pieds (2 mètres à 2 mètres 30 cent.), si c'est pour une pièce de campagne, et 8 à 9 pieds (2 mètres 60 cent. à 3 mètres), si c'est pour une pièce de siége. On donnera à la parallèle, du côté de l'angle aigu, une longueur *f g*, égale à la longueur qu'on eût donnée à la barbette, si sa direction eût été perpendiculaire à la face de l'ouvrage : par le point *g* ainsi déterminé, on mènera une

Planche IX, fig. 24.

ligne $g\,d$, perpendiculaire à la directrice, et l'on obtiendra ainsi le trapèze $c\,d\,g\,f$ pour le plan supérieur de la barbette.

Quant à la rampe, on l'établira, comme nous l'avons expliqué ci-dessus, sur le derrière de la barbette, ou sur l'un des côtés, selon ce qu'on reconnaîtra le plus avantageux d'après les localités.

Enfin, si l'on devait placer ainsi en barbette deux bouches à feu l'une à côté de l'autre, à une distance de 12 à 16 pieds (4 mètres à 5 mètres 30 cent.) de $a\,b$, on mènerait une ligne, $h\,i$, parallèle à la première; on prendrait $c\,k$ égal à $f\,g$, $c\,m$ égal à $c\,f$, $k\,l$ égal à $g\,d$: on obtiendrait ainsi le trapèze $m\,l\,k\,c$ pour l'emplacement de la seconde bouche à feu, et l'on procéderait de la même manière pour une troisième ou quatrième, etc., si cela était nécessaire.

CHAPITRE XI.

Détails pratiques sur la construction des batteries de canons de plein fouet.

§. 73.

Travail du premier détachement, suivant les auteurs militaires français.

Les batteries horizontales établies en avant de la parallèle, et revêtues en saucissons, étant considérées par les artilleurs français comme le type de la construction de toutes les autres, nous allons entrer ici dans les détails pratiques de l'établissement d'une batterie de canons de cette sorte.

Suivant Durtubie, Gassendi, Gayvernon et les autres auteurs militaires français, il faut trente-six à quarante heures [1] pour

---

1. « La surface du profil de l'épaulement est de $12^m,175$ « carrés dans le cas où les terres sont fortes. Le solide d'une « embrasure est égal à $10^m,284$ cubes; le sixième $= 1,714$; « les pièces occupant 6 mètres devant le parapet, et les « ateliers étant espacés de 1 mètre, la tâche de chaque ate- « lier, mesurée en remblai, $= 12,175 - 1,714 = 10,461$.

construire une semblable batterie : ils conseillent d'en commencer la construction à l'entrée de la nuit, de relever les travailleurs de la ligne toutes les douze heures, et ceux de l'artillerie toutes les 24 heures. Nous allons d'abord faire connaître sommairement quelle doit être, d'après eux, la marche du travail pendant la première nuit , c'est-à-dire de celui qui doit être exécuté par les premiers travailleurs.

La position de la batterie étant préalablement reconnue et déterminée, on conduira le premier détachement dans la partie de la tranchée la plus rapprochée de cet emplacement, et on lui recommandera d'y

---

« ou 9,415 , mesurée au déblai. On a dit qu'un atelier « devait remuer 5 mètres cubes de terres en huit heures ; « mais, d'après le mode adopté pour le travail des batteries , il n'y a qu'un homme par atelier sur le fossé : on « pense qu'il ne peut remuer en huit heures que 2 mètres « cubes ; ainsi le nombre d'heures nécessaires pour exécuter le remuement des terres $= \dfrac{9,415 \times 8}{2}$, trente-huit « heures.

« Il résulte de ce calcul, d'accord avec l'expérience, que , « lorsque l'épaulement des batteries est tout entier en remblai, on ne peut le faire en moins de trente-six heures « sans employer des sacs à terre. » *Favart, Cours de fortifications , 2.ᵉ édition, publiée en 1825, pag. 376, à la note*

rester dans le plus grand ordre et le plus grand silence.

Une partie des officiers avec quelques canonniers iront reconnaître le prolongement sur lequel on doit élever la batterie, et le point déterminé pour sa position ; ils exécuteront ensuite le tracé de cette batterie comme nous l'avons expliqué précédemment ; et le tracé fini, on fera venir le reste du détachement, qu'on distribuera ainsi qu'il suit.

Des douze travailleurs de la ligne qu'on doit avoir pris pour chaque pièce, on en occupera six à creuser le fossé et à jeter les terres sur la berme ; trois, placés sur la berme, les rejetteront dans le coffre, et les trois derniers, sur le coffre, les égaliseront et dameront.

Dans le fossé, les travailleurs seront placés à 3 pieds (1 mètre) l'un de l'autre, de manière à partager la longueur de 18 pieds (6 mètres), qu'ils doivent creuser en six rectangles, dont chacun sera la tâche d'un homme. La manière la plus avantageuse de faire travailler, serait de faire commencer à creuser trois de ces rectangles vers la berme, et les trois autres vers le milieu du fossé ; mais il est difficile de faire observer cet ordre dans l'obscurité de la nuit et sous le feu de l'ennemi.

Les hommes placés sur la berme, et ceux placés sur le coffre, seront en file à 6 pieds (2 mètres) l'un de l'autre.

On recommandera aux travailleurs de jeter les terres le plus loin qu'ils pourront dans le commencement, attendu que plus ils s'enfonceront, plus il deviendra difficile de le faire, et qu'il est important d'ailleurs d'avoir de bonne heure beaucoup de terres amoncelées vers le côté intérieur, afin de pouvoir commencer le revêtement avec moins de danger et le plus promptement possible.

Les onze canonniers seront employés d'abord à égaliser et raffermir avec la dame le terre-plein de la batterie, principalement aux endroits où les pièces doivent être placées ; ils ramasseront ensuite les terres les plus à leur portée, pour les jeter dans le coffre, et quand il y en aura assez pour couvrir toute sa superficie à 1 ou 2 pieds (30 à 60 cent.) de hauteur, ils commenceront le revêtement comme nous l'expliquerons plus loin, attendu que ce n'est guère qu'au jour et après l'arrivée du second détachement qu'ils pourront y travailler. Cinq de ces canonniers seront chargés du revêtement de la face intérieure, trois suffiront pour celui des côtés, et les trois derniers, qui plus tard travailleront aux embrasures, placeront en attendant un rang de gabions à l'extérieur, pour diminuer le talus, ou aideront les autres, en jetant des terres dans le coffre, et en aplanissant l'intérieur de la batterie.

Deux heures avant que le premier détachement soit relevé, un officier partira de la batterie pour aller au dépôt recevoir les seconds travailleurs, et on ne laissera partir les premiers que lorsque ceux-ci seront arrivés, afin de ne point ralentir l'ouvrage.

§. 74.

Marche du travail du second détachement, suivant les auteurs militaires français.

Aussitôt que les travailleurs du second détachement seront arrivés, ils continueront à creuser le fossé et à épaissir l'épaulement, comme nous l'avons indiqué pour les premiers.

Si on est trop exposé, en plein jour, pour

égaliser et battre les terres sur le parapet, on ne fera que les jeter sur la berme, et les hommes qui auraient dû être placés sur cette berme et sur le coffre, et qui ne se trouveront pas employés, iront chercher des terres dans tous les endroits abrités du feu de l'ennemi. On pourra aussi les utiliser en les envoyant chercher d'avance les bois à plate-formes.

Les canonniers commenceront en même temps le revêtement de la manière suivante :

Le premier rang de saucissons se place bien horizontalement suivant la directrice du côté intérieur de la batterie, dans une rigole de 4 pouces (10 cent.) de profondeur, si on emploie des saucissons de 1 pied (32 cent.) de diamètre, et dans une rigole de 6 pouces (15 cent.), si ce sont des saucissons de 10 pouces (27 cent.); attendu que la genouillère devant avoir 44 pouces (1 mètre 20 cent.) de hauteur au-dessus du sol, cette hauteur sera donnée par quatre rangs de saucissons dans le premier cas, et par cinq rangs dans le second.

L'extrémité du premier saucisson doit être sciée carrément du côté qui répond à 'extrémité de l'épaulement : on le fixera ensuite, au moyen de six à sept piquets, les traversant verticalement par son milieu, et également espacés sur la longueur, mais dont les deux derniers ne seront placés qu'après qu'on aura mis le second saucisson du même rang.

Aussitôt le premier saucisson du revêtement intérieur posé, on placera de même le premier saucisson du revêtement du côté adjacent de la batterie; le bout scié carrément de ce dernier appuyant derrière le bout scié carrément du premier, dont il doit être couvert en entier, sans en être dépassé.

On pourra continuer sans interruption le revêtement des côtés de la batterie. Lorsqu'on en aura placé le premier saucisson du revêtement du côté, on remplira de terre le vide du coffre en arrière, et on la damera bien; après quoi on pourra de suite mettre le saucisson du second rang du même côté, attendu qu'on le fera porter sur le premier saucisson du revêtement intérieur. On observera de reculer ce second saucisson, comme tous ceux qui suivront, de manière à donner au revêtement entier, tant sur le côté que vers l'intérieur, un talus des ⅖ de la hauteur ; ce qu'on obtiendra en reculant chaque rang de saucissons de 3 pouces (8 cent.), s'ils ont dix pouces (27 cent.) de diamètre, et de 4 pouces (10 cent.), s'ils ont 1 pied (32 cent.) de diamètre. [1]

Pendant qu'on aura placé le second saucisson du revêtement du premier des côtés de la batterie, qu'on l'aura piqueté, et qu'on aura bien damé la terre en arrière, les canonniers devront avoir fini le premier rang du revêtement intérieur : ceux qui auront placé les deux saucissons du premier côté, pourront donc alors aller en mettre deux de la même manière au second, et ils continueront ainsi à placer alternativement deux saucissons d'un côté et deux de l'autre, jusqu'à ce qu'ils aient entièrement terminé le revêtement des deux côtés.

Pour placer le deuxième saucisson du premier rang du revêtement intérieur, on soulèvera le premier par le bout non pique-

---

1. La manière la plus sûre, la plus prompte et la plus facile de régler le talus, est d'avoir une fausse équerre, formée de trois lattes et mesurant l'angle voulu : il suffit alors de l'appliquer contre le revêtement pour en vérifier la pente et la rectifier si cela est nécessaire.

té , et on placera sous lui, à un pied de son extrémité, une masse, une dame, etc.; un canonnier s'assiéra à califourchon sur ce premier saucisson, un peu en arrière de la masse, et faisant face à la partie soulevée : quatre autres canonniers prendront le second saucisson, l'apporteront au-dessus de la rigole, vis-à-vis la tête du premier, et, en l'alignant bien dans sa direction, ils prendront de l'élan, et feront effort ensemble, pour *larder* la tête du second saucisson dans celle du premier, c'est-à-dire pour enfoncer les gros bouts de branchages coupés en sifflet de l'un dans les intervalles que laissent entre eux les bouts des branchages de l'autre. Cette opération ne sera bien faite que lorsque les saucissons se pénétreront bien, sans que la tête de l'un dépasse d'aucun côté celle de l'autre, et si on n'y est pas parvenu du premier coup, on séparera les saucissons et on recommencera à les *larder* jusqu'à ce qu'on y ait réussi. [1]

Le second saucisson placé dans la ri-

---

1. Pour bien larder les saucissons, il faut que le canonnier assis sur la tête du premier, indique aux autres s'ils donnent à droite ou à gauche dans leurs balancemens préliminaires, et que les trois canonniers, placés derrière celui qui

gole, on plantera les deux derniers piquets du premier, et les piquets du second, à l'exception des deux derniers, qu'on ne plantera qu'après avoir placé le troisième saucisson, si la longueur du revêtement en exige plus de deux; et l'on continuera ainsi jusqu'à l'extrémité du parapet.

Le second rang de saucissons du revêtement intérieur se placera comme le premier, en observant seulement : 1.° de le reculer vers l'intérieur du coffre, de manière à donner au revêtement le talus qu'il doit avoir; 2.° de couper bien carrément le premier et le dernier saucisson du second rang, de manière à ce qu'ils soient bien serrés contre les saucissons correspondans des revêtemens des côtés qui doivent les recouvrir; 3.° de faire en sorte que les joints de ce second rang ne se trouvent pas vis-à-vis ceux du premier; 4.° d'enfoncer les piquets bien verticalement, de telle sorte, qu'entrant dans les saucissons du second rang par le milieu, et dans ceux du pre-

---

tient la tête du second saucisson, obéissent bien à la direction qu'il imprime; car tout le succès de l'opération dépend de son adresse non contrariée par les faux mouvemens de ceux qui agissent avec lui.

mier rang un peu au-delà de leur milieu, par rapport à l'intérieur de la *batterie*, ils aillent ensuite se perdre dans la terre, afin de bien relier le coffre avec le sol sur lequel il repose.

Les autres rangs de saucissons se placeront absolument de même, jusqu'à la hauteur de la genouillère, seulement les saucissons extrêmes du troisième rang et de tous les autres rangs impairs du revêtement intérieur porteront sur ceux du rang immédiatement inférieur du revêtement des côtés ; tandis que les saucissons extrêmes de tous les rangs pairs s'appuieront en dedans de ceux des mêmes rangs du revêtement des côtés ; et quand on sera arrivé au plus haut rang de la genouillère, on devra faire en sorte qu'il n'y ait point de joint de saucissons aux endroits où doivent être les embrasures.

Si, les piquets étant mauvais, les terres ayant beaucoup de poussée, ou pour toute autre cause, on avait lieu de craindre que la chemise de la batterie ne fût pas assez solide, on pourrait, après avoir fini la genouillère, en consolider le revêtement au moyen d'un certain nombre de *harts de*

retraite : pour cela, au milieu de l'intervalle qui doit séparer deux embrasures
consécutives, on plantera dans le saucisson
du rang supérieur un piquet choisi, qu'on
embrassera au-dessous du saucisson par
une forte hart, et on arrêtera celle-ci en
la tendant le plus possible, au moyen d'un
piquet solide, planté dans l'intérieur du
coffre, à quelques pieds et exactement vis-
à-vis de celui planté dans le saucisson.

Le revêtement de la genouillère achevé,
on continuera de la même manière à placer les trois ou quatre rangs de saucissons
qui doivent composer le revêtement des
merlons, suivant que ce sont des saucissons de 10 pouces (27 cent.) ou d'un pied
(52 cent.) de diamètre, en leur donnant
le même talus qu'à ceux de la genouillère,
et en les coupant bien également et bien
carrément aux deux bouts, pour conserver à l'ouverture intérieure de l'embrasure,
dans toute sa hauteur, la largeur qu'elle
doit avoir.

Pendant ce travail, l'officier chargé de
la construction de la batterie, aidé de quelques canonniers, tracera la directrice et
les joues des embrasures, comme nous avons

enseigné à le faire, §. 70 ; et cette ligne étant nécessaire à la construction des plate-formes, on fixera sa direction, dans l'intérieur de la batterie, par deux ou trois forts piquets , enfoncés dans le terrain presque au niveau du sol.

Si le revêtement des merlons était achevé avant la fin du jour, on pourrait occuper les canonniers à commencer les plate-formes ; mais comme c'est ordinairement le troisième détachement qui est chargé de leur établissement, suivant la méthode suivie par les artilleurs français, nous renvoyons les détails pratiques de cette opération au moment où nous ferons connaître la marche des travaux de ce troisième détachement, qui devra arriver à la batterie au commencement de la seconde nuit.

§. 75.

Marche du travail du premier détachement, suivant les auteurs militaires allemands.

Les artilleurs allemands ne relevant les travailleurs qu'après vingt-quatre heures, leur premier détachement devra faire à peu près le même travail que celui qui est assigné aux deux premiers détachemens suivant la méthode française; mais comme ils établissent ordinairement leurs batteries dans la tranchée même, deux nuits et un jour après qu'on a commencé à y travailler, on peut supposer que le profil de la parallèle sera, à cette époque, tel à peu près qu'il est représenté à la Pl. IX, fig. 25, ce qui abrégera et facilitera beaucoup le travail.

C'est donc d'une batterie de canons de plein fouet, enterrée dans la parallèle, que nous allons faire connaître la construction, suivant la méthode adoptée en Allemagne.

Lorsque l'officier chargé de diriger cette construction aura fait dans la tranchée les dispositions préalables que nous avons indiquées au chapitre IX, il se dirigera vers le parc d'artillerie avec quelques-uns des canonniers qu'il avait avec lui dans la parallèle, en leur prescrivant de bien remarquer le chemin qu'ils suivent, et en le remarquant bien lui-même, afin qu'ils puissent le reconnaître quand ils conduiront, le matin du jour suivant, du dépôt à l'emplacement de la batterie, les travailleurs de la ligne qui doivent y porter les outils et les matériaux nécessaires.

Le commandant en chef de l'artillerie ayant déterminé l'endroit et l'heure où devra se faire le rassemblement de ces travailleurs, l'officier chargé de la construction de la batterie s'y rendra avec les canonniers commandés pour ce travail, et y prendra son détachement de fantassins, qu'il conduira en ordre jusqu'au dépôt établi à la queue de la tranchée.

Un sous-officier et quelques canonniers envoyés à l'avance à ce dépôt, doivent y avoir déjà reçu et rangé à part les outils et ustensiles nécessaires. On en fait la distribution aux travailleurs, de manière à ce qu'ils puissent, sans être trop surchargés, transporter en même temps le plus grand nombre possible de piquets et de saucissons. Tout le détachement se met ensuite en marche dans le plus grand ordre, sur trois files, sur deux ou sur une seule, suivant la largeur des communications, mais toujours en se suivant de très-près, pour que les hommes ne puissent point s'égarer dans les détours de la tranchée.

Arrivés à l'endroit où la batterie doit être établie, les travailleurs déposent les outils, instrumens et matériaux qu'ils ont apportés sur le revers de la tranchée, en formant de chaque espèce un tas séparé; puis ils se rangent eux-mêmes en ordre, afin que l'officier, après avoir vérifié si tous sont arrivés, puisse leur distribuer le travail.

Cet officier fait alors le tracé du profil de la tranchée telle qu'elle se trouve dans ce moment, et cela en trois endroits dif-férens, afin d'en conclure un profil moyen, d'après lequel il déterminera exactement l'emplacement du talus intérieur de la bat-terie, en se conformant, pour l'épaisseur à donner à l'épaulement, à ce que nous avons dit au §. 17, et en évitant avec un soin égal, ou de lui donner trop d'épais-seur, ce qui augmenterait inutilement le travail, ou de lui en donner trop peu, ce qui serait cause que les servans et les piè-ces ne seraient point en sûreté derrière le parapet.

Cette opération, le tracé exact de la bat-terie et le placement du premier rang de saucissons, exigeant plus d'une heure, et pendant tout ce temps les hommes de cor-vée de la ligne ne pouvant que gêner le travail, on les renverra tous au dépôt, sous

la conduite d'un sous-officier d'artillerie,
pour en rapporter le reste des saucissons,
piquets, etc.

Pendant leur absence, l'officier et les artilleurs restés sur l'emplacement de la batterie procèderont à son tracé définitif et
au placement du premier rang de saucissons, ainsi qu'il suit.

Supposons que la fig. 25, Pl. IX, repré- Planche IX,
fig. 25.
sente le profil de l'épaulement élevé sur la
ligne A B. Lorsque le parapet de la tranchée aura la hauteur suffisante, sa crête
extérieure passera par le point m, ou du
moins par un point situé sur la même verticale, dans le cas où il serait nécessaire de
donner en cet endroit plus de hauteur au
parapet. On ne doit pas penser, en effet,
à porter plus en avant la crête extérieure
de l'épaulement; car de la banquette $b\,c$
on ne pourra guère jeter les terres à la
pelle plus loin que le point m, et si l'on
voulait les aller chercher au loin, et les
transporter dans des paniers par-dessus le
parapet, ou bien les prendre extérieurement vers le point A, en creusant un fossé en
avant de la batterie, on ne pourrait le faire
sans exposer beaucoup les travailleurs.

On diminuerait, à la vérité, ces dangers, en faisant glisser ces terres par-dessus le parapet, au moyen de pelles creuses; mais il en résulterait un travail très-long et très-pénible, d'autant plus que, les terres ne se trouvant pas damées, on serait obligé de donner plus d'épaisseur à l'épaulement.

Outre ces divers inconvéniens, ces deux méthodes en auraient encore un autre fort grave; ce serait de faire découvrir à l'ennemi, aux premières lueurs du jour, l'emplacement où l'on établirait la batterie.

D'après tous ces motifs, les artilleurs allemands préfèrent donner à l'épaulement l'épaisseur qu'il doit avoir d'après la qualité des terres, en se reculant autant que cela est nécessaire en arrière de la parallèle déjà existante, ou de d vers p.

Ce sera donc à cette distance qu'on tracera, parallèlement ou un peu obliquement à la direction de la tranchée, celle de la batterie, suivant ce que nous avons expliqué au §. 63.

Lorsque la tranchée sera suffisamment profonde, c'est-à-dire lorsqu'elle aura 2 pieds à 2½ pieds (65 à 80 cent.) pour les batteries de plein fouet, et 3 pieds (1 mètre) pour celles à ricochet et de mortiers, on creusera suivant la direction ainsi déterminée, et bien horizontalement, une petite rigole dans laquelle on enterrera, de la moitié de son épaisseur, le saucisson du premier rang, qu'on fixera au moyen de piquets de 2 pieds (65 cent.) de long.

Pour donner plus de solidité à ce premier rang de saucissons, qu'on peut regarder comme la fondation du revêtement, les artilleurs allemands plantent le premier de ces piquets incliné en avant, le second verticalement, le troisième incliné en arrière, et ainsi de suite.

Dans le cas où la tranchée se trouverait creusée trop profondément, il faudrait employer six rangs de saucissons, au lieu de cinq, pour le revêtement, et remblayer la tranchée en arrière, soit totalement, soit à l'endroit des plate-formes seulement, en damant bien les terres rapportées.

En même temps qu'on creusera la rigole dans laquelle seront placés les saucissons du premier rang du revêtement intérieur du parapet, il faudra aussi creuser celles dans lesquelles seront placés les premiers rangs de saucissons du revêtement des côtés de ce même épaulement, et en donnant à ces dernières rigoles la même pente que celle qu'on veut donner à la plongée, ou au plan supérieur de l'épaulement.

D'après cela, pour déterminer la quantité dont le premier saucisson de revêtement latéral doit être plus enfoncé à son extrémité extérieure qu'à celle qui touche le revêtement du côté intérieur, il suffit de remarquer qu'en menant $a\,c$ parallèle à la plongée, et en supposant que $a\,d$ soit la longueur du saucisson, on a :

Planche IX, fig. 26.

$$a\,b : a\,d :: b\,c : d\,e,$$

d'où l'on tirera $d\,e = \dfrac{a\,d \times b\,c}{a\,b}$.

Si donc nous supposons que $a\,b$, ou l'épaisseur du parapet, soit de 18 pieds (6 mètres), que $a\,d$ ou la longueur du saucisson soit de 9 pieds (3 mètres), que $b\,c$ ou le talus de la plongée soit de 1 pied (30 cent.), on aura $d\,e$ égal à 6 pouces (15 c.), et par conséquent, si le saucisson a un pied de diamètre, il devra être enterré de toute son épaisseur à son extrémité e, tandis qu'il ne sera enterré que de la moitié de cette même épaisseur à son extrémité *a,* où la rigole latérale aura la même profondeur que celle du côté intérieur de la batterie.

Dans toutes ces rigoles, les saucissons seront toujours placés les nœuds des harts en dessous, afin, qu'ils ne soient point exposés à se dénouer ou à se briser quand on enfoncera les piquets, ce qui pourrait bien arriver si ces nœuds étaient en dessus, et particulièrement si les liens étaient un peu secs.

Une chose que l'on doit encore éviter avec soin, c'est d'employer de courts morceaux de saucisson : dans le cas où un nombre entier de ces saucissons ne pourrait garnir toute la longueur du revêtement, ce qu'on pourrait faire de mieux, serait de retrancher quelques pieds au dernier du rang, afin que le morceau rajouté puisse avoir assez de longueur; enfin, non-seulement on doit prendre garde à ce que deux saucissons consécutifs ne laissent point de vide entre eux, mais il faut encore faire en sorte de les *larder* l'un dans l'autre, comme nous l'avons expliqué au paragraphe précédent.

Suivant les artilleurs allemands, les sau-

cissons du revêtement des côtés de l'épaulement et ceux des joues de l'embrasure ne
doivent point se croiser avec ceux du revêtement de la face intérieure de la batterie; mais il faut placer les têtes des premiers bien exactement les unes sur les autres, et s'appuyant seulement contre celles
des seconds. Au moyen de ce procédé, les
réparations à faire au parapet deviendront
beaucoup plus faciles, car on pourra toujours remplacer les saucissons endommagés sans toucher aux autres, comme il
deviendrait nécessaire de le faire s'ils se
croisaient.

Les piquets et les saucissons nécessaires
pour le premier rang du revêtement, soit
du côté intérieur, soit des faces latérales de la batterie, auront dû être apportés à la batterie par les premiers travailleurs, en même temps que les outils et les
instrumens dont on doit se servir pour la
construction. Quand on aura déterminé, au
moyen de ce premier rang de saucissons,
la trace du côté intérieur et des faces latérales de l'épaulement, on tracera de même
les traverses, s'il doit y en avoir dans la
batterie, en se conformant aux indications

que nous avons données au §. 70, et lorsque la genouillère sera terminée.

Mais, comme on ne pourra pas ordinairement achever la genouillère dans le jour,
il faudra, ou dès le commencement du
travail, ou au plus tard avant la chute du
jour, indiquer l'emplacement et la hauteur
des embrasures, au moyen de quelques piquets de batterie, qu'on plantera les uns en
f, en les inclinant de manière à ce qu'ils
arrasent le revêtement de la face intérieure,
et en les enfonçant jusqu'à ce que leur tête
se trouve dans le plan inférieur de l'embrasure, les autres en t sur la banquette, de
manière à ce que leur tête se trouve dans
le même plan et que leur écartement marque la largeur de l'embrasure, y compris
un pied de chaque côté pour l'épaisseur du
revêtement.

Planche IX, fig. 27.

De cette manière, on aura non-seulement le tracé exact de toutes les parties
de la batterie, mais encore une espèce de
profil qui en donnera les hauteurs principales, et mettra à même d'éviter l'inconvénient de jeter inutilement de la terre
sur des emplacemens d'où il faudrait ensuite l'enlever.

Un autre avantage de ces procédés, c'est qu'ils peuvent tous s'exécuter sans que l'ennemi s'en aperçoive, et même sans qu'il puisse découvrir sur quel point on se propose d'établir la batterie; mais il faudra, pour cela, défendre sévèrement aux travailleurs de se montrer sans nécessité sur la banquette, et encore moins au dehors de la tranchée.

Pendant que les canonniers se seront occupés de ces dispositions préliminaires, les travailleurs de la ligne seront revenus sur l'emplacement de la batterie, apportant avec eux tout ce qui est nécessaire pour la construction, et on pourra alors commencer le travail de la manière suivante.

Pl. IX, fig. 27, et Pl. X, fig. 28, lett. *A*. Le long de la ligne *h h*, on placera un premier rang de travailleurs, 1, 1, 1, 1, à 4 pieds (1 mètre 30 cent.) de distance l'un de l'autre, et munis de pics-hoyaux, au moyen desquels ils fouilleront les terres du talus intérieur de la tranchée. Sur la ligne *p p*, à 3 pieds (1 mètre) en arrière de ce premier rang de travailleurs, on en placera un second, 2, 2, 2, 2, ayant chacun une pelle, et éloignés aussi de 4 pieds

(1 mètre 3o centimèt.) l'un de l'autre. Ces derniers travailleurs enlèveront les terres que ceux de la première ligne auront fouillées, et les jetteront en avant vers *d d*. Mais comme ils ne pourraient pas, sans de grands efforts, les jeter plus loin que 5 à 6 pieds (1 mètre 6o cent. à 2 mètres), on placera, à 6 ou 7 pieds (2 mètres à 2 mètres 3o cent.) derrière ce second rang de travailleurs, un troisième, 3, 3, 3, espacés aussi de 4 pieds (1 mètre 3o cent.) l'un de l'autre, et munis de pelles, dont ils se serviront pour enlever et rejeter les terres plus loin, sur la banquette *b c*, et sur le parapet vers *l l*, en se renfermant dans les limites déterminées par les piquets *t t*, qui marquent l'ouverture de l'embrasure, c'est-à-dire, qu'entre ces deux piquets on ne jettera de terres que ce qu'il faudra pour arriver à la hauteur du plan inférieur de l'embrasure, tandis qu'à droite et à gauche on en jettera jusqu'à ce qu'on ait donné aux merlons la hauteur qu'ils doivent avoir.

Derrière le troisième rang de travailleurs, on en placera un quatrième, 4, 4, 4, dont les hommes, espacés de 8 pieds (2 Planche X, fig 28, lett. *B*. mètres 6o cent.) de l'un à l'autre, seront munis de pelles et de dames, pour égaliser, aplanir et damer les terres aussi solidement que possible ; mais, afin de ne pas s'exposer aux coups de l'ennemi, ils devront, dans le commencement, tâcher de damer les terres obliquement et en se tenant courbés.

Le travail ainsi réglé, après sept à huit heures, les travailleurs des troisième et quatrième lignes auront pu élever les terres de la genouillère jusqu'au-dessus du premier rang de saucissons, et ceux de la première ligne s'en trouveront éloignés de 14 pieds (4 mètres 55 cent.).

Pendant ce temps-là on doublera le nombre des travailleurs de la quatrième ligne, c'est-à-dire qu'au lieu de les placer à 8 pieds (2 mètres 60 cent.) l'un de l'autre, on les placera à 4 pieds (1 mèt. 30 c.). Les travailleurs qu'on ajoutera à cette quatrième ligne, seront munis, les uns de dames, et les autres de masses, afin d'être employés, les premiers à damer les terres ; les seconds, à aider les canonniers à pi-

Planche X, fig. 28, lett. C.

queter les saucissons : enfin, en arrière de cette quatrième ligne on en placera une cinquième, 5, 5, 5, dont les hommes, munis de pelles, seront employés, dans

l'intérieur de la genouillère, conjointe-
ment avec ceux de la quatrième ligne, à
égaliser les terres, à les rejeter contre le
revêtement et à les damer.

Jusqu'au moment où on aura formé cette
cinquième ligne et doublé la quatrième,
les travailleurs restés disponibles auront
pu aller quatre ou cinq fois de la batterie
au dépôt, et en auront rapporté le reste
des saucissons, piquets, etc., nécessaires
pour la construction.

On commencera alors à placer le second
rang de saucissons du revêtement, tant de
la face intérieure du parapet, que de ses
deux faces latérales. Pour ce second rang,
comme pour tous les suivans, on observera de reculer chaque rang de 1 ½ pouce
à 2 pouces (40 à 55 mill.) sur le rang précédent, pour donner au revêtement le talus qu'il doit avoir conformément à ce
que nous avons dit au §. 17, et on fera en
sorte que la jonction des saucissons d'un
des rangs corresponde au milieu d'un saucisson du rang au-dessous.

Pour fixer les saucissons du second rang,
on se servira de piquets de 2 pieds de long
(65 cent.), si le terrain est dur, et de pi-

quets de 3 pieds de long (1 mètre), si les
terres sont légères.

La distribution des travailleurs et la marche du travail, telles que nous venons de
les indiquer, sont adoptées par les artilleurs
allemands pour le commencement de la
construction et durant le jour; mais comme,
lorsque l'ouvrage sera plus avancé, il deviendrait difficile de jeter les terres assez
loin et assez haut, au moyen de la pelle,
et que cela gênerait surtout les canonniers
qui travaillent au revêtement, et principalement au commencement de la nuit, ils
distribuent deux paniers, pour le transport
des terres, à chaque file de cinq travailleurs, ou de 4 pieds en 4 pieds (1 mètre
30 cent.) sur la longueur de l'épaulement,
et le travail se règle alors comme nous allons l'expliquer.

Le travailleur de la première ligne
1, 1, 1, creuse la terre avec son pic-
hoyau; celui de la seconde ligne, 2, 2, 2,
remplit le panier; celui de la troisième, 3,
3, 3, se charge de ce panier rempli de
terre et le porte jusqu'au revêtement de la
genouillère; celui de la cinquième, 5, 5, 5,
le vide et le rend en arrière; celui de la

Planche X, fig. 28, lett. D.

quatrième, 4, 4, 4, égalise les terres et aide celui de la cinquième à les damer.

Comme les travailleurs de la troisième ligne, qui portent les paniers pleins de terre, seraient beaucoup plus fatigués que ceux des première et seconde lignes, si le travail restait réglé de la même manière jusqu'au remplacement du détachement, il faudra faire alterner entre elles les trois lignes de travailleurs, de manière à ce que les hommes soient employés pendant le même temps à chaque espèce de travail.

A la chute du jour, la construction de la batterie se trouvera déjà assez avancée pour que l'officier qui en est chargé puisse s'occuper pendant la nuit de l'établissement du magasin; ce qu'il fera en se conformant à tout ce que nous avons dit à ce sujet au §. 34, et en prenant les hommes nécessaires sur les lignes de travailleurs auxquelles il restera le moins d'ouvrage à faire.

On pourra aussi s'occuper en même temps du revêtement des joues des embrasures. Pour cela on désignera autant d'escouades composées de deux canonniers et quatre hommes d'infanterie, qu'il y aura d'embrasures, et on prendra les derniers dans les quatrième et cinquième lignes de travailleurs, ce qui pourra se faire sans ralentir la marche du travail, puisqu'il restera encore cinq hommes à chaque merlon pour égaliser les terres et les damer.

Si, cependant, les hommes des trois premières lignes travaillaient avec beaucoup d'activité et fournissaient beaucoup de terres, on pourrait placer ces hommes à plus de 4 pieds (1 mètre 30 centim.) l'un de l'autre, et employer ceux qui se trouveraient rendus disponibles à transporter les saucissons, et même à les piqueter, de manière qu'à la pointe du jour le revêtement des merlons et des joues se trouverait plus élevé d'un ou même de deux rangs de saucissons, ce qui serait toujours très-avantageux.

Les artilleurs allemands regardent comme très-utile d'*ancrer*, de distance en distance, les saucissons des troisième et cinquième rangs du revêtement de la genouillère, et ceux des deuxième et quatrième rangs du revêtement des merlons ; cela est particulièrement nécessaire pour les joues des embrasures, à cause de l'ébranlement qu'elles éprouvent dans le tir.

Voici deux procédés employés par les artilleurs allemands pour faire cette opération.

1.° On prend un lien ou une hart de longueur et de grosseur moyennes ou bien on en forme une en accouplant et tordant ensemble deux harts plus petites et plus minces. On passe un piquet à travers la boucle faite au gros bout de cette hart, et on le plante au-dessous du saucisson que l'on veut ancrer, et qui doit être le dernier placé; on tire fortement la hart vers le haut et vers l'intérieur du coffre, de manière à bien embrasser le saucisson; on la tord fortement, et on l'arrête à un piquet à tête à crochet planté dans l'intérieur du parapet, et incliné du côté opposé au revêtement; puis on enfonce ce piquet jusqu'à ce qu'on remarque que le lien soit bien tendu.

2.° Au moyen de deux piquets plantés l'un au-dessus, l'autre au-dessous du saucisson, à l'endroit où on veut l'ancrer, on y arrête solidement un lien ou une hart qui l'embrasse étroitement : il faut pour cela

que les deux piquets soient plantés dans
le parapet un peu obliquement, et leurs
pointes convergeant l'une vers l'autre.

Le même procédé peut s'employer pour
remplacer, dans les rangs de saucissons
inférieurs, les liens ou harts qui auraient
éclaté ou qui se trouveraient rompus par
quelque accident; mais pour pouvoir enfoncer les piquets à coups de masse, sans
s'exposer à frapper sur les saucissons, ce
qui pourrait faire rompre les harts voisines,
il faudra couper le gros bout d'un piquet
de batterie, le poser sur la tête du piquet
qu'on voudra enfoncer, et frapper par-dessus. On pourra ainsi enfoncer le piquet de
manière à ce qu'il ne déborde pas le rang
de saucissons, ce qui serait fort incommode
pour les canonniers placés en batterie.

Comme on ne peut pas toujours se procurer une assez grande quantité de liens
ou harts à deux boucles pour ancrer suffisamment les saucissons du revêtement des
joues des embrasures, ou pour les réparer
lorsqu'ils ont été dégradés par la commo-
tion qu'ils éprouvent dans le tir, il serait
très-utile, ainsi que nous l'avons déjà re-
commandé au §. 20, art. 6, de maintenir ce

revêtement au moyen de trois ou quatre
piquets de gabions, plantés contre sa paroi
intérieure suivant son évasement naturel, et
solidement retenus par le haut au moyen
d'un procédé analogue au premier de ceux
que nous venons d'indiquer ci-dessus.

Le premier détachement ne devant être
rélevé, suivant la méthode adoptée par
les artilleurs allemands, qu'après vingt-
quatre heures de travail, la construction
de la batterie devra être avancée après ce
temps à peu près comme on la voit représentée Pl. X, fig. 28, lettre *D*. Aussitôt que
le jour paraîtra, tous les travailleurs se
rassembleront dans la tranchée, ils réuni-
ront, par espèce, les outils et autres objets
qui auront servi à la construction de la
batterie, et les déposeront en ordre derrière le parapet, sous la surveillance d'un
sous-officier d'artillerie, qui les comptera
pour en faire la remise au second détachement.

Pendant ce temps-là, l'officier qui a dirigé
jusqu'à ce moment la construction, rédige
par écrit un rapport détaillé sur cette opération, sur tout ce qu'elle a pu présenter
de particulier, et sur l'état plus ou moins

avancé dans lequel elle se trouve; puis, tout étant ainsi disposé et rangé en ordre, les premiers travailleurs attendront l'arrivée du second détachement qui doit venir les remplacer.

§. 76.

Marche du travail du troisième détachement, suivant les auteurs militaires français.

Si l'on a suivi, pour la construction de la batterie, les procédés en usage dans l'artillerie française, le second détachement aura avancé le travail à peu près au point où nous venons de le laisser.

En se rendant à la batterie, les travailleurs du troisième détachement, ou de la seconde nuit, y porteront tout le reste des piquets, saucissons et autres matériaux qui n'y auront pas été déjà portés par ceux des premier et second détachemens, plus huit gabions remplis de fascines pour chaque embrasure.

A leur arrivée, les uns jetteront dans le coffre les terres amassées sur la berme par les travailleurs précédens, et d'autres en amasseront encore, si cela est nécessaire.

On aplanira l'intérieur de la batterie pour les plate-formes; on fera les petits magasins (voyez §. 34), et on préparera le chemin par où l'on fera venir les pièces et les munitions, ce qui devra se faire aussi dans cette seconde nuit : enfin, les canonniers feront le revêtement des joues des embrasures, et établiront les plate-formes.

L'alignement des joues étant fixé comme nous l'avons expliqué §. 70, on posera les premiers saucissons de chaque joue de manière à bien assurer cet alignement; on les coupera bien carrément du côté par lequel ils doivent se raccorder avec les saucissons des merlons, et on leur donnera la pente qu'ils doivent avoir suivant celle qu'on veut donner au fond de l'embrasure. Nous avons déjà vu, §§. 19 et 20, que cette pente est variable suivant la position respective de l'objet à battre et de la batterie, et qu'on doit la régler de manière à bien découvrir le but qu'on veut atteindre, en se couvrant le mieux possible contre le feu de l'ennemi. Il suit de là que, pour poser le premier saucisson des joues, il faudra quelquefois faire une rigole pour l'enterrer dans la totalité ou dans une partie de sa longueur.

Ces premiers saucissons placés, on les piquetera solidement, et on damera la terre derrière eux. Puis on achèvera le revêtement des joues, en posant les autres saucissons de manière à ce que, vers l'ouverture intérieure de l'embrasure, ils posent bien verticalement les uns sur les autres, en se raccordant avec les saucissons des merlons sans en être débordés, et sans les déborder eux-mêmes; et que, vers l'ouverture extérieure, ils s'ouvrent en éventail et sur un talus égal environ à la moitié de la hauteur du point supérieur au-dessus du fond, de sorte que le revêtement forme une surface gauche.

Si l'on a trop à souffrir de la vivacité du feu de l'ennemi, dans la construction des joues des embrasures, on s'en couvrira au moyen d'un *masque*.

Pour cela, sur la berme, à droite et à gauche de la directrice, on placera debout six des huit gabions que les derniers travailleurs ont apportés avec eux, et on mettra les deux autres devant la jonction des deux gabions extrêmes de chaque bout. Si ces gabions n'étaient pas bien pleins de fascines, on achèverait de les remplir avec de la terre, qui occupe à peu près la capacité qu'il faut donner à l'embrasure, en se tenant de niveau avec le bas de l'ouverture intérieure déjà déterminée. On amoncellera aussi une partie de cette terre devant la ligne des gabions intérieurement, et on rejettera le surplus à droite et à gauche sur les merlons.

Au lieu de ce *masque*, on se borne quelquefois à laisser un massif de terre vers le milieu de l'ouverture extérieure de l'embrasure et sur la berme, en ne creusant qu'une rigole, pour recevoir le saucisson qui doit marquer l'alignement des joues. Mais ce massif gêne beaucoup pour tracer les embrasures et pour faire leur revêtement; il garantit moins bien qu'un masque, du feu de l'ennemi, surtout quand la terre est argileuse, et il devient même dangereux, quand elle est mêlée de cailloux.

Quand la batterie est achevée, on renverse le *masque* ou le massif de terre dans le fossé, ou, si l'on veut, les premiers coups de canon en épargnent la peine.

En terminant la batterie, il faut avoir soin que le dernier rang de saucissons soit appuyé en arrière à des terres bien damées, pour le dérober le mieux possible aux coups de l'ennemi, qui pourraient, en le frappant, endommager une grande partie du revêtement.

On atteindra encore mieux ce but en amoncelant des terres sur le plan supérieur du parapet, comme le font les artilleurs allemands, de manière que le point le plus élevé de l'épaulement, se trouve à 1 ou 2 pieds (30 à 60 cent.) du revêtement intérieur.

Nous croyons inutile de rien ajouter aux détails que nous avons déjà donnés, §§. 28 et suivans, sur la construction des plate-formes. Quand on les aura établies, à la gauche de chacune d'elles, et vers le milieu de l'espace qui la sépare de la suivante, on placera deux chevalets distans entre eux de 9 pieds (3 mètres), pour porter l'armement de chaque pièce.

Chacun de ces chevalets sera formé de deux piquets de 2 pieds 6 pouces (80 cent.) de longueur, qu'on enfoncera en terre obliquement d'environ 1 pied (30 cent.), de manière à ce qu'ils se croisent à angles droits à peu près vers le milieu de la partie qui sera hors de terre, et on les assujettira

solidement dans cette position , en les liant
avec de la mèche.

Nous renvoyons aussi, pour la construction des magasins à poudre , à ce que nous
avons dit à ce sujet au §. 34, en nous bor-
nant à indiquer ici deux procédés plus expéditifs , employés ordinairement par les
artilleurs français.

1.° A 6 toises (12 mètres) de distance en
arrière de la batterie, on creuse un carré
de 9 pieds (3 mètres) de côté, et 3 pieds
(1 mètre) de profondeur; on l'entoure d'un
rang de gabions de 3 pieds (1 mètre) de
hauteur, qu'on remplit de terre , ce qui
donne une hauteur de 6 pieds (2 mètres), .
égale à celle des parapets de tranchée.

On recouvre ensuite ce carré avec des
saucissons, des poutrelles, ou des madriers
qu'on doit alors étançonner, et on charge
ce toit avec de la terre pour garantir les
magasins de la chute des projectiles creux.
Les rampes qu'on pratiquera pour y descendre, devront aussi être abritées par des
gabionnades ; car , vu la position de ces
magasins, les hommes qui iront chercher
les munitions, seraient trop à découvert.
Dans le tracé de ces rampes, il faudra pren-

dre garde qu'elles ne soient pas enfilées des ouvrages de la place, et que les projectiles creux lancés par l'ennemi, ne puissent en roulant descendre jusque dans le magasin. On pourra parer à ce dernier inconvénient en arrêtant la pente à quelques pieds en avant de l'ouverture du magasin, et en y creusant un petit fossé.

2.° Si on manque de temps et de moyens, on peut encore construire ce magasin plus simplement. Contre un épaulement parallèle à la batterie, on appuiera des poutres jointives de 10 pouces (27 cent.) d'équarrissage de manière à leur donner un talus de la moitié de leur hauteur; sur ce toit on placera deux rangs de sacs à terre, qu'il sera bon de poser sur un prélart bien tendu et bien goudronné. Cette dernière précaution sera très-utile à employer dans tous les cas, pour se garantir de l'infiltration. Pour des poutres de 12 pieds (4 mètres) de long, il faudra que l'épaulement ait environ 9 pieds (3 mètres) de hauteur. [1]

Nous avons dit que c'était pendant la se-

____

1. Si on ne pouvait établir les magasins en arrière de la batterie, on pourrait les pratiquer à droite et à gauche dans la communication qui la relie aux tranchées : cette position

conde nuit que l'on devait faire venir les pièces à la batterie ; l'officier devra donc reconnaître avec soin le chemin par lequel il faudra les amener, pour remédier aux obstacles qu'il peut présenter. Il enverra des travailleurs combler les fossés, adoucir les rampes, raffermir les parties fangeuses, et établir même, s'il le faut, de petits ponts en poutrelles. Il prendra toutes les précautions nécessaires pour prévenir la confusion et le désordre, et pour cacher sa marche à l'ennemi, afin de n'être pas trop incommodé de son feu. Si, le jour venant, on était obligé d'abandonner une pièce en vue de la place, on la couvrirait avec des fascines, pour que l'ennemi ne l'aperçoive pas.

§. 77.

Marche du travail du second détachement, suivant la méthode des artilleurs allemands.

Voyons maintenant la marche suivie par les artilleurs allemands pour achever la construction.

---

aurait même cet avantage, que les magasins ne seraient pas exposés aux coups dirigés sur la batterie, et que les pourvoyeurs seraient parfaitement couverts.

Le second détachement de travailleurs, qu'on appelle aussi le *détachement* de *remplacement*, sera de la même force que le premier, et il devra être commandé de manière à arriver à la pointe du jour au dépôt. Dès la veille, l'officier commandant ce détachement aura été visiter la batterie, pour s'entendre avec celui qu'il doit remplacer, sur les matériaux qu'il sera nécessaire de faire apporter par les travailleurs, afin d'achever la construction, et pour s'assurer d'avance par lui-même de ce qu'il pourra trouver de fait en arrivant, et de ce qu'il lui restera à faire.

Aussitôt que les travailleurs de remplacement seront arrivés au dépôt, on leur distribuera tout le reste des matériaux nécessaires pour achever le revêtement de la batterie, et le bois de deux plate-formes, en leur adjoignant un certain nombre d'ouvriers d'artillerie munis de leurs outils pour les établir.

A leur arrivée à la batterie, les travailleurs déposeront avec ordre les matériaux qu'ils auront apportés, près de ceux qui y resteront encore, et arrangeront les bois des plate-formes par espèce, latéralement aux endroits où on doit s'en servir.

Pendant ce temps-là l'officier examinera les travaux déjà faits, et signera le rapport rédigé par celui qui a commandé le premier détachement, en y consignant toutefois ses observations et les rectifications nécessaires, dans le cas où il ne le trouverait pas conforme à la vérité; enfin, le premier détachement s'étant retiré, la distribution du second se fera de la manière suivante : vingt ou trente hommes des travailleurs de la ligne seront désignés pour aplanir et damer l'emplacement des plate-formes, et les autres, dirigés par quelques artilleurs, et sous la conduite de leurs propres officiers, iront chercher les bois de deux autres plate-formes.

Pendant ce temps-là, l'officier d'artillerie, aidé de quelques canonniers, tracera la première et la troisième plate-forme, et fera creuser les rigoles, pour y placer les gîtes, suivant ce que nous avons expliqué au §. 28.

Comme nous supposons ici qu'il s'agit de construire une batterie de plein fouet, ces gîtes devront être enterrés de toute leur épaisseur sur le devant ou vers l'épaulement, Planche X, fig. 28, lettr. *r*.

et ils seront seulement posés sur le sol à leur autre extrémité.

Nous croyons inutile de revenir ici sur les détails que nous avons donnés précédemment sur la construction des plate-formes, et nous nous bornerons seulement à faire remarquer que, si les rigoles se trouvaient creusées trop profondément en quelques points de leur longueur, il ne faudrait pas se contenter de rapporter de la terre jetée à la main ou à la pelle sous les gîtes, en les soulevant seulement; mais qu'il faudrait absolument enlever tout-à-fait les gîtes pour battre et damer solidement les terres qu'on serait obligé de rapporter. Car il ne suffit pas de donner aux plate-formes le talus exigé, il faut encore qu'elles soient assez solides pour supporter pendant long-temps le poids considérable des pièces, et l'effort bien plus considérable encore qu'elles doivent éprouver dans le tir.

Pendant qu'une partie des travailleurs établissent ainsi les première et troisième plate-formes, ceux qui sont allés chercher les bois des seconde et quatrième, reviendront à la batterie; ils en commenceront l'établissement, et les premiers, après avoir terminé celles qu'ils avaient commencées, partiront à leur tour pour aller chercher les bois des cinquième et sixième plate-formes; de sorte qu'après six heures de travail, tous les bois à plate-formes pourront être transportés à la batterie, et qu'il devra y en avoir déjà au moins quatre entièrement terminées.

D'autres travailleurs auront été disposés en file de trois hommes, de 4 pieds en 4 pieds (1 mètre 30 cent.) sur toute la longueur de la batterie, comme nous l'avons déjà expliqué au §. 75, et ils seront employés à creuser le terre-plein de la batterie de manière à lui donner 2 à 2½ pieds (65 à 80 cent.) de profondeur. Les terres provenant de ce déblai, formeront pour chaque file un volume de 700 pieds cubes (environ 26 mètres cubes); elles seront transportées et déposées le long du parapet, ainsi que l'indique la figure 28, lettre *F*, planche X, Planche X, fig. 28, lettr. *F*. et on les y laissera en réserve pour être employées, pendant la nuit, à achever les massifs des merlons.

Quand les canonniers auront achevé les plate-formes, ils s'occuperont à préparer les saucissons et les piquets nécessaires pour terminer le revêtement des merlons , ce qu'ils devront faire à la nuit tombante, et alors les travailleurs d'infanterie devront être distribués ainsi qu'il suit :

De 6 pieds en 6 pieds (de 2 mètres en 2 mètres) de distance, sur toute la longueur de la batterie, deux hommes seront employés à jeter les terres dans le massif des merlons avec leurs pelles, aussi long-temps que cela sera possible ; quand l'élévation des merlons ne le permettra plus, un de ces hommes les amoncellera, et l'autre les jettera. Enfin, lorsque le progrès de la construction y obligera , un des travailleurs montera dans l'embrasure , y recevra les terres qui y seront jetées par son camarade , et les rejettera lui-même sur le merlon.

Comme ces différens travaux n'occuperont pas tous les travailleurs, ceux qui resteront disponibles, seront employés à terminer et à recouvrir les magasins, à placer les saucissons de blindage au-dessus des ouvertures intérieures des embrasures, à transporter les bouches à feu et les munitions, à nettoyer le terre-plein , et à empiler les projectiles.

Les embrasures resteront cependant masquées à l'extérieur, comme cela est représenté planche X, figure 28, lettre *G*, au moyen d'un massif de terre *x y*, de l'épaisseur de 2 pieds (65 cent.) à peu près, qu'on y laissera ; seulement, au moment où on introduira les bouches à feu, on abattra un peu de la partie supérieure de ce masque, afin de pouvoir diriger convenablement la pièce ; quant au reste, il sera tout naturellement jeté au dehors par l'effet du tir même.

La batterie entièrement achevée, les travailleurs du dernier détachement rassembleront tous les outils et instrumens dont ils se sont servis, et les rapporteront au dépôt des approvisionnemens, en laissant toutefois à la batterie ceux qui pourraient y être nécessaires par la suite pour les réparations.

Quant à l'officier d'artillerie qui aura dirigé la construction de la batterie, il y restera encore quelques heures, avec celui qui en prendra le commandement, afin de remarquer, par l'effet des premiers coups, s'il a bien donné aux embrasures la direction qu'elles doivent avoir, et si les plate-formes et le coffre ont toute la solidité désirable.

§. 78.

Établissement d'une batterie dans une nuit.

Nous avons expliqué, dans les paragraphes précédens, les procédés méthodiques et réguliers, adoptés par les artilleurs français et allemands pour la construction d'une batterie : la première méthode exige trente-six heures pour la construction d'une batterie horizontale située en avant de la parallèle ; et suivant la seconde, il faut quarante-huit heures de travail pour l'établissement d'une batterie enterrée dans la parallèle. On ne peut se dissimuler cependant qu'une marche aussi lente, si elle assure la solidité et la perfection de l'ouvrage, a aussi de grands inconvéniens : indépendamment de la perte de temps qu'elle entraîne, elle donne à l'assiégé trop de moyens d'apercevoir les travaux, de reconnaître avec exactitude les points sur lesquels on se propose d'établir ses batteries, et par conséquent d'y concentrer son feu, de manière à accabler les travailleurs, qui pourront être forcés de ralentir, interrompre, ou même abandonner tout-à-fait l'ouvrage.

Si l'on pouvait donc abréger et activer le travail de manière à terminer la batterie dans une seule nuit, il n'est pas douteux qu'on y trouverait de grands avantages, et il y a tout lieu de penser que, si la nature du sol n'offre pas de trop grandes difficultés, on y parviendra en suivant les règles suivantes.

1.° On établira ses batteries dans la parallèle même déjà construite, mais en plaçant le côté intérieur du coffre sur le bord même de la tranchée, de manière qu'il n'y aura plus qu'à approfondir celle-ci, et à l'élargir d'en arrière, pour donner au revêtement l'épaisseur qu'il doit avoir, en profitant, à cet effet, de l'épaulement déjà construit de la parallèle.

2.° On aura pour le revêtement et pour les plate-formes des saucissons, piquets, poutrelles, madriers, etc., bien choisis, et exactement des dimensions prescrites; afin qu'en les employant on ne soit pas ralenti par la nécessité de les assortir ou de remédier à leur défaut.

3.° On apportera à l'avance tous ces matériaux dans la tranchée, ou on en formera un dépôt à proximité, et on les y dispo-

sera dans le plus grand ordre, de manière
que les travailleurs puissent les y prendre
sans confusion et sans se gêner les uns les
autres.

4.° On aura un croquis bien exact et bien
détaillé de la batterie, avec les dimensions
qu'on devra donner à toutes ses parties; afin
de n'avoir plus qu'à s'y conformer, pour
diriger le travail, de sorte qu'aussitôt commencé on puisse le continuer sans tâtonnement et sans hésitation, jusqu'a ce qu'il
soit entièrement terminé.

5.° On augmentera la force des détachemens, de manière à diminuer la tâche de
chacun des travailleurs, sans pourtant les
rendre assez nombreux pour qu'ils puissent se gêner les uns les autres; on multipliera surtout les officiers et les sous-officiers,
et on leur donnera leurs propres troupes à
conduire, afin de rendre la surveillance plus
active, plus immédiate et plus efficace.

6.° On relèvera les travailleurs plus souvent, toutes les six heures au plus tard;
on excitera leur ardeur et leur zèle en leur
assignant une tâche, en leur offrant des
récompenses pécuniaires, si ce sont des
mercenaires, ou en employant le mobile

plus noble et plus puissant de l'honneur, si on a affaire à de bonnes troupes. [1]

Si l'on peut espérer, comme nous l'avons dit, de construire les batteries en une nuit, en se conformant exactement aux règles ci-dessus, il faut avouer cependant que, par ce procédé expéditif, on ne parviendra jamais à leur donner la solidité et la régularité auxquelles on peut les porter en suivant l'une des deux marches plus lentes, mais plus méthodiques, que nous avons exposées précédemment; mais on aura beaucoup obtenu si les batteries sont en état de faire feu à la pointe du jour; et si on y reconnaît quelques défauts essentiels, on aura le temps d'y remédier à son aise pendant le cours du siége, dans les momens où l'assiégeant se verra obligé de ralentir son feu.

Le prince Auguste de Prusse, dans ses

---

1. Voyez un exemple de la construction en une nuit d'une batterie, au polygone de *Simmering*, à Vienne, au mois d'Août 1808 (Traité élémentaire d'artillerie , de Decker, traduit par J. Ravichio de Peretsdorf et A. P. F. Nancy, note de la page 554); mais il convient d'observer que, dans cette circonstance, on n'avait point à souffrir du feu de l'ennemi et rien à craindre de ses sorties.

Remarques sur la guerre de siége, va jus-qu'à conseiller de faire construire plusieurs batteries dans la nuit même de l'ouverture de la tranchée; et il n'est pas douteux qu'on y trouverait de grands avantages, si on pou-vait y parvenir; mais cela semble au moins douteux, surtout pour des batteries de ca-non, et si on suppose que la garnison de la place assiégée soit bonne et bien com-mandée. [1]

Cependant, comme les batteries les plus nécessaires, lors du commencement des sié-ges, sont celles de mortiers, et que la cons-truction assez facile de ces batteries peut être encore fort souvent abrégée et faci-litée par des accidens de terrain, tels que ravins, monticules, digues, terrasses, etc., on pourra assez fréquemment suivre cette méthode pour cette espèce particulière de batteries, pourvu qu'on ait à sa disposition un nombre suffisant de travailleurs.

---

1. Voyez le Traité d'artillerie cité ci-dessus, livre 3, sec-tion 3, article 4, pag. 544.

CHAPITRE XII.

Détails pratiques particuliers à la cons-truction des batteries à ricochet et d'obusiers.

§. 79.

Construction des batteries à ricochet et d'obusiers, d'après les artilleurs français.

Les artilleurs français construisent leurs batteries de canon pour tirer à ricochet, d'après les mêmes principes que nous avons exposés pour les batteries de plein fouet, en observant seulement :

1.° D'établir les plate-formes horizonta-lement, attendu que les pièces ne tirant qu'à faible charge, elles ne pourraient sortir de batterie si les plate-formes avaient un talus, et qu'en outre le tir, déjà fort incertain par lui-même, aurait encore beaucoup moins de justesse.

2.° De donner à la genouillère jusqu'à 5 pieds (1 mètre 60 cent.) de hauteur; de n'employer que deux saucissons pour le revêtement des joues des embrasures, et de donner à celles-ci 4 à 5 pouces (10 à 14 centimètres) de pente de l'extérieur à l'intérieur.

Quelques auteurs conseillent même de se dispenser entièrement de faire des embrasures, en donnant seulement à la plongée, et de l'extérieur à l'intérieur, une pente proportionnée à l'angle sous lequel on doit tirer et en éloignant convenablement les pièces de l'épaulement. En supposant que le coffre d'une batterie à ricochet, construite d'après ce principe, ait 18 pieds (6 mètres) d'épaisseur, que la hauteur extérieure de l'épaulement soit de 7 pieds (2 mètres 30 cent.), et qu'on donne à la plongée une pente telle qu'elle fasse avec l'horizon un angle de six degrés, on trouvera, soit par le calcul, soit par un tracé géométrique, que la hauteur du revêtement intérieur sera de 5 pieds 1 pouce (1 mètre 65 cent.) environ, et que la bouche d'un canon de 24, tirant sous un angle de six degrés, devra être éloignée de la chemise de 4 pieds 2 pouces (1 mètre 35 cent.), pour que le boulet passe par-dessus l'épaulement. Il est entendu qu'on pourrait rapprocher la pièce, si l'on tirait sous un plus grand angle, tandis qu'il faudrait l'éloigner davantage, si on lui donnait moins d'élévation.

Quant aux batteries d'obusiers, les artilleurs français leur donnent les mêmes dimensions qu'à celles des canons, et une hauteur de genouillère de 3 pieds 8 pouces (1 mètre 20 cent.) également.

Comme ces bouches à feu ont peu de longueur, et que leur ame est d'un grand diamètre, on donne 2 pieds 6 pouces (80 c.) de largeur à l'ouverture intérieure de l'embrasure; celle de l'ouverture extérieure est de 9 pieds (3 mètres) : le fond est toujours en pente de l'extérieur à l'intérieur, et l'on tâche qu'il se raccorde avec le plan supérieur de l'épaulement.

En général, l'inclinaison qu'on lui donne est de dix degrés, angle sous lequel on tire ordinairement l'obusier, ce qui fait que, l'axe de la bouche à feu se trouvant parallèle au plan inférieur de l'embrasure, les canonniers se trouvent couverts autant qu'il est possible qu'ils le soient.

Les obusiers peuvent se pointer jusque sous l'angle de vingt degrés; mais ce tir détruit promptement les affûts, et ne donne que des ricochets très-incertains. [1]

Les plate-formes pour ces bouches à feu se font toujours horizontales; la batterie peut dans tous les cas être enterrée jusqu'à la genouillère, et elle exige un petit magasin particulier pour le chargement des obus.

§. 80.

Construction des batteries à ricochet, d'après les artilleurs allemands.

Les artilleurs allemands ne distinguent pas, dans leur construction, les batteries d'obusiers des autres batteries à ricochet. Comme l'enfoncement qu'ils donnent aux une et aux autres est égal à la profondeur du fossé de la tranchée; que le pro-

---

1. Au mois de Juillet 1793, étant capitaine d'artillerie au service du roi de Sardaigne, je me trouvai à une batterie piémontaise dirigée contre la redoute de Touesch, et nos obus n'arrivant pas jusqu'à l'ennemi, tandis que nous recevions les siens, le général ordonna impérativement de pointer sous un plus grand angle. Obligé d'obéir à cet ordre, on porta effectivement les obus jusque sur la redoute; mais en moins d'une heure les affûts de nos obusiers furent mis entièrement hors de service, comme on l'avait prévu. (*Note du général Ravichio.*)

fil de leur parapet a la même épaisseur que l'épaulement de cette tranchée, et qu'enfin les bouches à feu peuvent n'y être éloignées les unes des autres que de 15 pieds (5 mètres) d'axe en axe, ils ne mettent ordinairement que vingt-quatre heures à construire une batterie de ce genre, et ils y parviennent d'autant plus facilement, qu'il ne faut que 24 à 25 pieds (8 mèt. à 8 mètres 30 centimèt.) de largeur à son terre - plein, et que sur cette largeur il y a déjà 4 pieds (1 mètre 30 centimètres) à déduire, pour celle du fossé de la tranchée déjà creusée. (Voyez les Pl. XI, XII et XIII.)

Si cependant on veut être bien sûr de pouvoir commencer le feu d'une semblable batterie le matin du second jour, il faudra que les travailleurs mettent une grande activité dans leurs travaux, et l'on fera même bien d'en augmenter le nombre de quarante pour cent, afin que la construction ne risque point d'être ralentie par l'absence de ceux qui pourraient être blessés ou qui viendraient à manquer par quelque autre cause.

Si on a pris toutes ces précautions, et si,

la batterie ne devant tirer que sous l'angle de neuf degrés, son revêtement ne doit avoir que cinq rangs et demi de saucissons de hauteur, on pourra compter, avec certitude, qu'elle sera terminée au commencement du second jour; et il faudra par conséquent travailler avant la nuit à préparer et aplanir l'emplacement des plate-formes et même les faire tracer; puis, à la chute du jour, faire commencer le magasin à poudre et les communications, afin qu'on puisse les achever et mettre la batterie en état de faire feu aussitôt le coffre terminé.

Mais si, d'après la marche du travail, on prévoyait qu'il fût tout-à-fait impossible d'achever le revêtement de la batterie avant le commencement du second jour, il faudrait alors ajourner la construction des plate-formes, et s'occuper de préférence de celle du magasin à poudre, puisqu'on aurait toujours le temps de travailler sans danger aux plate-formes pendant le second jour.

Les artilleurs allemands éloignent les plate-formes pour ces batteries, de 2, 3 et même 4 pieds (65 cent., 1 mètre, 1 mètre

3o cent.) du revêtement intérieur; ils les placent, comme les artilleurs français, bien exactement dans la direction de la ligne de tir, et ils ont soin aussi de les établir bien horizontales.

Comme les embrasures de ces batteries n'ont que très-peu de profondeur, ils se dispensent d'en revêtir les joues, et pour mieux préserver les saucissons du revêtement intérieur de l'effet destructeur de la flamme de la pièce, il leur arrive souvent de donner à l'ouverture intérieure de cette embrasure 2½ pieds (75 cent.), au lieu de 2 pieds (65 cent.) : on fera bien surtout de prendre cette précaution dans les temps secs, les fascinages de toute espèce étant plus exposés alors à se dégrader.

CHAPITRE XIII.

Détails pratiques particuliers sur la construction des batteries de mortiers et pierriers.

§. 81.

Construction des batteries de mortiers ou de pierriers, suivant les auteurs militaires français.

Ce que nous avons dit de l'épaulement des batteries de mortiers au chapitre III de ce traité, ce que nous avons dit de leurs plate-formes au chapitre V, enfin, ce que nous avons vu sur leur emplacement au chapitre VII, nous laisse peu de choses à ajouter sur les détails particuliers relatifs à leur construction.

Les principes d'après lesquels on doit la conduire, sont les mêmes que pour les batteries de canon : l'épaulement étant sans embrasures, puisque les bombes se tirent toujours à quarante-cinq degrés, ou au-dessus, on peut et on doit même établir le terre-plein au-dessous du sol, afin d'épar-

-gner le temps et le travail. La régularité du revêtement est beaucoup moins importante dans ces batteries que pour celles qui sont percées d'embrasures, et il est rare qu'on y emploie des saucissons, du moins pour la partie inférieure, qu'on revêt ordinairement en gabions : on fera donc bien , en commençant le coffre, de laisser vers le côté intérieur un espace libre de terres pour le placement de ces gabions.

Si l'on était pressé, ou que l'on manquât de matériaux, on pourrait encore employer un procédé plus expéditif : on s'enterrerait de 3 ou 4 pieds (1 mèt. à 1 mèt. 30 cent.); on laisserait sans revêtement la partie du sol qu'on aurait creusée; puis on soutiendrait le remblai par une seule rangée de gabions, en ayant soin de laisser une berme de 2 pieds (65 cent.) au moins pour les y établir solidement.

Lorsqu'on se servira de saucissons pour le revêtement du coffre d'une batterie de mortiers, on pourra toujours y employer, pour les fixer, un nombre de piquets beaucoup moins considérable que pour les batteries de canon, attendu que la chemise du parapet a beaucoup moins à souffrir du feu des pièces dans les premières batteries que dans les secondes.

L'objet auquel on doit le plus s'attacher dans les batteries de mortiers, c'est la construction des plate-formes; il faut qu'elles soient extrêmement solides pour résister à l'effort considérable qu'elles ont à supporter dans le tir; il faut qu'elles soient parfaitement horizontales, pour ne point augmenter encore les causes déjà très-nombreuses d'inexactitude qu'on ne peut éviter dans le jet des bombes.

On a proposé un assez grand nombre de moyens, plus ou moins ingénieux, pour remédier à cet inconvénient des mortiers : l'un des procédés les plus simples et les plus faciles à mettre partout en pratique nous a paru être celui qui a été imaginé par M. le lieutenant-colonel Mallet de Trumilly, et auquel M. Arranger, sous-officier d'ouvriers, employé à l'atelier de précision, a apporté d'heureuses modifications. Ce motif nous engage à le faire connaître.

M. de Trumilly avait remarqué que ce qui rendait surtout incertain le tir des mortiers, c'était qu'on n'avait aucun moyen de se rectifier après chaque coup, puisqu'en remettant le mortier en batterie après le recul, rien n'indiquait qu'on le replaçât dans la même position qu'il occupait avant de tirer. Il imagina en conséquence de placer, sur l'entretoise de devant de l'affût, une aiguille fixe, et sur la plate-forme, en avant du mortier, deux piquets portant un arc de cercle, ou portion de cadran gradué, sur lequel se meut cette aiguille; à l'entretoise de derrière est fixée solidement une lunette, qui, lorsque le mortier est en batterie, correspond à un trou circulaire pratiqué dans une des lambourdes de la plate-forme; enfin, un boulon cheville ouvrière traverse cette lunette, et, pénétrant dans le trou de la plate-forme, sert en quelque sorte d'axe à tout le système, qui peut se mouvoir circulairement à l'entour.

Le mortier étant chargé et pointé comme à l'ordinaire, on remarque à quel degré du cadran correspond l'aiguille; on ôte la cheville ouvrière, on met le feu, et l'on observe si le coup a porté dans la direction, ou s'il s'en est écarté à droite ou à gauche. Dans le premier cas, en ramenant le mortier en batterie, on le remet exactement dans la même position, ce qui est facile au moyen de la cheville ouvrière, du cadran et de l'aiguille; dans le second cas, on se corrige non moins facilement en se servant du même appareil, et après deux ou trois coups, au plus, on parvient sûrement à trouver la vraie direction, dont on ne peut plus s'écarter une fois qu'on l'a trouvée.

Les avantages de cette méthode sont incontestables, mais on lui a trouvé aussi quelques inconvéniens : la nécessité d'ôter et de remettre à chaque coup la cheville ouvrière; le danger de voir la plate-forme entièrement détruite par l'effet du recul, si on oubliait une fois d'ôter cette cheville avant de mettre le feu; l'impossibilité où on se trouverait de remettre cette cheville, si la lambourde dans laquelle elle doit entrer se trouvait dérangée; enfin, l'obligation où est le pointeur, de garder d'un coup à l'autre, dans sa mémoire, le chiffre marqué par l'aiguille sur le cadran. Les modifications proposées par M. Arranger ont pour objet de remédier à toutes ces difficultés : au lieu d'une cheville ouvrière mobile, il emploie une cheville fixée dans une des lambourdes de la plate-forme, et haute seu-

lement de quelques pouces; au lieu d'une lunette, l'entretoise de derrière de l'affût offre
inférieurement un délardement angulaire,
dont le sommet de l'angle arrondi, situé du
côté opposé à la bouche du mortier, est
destiné à venir s'appuyer contre cette cheville dans le tir; enfin, sur le limbe ou cadran gradué glisse, avec frottement, une
espèce d'anneau, qui sert à marquer à chaque coup le point sur lequel s'est arrêtée
l'aiguille de l'affût. On comprend, sans
qu'il soit besoin d'entrer dans de plus longs
détails, que cet appareil, qui conserve tous
les avantages de celui de M. de Trumilly,
n'en a plus les inconvéniens, et nous
sommes persuadés que son emploi augmenterait beaucoup la justesse et la promptitude du tir des mortiers.

Quelquefois, à défaut d'obusiers, on se
sert de mortiers pour tirer à ricochet des
bombes de huit pouces : le peu d'élévation du mortier sur son affût oblige alors
à reculer beaucoup la bouche à feu et à
percer des embrasures dans l'épaulement,
de sorte que cette méthode est incommode,
que le parapet est affaibli, et que les canonniers sont mal couverts; il ne faudra

donc l'employer que quand on ne pourra pas faire autrement. Si on voulait tirer les mortiers sous de très-petits angles, sans cependant éloigner beaucoup les plate-formes de l'épaulement et sans percer d'embrasures, on pourrait le faire en établissant chacune de ces plate-formes sur un massif qui élèverait la bouche à feu au-dessus du terre-plein de la batterie. La longueur et la largeur de ce massif doivent excéder d'un pied (30 centim.) de chaque côté la longueur et la largeur de la plate-forme, et son arête postérieure se raccorder avec l'intérieur de la batterie par un plan très-incliné. Quant au devant et aux côtés du massif, ils doivent être coupés verticalement, et si leur hauteur excède 18 pouces (50 cent.), on y pratiquera une marche de 2 pieds (65 cent.) de largeur pour la facilité de la manœuvre. Il est sans doute inutile d'observer que, si une batterie de mortiers devait être encaissée, et qu'on se proposât d'y élever les bouches à feu sur des massifs, il faudrait ménager ceux-ci dans le déblai, et établir la plate-forme sur le terrain naturel : elle n'en aurait que plus de solidité et cela avancerait d'autant l'ouvrage.

Les batteries de pierriers se construisent absolument comme celles de mortiers, pour l'épaulement, les plate-formes, etc. On les établit ordinairement à la troisième parallèle, et dans le *couronnement du chemin couvert*, à 50 ou 60 toises (100 à 120 mètres), au plus, de l'objet qu'elles doivent battre, sur les *capitales* ou sur les *prolongemens* des ouvrages ennemis.

Elles se construisent toujours dans une tranchée dont le fond du fossé leur sert de terre-plein.

§. 82.

Construction des batteries de mortiers suivant les artilleurs allemands.

Pour pouvoir observer le point où tombe la bombe de l'intérieur même de ces batteries, et souvent aussi pour pouvoir les défendre de front par un feu de mousqueterie, les artilleurs allemands donnent à leur parapet un talus de plus d'un pied (30 centimètres), et y ménagent une banquette à 4½ pieds (1 mètre 50 centimètres), au-dessous de la crête de l'épaulement, puis, suivant la hauteur totale du parapet,

Planches XIII et XIV.

ils pratiquent deux ou trois autres banquettes au-dessous de celle-là, et donnent
à chaque gradin de 1 à 1½ pied (30 à 50
cent.) de hauteur et de largeur.

Ces banquettes doivent être tracées en
même temps que le parapet, et toutes leurs
dimensions convenablement marquées au
moyen de piquets. On trace la direction
de celle qui est immédiatement au-dessus
du terre-plein de la batterie, en creusant
une rigole de 5 pouces (13 cent.) de profondeur, pour y placer un rang de saucissons, qui devront être enterrés de toute
cette hauteur, afin que le plan supérieur
de la banquette se trouve un peu incliné
pour l'écoulement des eaux.

Nous avons vu, §. 37, que la longueur
d'une semblable batterie est déterminée
non-seulement d'après le nombre de mortiers dont elle doit être armée, mais encore d'après le nombre et la largeur des
traverses qu'on veut y construire.

Les plate-formes y sont, pour l'ordinaire,
également espacées entre elles, à moins
qu'on ne manque d'emplacement, auquel
cas on serait obligé de les rapprocher par
couples, en ne mettant une traverse que

de deux en deux. On trace ces plate-formes parallèlement à la direction de l'épaulement, tant que celle-ci ne fait pas avec la ligne de tir un angle de soixante degrés; mais, passé cette limite, il faudra tracer les plate-formes perpendiculairement à la direction de la ligne de tir.

Si les traverses ne devaient servir qu'à arrêter la flamme et les étincelles provenant de l'explosion de chaque mortier, et à les empêcher de mettre le feu aux mortiers voisins, il suffirait de leur donner une élévation suffisante pour satisfaire à cette condition, et on pourrait les faire très-peu épaisses; mais, comme elles doivent aussi servir d'abri contre les éclats des bombes lancées par l'ennemi, il devient nécessaire de leur donner plus d'épaisseur, et particulièrement à celles qu'on aurait besoin de construire sur les flancs pour garantir la batterie des feux d'enfilade.

Les meilleures traverses sont celles qu'on Planche XIII. construit au moyen d'un rang de gros gabions de 4 pieds (1 mètre 30 cent.) de diamètre; ils garantissent très-bien des éclats de bombes, pourvu qu'ils soient bien remplis, et garnis des deux côtés, à leur jonction, de bouts de saucissons bien piquetés et renfoncés par des harts de retraite.

Ces sortes de traverses ont encore ces deux avantages, qu'elles sont construites très-promptement, et qu'ayant peu de largeur, elles obligent beaucoup moins que d'autres à alonger toute la batterie, ce qui en abrège la construction et doit être pris en grande considération, principalement s'il s'agit de batteries horizontales, pour lesquelles il faut aller chercher les terres au loin.

Si la batterie devait être encaissée dans la tranchée, et que, la largeur de celle-ci n'étant pas encore suffisante pour le terre-plein, on fût obligé de creuser à l'emplacement même des traverses, ce qu'on pourrait faire de mieux, serait de les tracer sur le sol, et de laisser subsister en ces endroits le terrain naturel. Après avoir creusé ainsi tout le reste de la batterie jusqu'à la profondeur de 3 pieds (1 mètre), pour diminuer le talus des traverses et pour donner plus de solidité, on leur fait un revêtement de trois rangs de saucissons, puis on place sur cette espèce de base un rang de gabions de 3 pieds (1 mètre)

Planche XIV, fig. 31.

de diamètre; ou bien on revêt la partie inférieure de quatre rangs de saucissons, et la partie supérieure de trois rangs seulement, piquetés à l'ordinaire; mais en laissant tout à l'entour de cette partie supérieure une berme d'un pied de largeur.

Planche XIV, fig 32.

Lorsqu'il ne paraît pas nécessaire de laisser cette espèce de berme à l'entour des traverses, comme lorsqu'on les construit avec de gros gabions de 4 pieds (1 mètre 3o centimètres) de diamètre, les artilleurs allemands plantent dans leurs parois latérales quelques piquets de batterie, un peu inclinés vers le haut, et sur ces piquets ils placent des planches, qui leur servent comme de tablettes, pour déposer différens menus objets employés dans le service des mortiers, tels que quarts de cercle, éclisses, étoupes, etc.

Dans ce cas, les traverses n'ont que 8 pieds (2 mètres 6o cent.) de largeur à leur base, au lieu de 10 pieds (3 mètres 25 c.); leur épaisseur supérieure est toujours de 6 pieds (2 mètres), et la longueur générale de toute la batterie se trouve réduite d'autant de fois 2 pieds (65 cent.) qu'il y a de traverses, ce qui économise d'autant les matériaux, et abrège le temps nécessaire pour la construction.

En déduisant du profil du parapet, tel qu'il est représenté Pl. XIII, fig. 30 ce qui existe déjà de la tranchée au moment où l'on commence la construction, le volume qui reste encore à remplir, ou $f\,c\,g\,h\,i\,k$, est à peu près de 62 pieds cubes (environ 2 mètres 50 cent. cub.) pour 1 pied (32 c.) de long, de sorte que, pour une longueur d'épaulement de 4 pieds (1 mètre 50 cent.), il faut remuer environ 248 pieds cubes (près de 9 mètres cubes) de terres.

Planche XIII, fig. 30.

De plus, pour une traverse formée d'un rang de trois gabions de 4 pieds (1 mètre 30 cent.) de diamètre, il faudra à peu près 150 pieds cubes (entre 5 et 6 mètres cubes) de terres.

Pour une traverse formée d'un massif de terre revêtu en saucissons, il en faudra 510 pieds cubes (environ 11 mètres cubes).

Pour une traverse entièrement revêtue en saucissons, avec une berme tout à l'entour, il en faudra 350 pieds cubes (près de 13 mètres cubes).

Enfin, pour une traverse également revêtue en saucissons, mais sans berme, il en

faudra 280 pieds (ou un peu plus de 10 mètres cubes).

Si l'on calcule, d'après ces données, le
temps nécessaire pour la construction d'une
batterie de mortiers, on verra qu'en supposant même que chaque atelier de travailleurs puisse donner 12 pieds cubes (ou un
peu moins d'un demi-mètre cube) de terre,
ce ne serait qu'avec les plus grands efforts
qu'on parviendrait à construire dans vingt-
quatre heures le parapet et les traverses.

Si cette batterie doit être encaissée, et
qu'on veuille, en creusant le terre-plein,
ménager les massifs des traverses, lorsque
les travailleurs de la première ligne seront
arrivés à la hauteur de ces traverses, ils
devront se resserrer à 3 pieds (1 mètre) de
distance l'un de l'autre, ou, ce qui vaudrait
encore mieux, on en formerait deux files,
travaillant à 7 pieds (2 mètres 50 cent.)
l'un de l'autre, et les hommes qui se trouveraient de surplus seraient employés à
piqueter les saucissons ou à transporter les
matériaux.

Le nombre de travailleurs porté à la table du §. 60 serait loin toutefois de suffire,
dans tous les cas, pour construire une bat-

terie de mortiers dans vingt-quatre heures,
si on voulait les charger en même temps
d'apporter tous ces matériaux : il faudra
donc alors prendre, à la chute du jour, un
certain nombre de travailleurs supplémentaires, qu'on chargera de cette corvée. Il
est impossible d'indiquer à l'avance la force
de ce détachement, qui dépendra de la nature du terrain, de l'espèce des matériaux,
etc. Cependant on peut donner comme
une règle générale, que pour une batterie de six mortiers il faudra demander
trente à cinquante hommes de corvée,
qui, en quatre voyages, transporteront,
du dépôt à la batterie, tous les matériaux
nécessaires à sa construction, ainsi que les
bois à plate-formes : mais si les circonstances permettaient de consacrer quarante-huit
heures à la construction d'une semblable
batterie, on n'aurait pas besoin de travailleurs supplémentaires, le personnel indiqué dans la table citée ci-dessus suffisant
alors, même dans le cas où on devrait élever une traverse entre chaque mortier, ainsi
qu'un épaulement à chacune de ses extrémités, et où le tout devrait être revêtu en
saucissons.

Les artilleurs allemands chargent et pré-
parent ordinairement leurs bombes dans
une salle d'artifice établie en arrière des
travaux du siége; mais lorsque cela ne peut
pas se faire, et si ces projectiles doivent
être chargés dans la batterie même, ils
font cette manipulation derrière un épaulement élevé entre les deux magasins, qu'ils
construisent alors plus spacieux.

Lorsqu'on emploie, pour faire les traverses, les gabions de 4 pieds (1 mètre 30 c.)
de diamètre, il ne faut pas se confier entièrement aux pointes de leurs piquets enfoncés dans la terre; mais on fera bien de
lier ensemble ceux de deux gabions consécutifs, et il serait encore mieux de réunir
bien solidement ces gabions deux à deux,
au moyen de clefs en bois, semblables à
celle qui est représentée avec un de ses
coins ou éclisses (Pl. IX, fig. 35). On place Planche IX,
ces clefs dans les gabions avant de les rem- fig. 35.
plir, de manière à ce qu'elles traversent
horizontalement le clayonnage de deux gabions consécutifs; puis, en enfonçant de chaque côté une éclisse ou coin dans la fente
de la clef, on serre bien les deux gabions
l'un contre l'autre.

CHAPITRE XIV.

Dispositions particulières à suivre dans la construction des batteries de plein fouet, eu égard à leur position par rapport à la parallèle.

§. 83.

Construction d'une batterie encaissée en arrière ou en avant de la paralèlle.

Si l'on était forcé d'établir une batterie de plein fouet en arrière ou en avant de la parallèle, et qu'on pût la faire *encaissée*, les dispositions à prendre, les procédés à suivre pour sa construction, pourraient être ceux que nous avons exposés aux §§. 44, 66 et 67. L'emplacement où la batterie devra être établie sera d'abord occupé par un boyau de tranchée, puis on procédera à sa construction comme nous l'avons expliqué au chapitre XI, en ayant soin seulement de porter au tableau, formé sur le modèle de celui que nous avons donné §. 60, un surcroît de travailleurs et d'outils à pionniers, proportionné à la lon-

gueur des ailes ou flancs, si la batterie doit
en avoir, ainsi que les matériaux nécessaires
pour leur revêtement, si on se propose de
eur en donner un.

§. 84.

*Construction d'une batterie horizontale en
arrière de la parallele.*

Dans le cas où il s'agit d'établir une batterie de plein fouet en arrière de la parallèle, et où cette batterie doit être horizontale, les artilleurs allemands suivent alors
pour sa construction des dispositions particulières que nous croyons utile de faire
connaître.

Supposons, pour fixer les idées, que la Planche XVI,
batterie qu'il s'agit de construire doive con- fig. 36 et 37.
tenir six canons, et que la tranchée déjà
creusée puisse servir de fossé à la batterie.

D'après le tracé préalable de la batterie,
tel qu'il est représenté dans la figure 36,
chaque aile ou flanc offre un développement
de 22 toises (11 mètres) et les deux ensemble une longueur de 44 toises (22 mètres).

On portera sur l'état du personnel et du
matériel nécessaire pour la construction

de la batterie, calculé d'après la table du §. 60, un surcroît d'hommes et d'outils à pionniers proportionné à ce surplus de travail, et on peut l'évaluer à soixante-dix travailleurs de la ligne, cinquante-cinq bèches ou pic-hoyaux, cent dix pelles, trente-huit dames et soixante-dix paniers pour le transport des terres.

Si la batterie se construit en présence de l'ennemi, comme cela a lieu le plus souvent, et comme on le suppose ici, l'extérieur, les côtés et les ailes ou flancs de la batterie ne seront point revêtus, et par conséquent il n'y aura pas lieu d'augmenter le nombre de saucissons portés à la table du §. 60.

A leur arrivée à l'endroit où la batterie doit être construite, les travailleurs déposeront, à droite et à gauche de son emplacement, dans la tranchée, aux points $y\,y$ (fig. 36), les outils, instrumens et matériaux qu'ils auront apportés avec eux.

Les travailleurs distribués le long de la parallèle depuis a jusqu'à b, se replieront à droite et à gauche de a vers c et de b vers d, où ils s'occuperont à élargir la tranchée, à laquelle ils donneront 10 à 15 pieds (3 mètres 3o centim. à 5 mètres) de largeur.

Suivant la direction du talus intérieur du parapet *i k*, qu'on aura tracé perpendiculairement à la direction de la ligne de tir, on creusera la rigole dans laquelle doit être enterré à moitié et piqueté solidement le premier rang de saucissons, et on tracera de la même manière, ou tout au moins avec des fascines, les lignes *i p*, *k q*, *p n*, *q o*; après quoi on marquera avec des piquets les points *e*, *g*, *h*, *f*, *w*, *t*, *r*, *s*, *v*, *x*; et cela fait, les travailleurs seront distribués comme il suit.

Le profil de la tranchée étant supposé représenté par la ligne ponctuée *e*, *d*, *e'*, *e''*, *f*, *i*, *g* (figure 37), chaque atelier de travailleurs distribué le long de cette tranchée *a b*, suivant ce que nous avons dit au §. 66, pourra creuser dans le fossé de la batterie à peu près la valeur de 46 pieds cubes (1 mètre 7o centimètres cubes); tandis que ceux distribués le long de la communication suivant *n l m o*, ne pourront en creuser qu'environ 4o pieds cubes (1 mètre 5o centimètres cubes) : les premiers travailleurs jetteront les terres

au-delà de la berme, de manière à en former le massif $o\,p\,q\,r$ (figure 37); mais les
seconds ne pourront jeter les leurs que
par-dessus le rang de fascines du tracé, de
manière à en former le massif 1, 4, 5, 6,
de sorte qu'au moment de l'arrivée des travailleurs de la batterie, le profil du fossé
en avant sera tel à peu près qu'il est représenté par la ligne $e''\,k\,l\,i\,m\,n$, et celui du
fossé de la communication tel que le marque la ligne 1, $1'$, 2, 3.

On distribuera alors dans le fossé de la
batterie, le long de la ligne $a\,b$ (fig. 36),
trente files de travailleurs, chacune de trois
hommes, munis d'un pic-hoyau et de deux
pelles. Ces travailleurs s'occuperont à approfondir ce fossé et à l'élargir sur le devant vers $e''\,k$ (fig. 37), mais en rejetant
les terres qu'ils en tireront au-delà de la
berme, et par-dessus le massif $o\,p\,q\,r$.

On renfoncera en même temps les travailleurs de la communication de trente-
deux files, aussi de trois hommes chacune,
et ayant les mêmes outils; ces travailleurs
seront employés à aider les premiers à élargir le fossé de la communication, en rejetant également leurs terres par-dessus

e massif 1, 4, 5, 6; et pendant ce temps-là, les canonniers qui doivent plus tard travailler au revêtement, pourront faire deux voyages au dépôt des matériaux, pour en rapporter tout ce qui est nécessaire à la construction de la batterie.

A la chute du jour, l'officier chargé de diriger cette construction, examinera si le premier rang de saucissons qui en indique la direction, est bien régulièrement placé, afin de le rectifier au besoin, ou immédiatement, ou, s'il y a trop de danger, vers le commencement de la nuit au plus tard.

C'est aussi le moment qu'il choisira pour tracer les directrices des embrasures, en se faisant aider par quelques canonniers, et en se conformant à ce que nous avons expliqué au §. 71, après quoi il distribuera les travailleurs ainsi qu'il suit.

On peut supposer qu'au commencement de la nuit, le profil du fossé en avant de la batterie, sera tel qu'il est représenté par la ligne $e'f's\,l$, $m\,n$ (fig. 37), et que le massif des terres provenant de ce déblai sera tel que le marque la ligne $o\,v\,x\,\gamma$, tandis que la communication aura pris la forme 1, 1', 10, 11, et que les terres qui en proviendront auront produit le massif 1, 7, 8, 9.

Soixante travailleurs, pris parmi ceux du fossé en avant de la batterie, et munis de trente pelles et de trente paniers, monteront alors sur le massif $o\,v\,x\,y$, se plaçant le long de la ligne qui se projette au point x, et ils s'occuperont à répandre, égaliser et damer les terres du coffre à hauteur de la genouillère.

En même temps, quarante files de travailleurs, chacune de quatre hommes, munis de deux pelles et de deux paniers, seront employées le long de la ligne $p\,q$ (fig. 36), à transporter dans le coffre les terres amoncelées en 1, 7, 8, 9, à les égaliser et à les damer.

Afin que les fatigues du travail se partagent également entre tous les travailleurs, on aura soin de faire alterner d'heure en heure, ceux qui portent les paniers remplis de terres, avec ceux qui ne font que répandre et damer ces mêmes terres.

Pendant ce temps-là, douze hommes seront employés à transporter à la batterie les saucissons et les piquets, afin que les canonniers puissent s'occuper sans inter-

ruption du revêtement intérieur de la genouillère, de manière à l'avoir achevé à
la fin de la nuit.

Lorsque les soixante travailleurs placés
sur le massif $o\ p\ x\ y$ (figure 37), l'auront réduit à ne pas dépasser la hauteur
du fond des embrasures, quarante d'entre
eux redescendront dans le fossé, qu'ils continueront à creuser et à élargir du côté de
$d\ f'$, et les vingt autres restés sur la genouillère y égaliseront et dameront les terres
qui leur seront apportées par une partie
des premiers.

Si l'on a suivi ces procédés, à la pointe
du jour le coffre pourra être rempli et
revêtu jusqu'à la hauteur de la genouillère; le fossé de la batterie sera représenté
par la ligne $w,\ z',\ f'',\ i,\ m,\ n$, et la communication en arrière sera telle que le
montre la ligne $1,\ 1',\ 10,\ 11$ (fig. 37).

Les travailleurs du premier détachement déposeront alors leurs outils et tout
ce qui leur a servi pour la construction,
dans le fossé de la tranchée, aux points
marqués y (fig. 36), après quoi ils pourront quitter la batterie, et seront remplacés par ceux du second détachement.

Ce second détachement, composé d'un nombre de travailleurs égal à celui du premier, pourra transporter à la batterie les bois de quatre plate-formes, ou de trois pour le moins, avec tous les saucissons et piquets qui peuvent être encore restés au dépôt, et il les déposera avec ordre dans le fossé de la tranchée, à droite et à gauche de la batterie, aux endroits marqués y.

Les canonniers seront occupés aux mêmes endroits à préparer les saucissons, et à les couper exactement de la longueur nécessaire, pour qu'ils puissent être immédiatement employés au revêtement des merlons, ou bien on les occupera à surveiller les matériaux qui auront été provisoirement déposés dans cette partie de la tranchée.

Quatre-vingt-dix files de travailleurs d'infanterie, chacune de trois hommes, et munie de deux pelles et d'un pic-hoyau, seront ensuite distribuées le long de la communication, à 4 pieds (1 mètre 30 c.) l'une de l'autre, et elles seront employées à élargir cette communication, en rejetant les terres par dessus le rang de fascines qui détermine le tracé, ou bien en se servant de ces terres pour former le parapet des flancs.

On continuera ce travail jusqu'à ce que l'on ait donné 15 pieds (5 mètres) de largeur à la communication, ce qui peut facilement se faire dans la journée.

Cependant, dès que le jour baissera, un officier, aidé de quelques canonniers, tracera les magasins (§. 34), et les embrasures (§. 70) afin que dès le commencement de la nuit les canonniers puissent piqueter les saucissons du revêtement des merlons, et que les travailleurs de l'infanterie puissent y verser et damer les terres.

On adjoindra aux canonniers chargés du revêtement des merlons, vingt-quatre hommes d'infanterie pour transporter les saucissons et pour aider à les piqueter. On placera en outre huit hommes à chaque merlon, pour y répandre, égaliser et damer les terres provenant de la communication, et qui seront transportées par trente files de travailleurs, chacune de deux hommes et munie d'une pelle et de deux paniers.

Enfin, dix ou douze travailleurs seront employés à creuser les emplacemens des magasins.

Au moyen de ces dispositions, les merlons et les joues des embrasures doivent se
trouver entièrement revêtus à la pointe
du jour suivant ; mais on doit avoir eu
soin de laisser à l'ouverture extérieure des
embrasures un massif de terres d'environ 2
pieds d'épaisseur (63 c.) pour les masquer.
Tout le monde descendra alors de dessus le
parapet, et, en attendant l'arrivée du troisième détachement, le second se conformera à toutes les mesures d'ordre que nous
avons prescrites ci-dessus pour le premier.

Le troisième détachement sera fort de
deux cent dix hommes seulement, auxquels se joindront les charpentiers, qui,
dans l'artillerie de la plupart des puissances d'Allemagne, sont exclusivement chargés de la construction des plate-formes.
Les uns et les autres, en se rendant à la
batterie, y transporteront tous les matériaux
dont ils pourront se charger, pour l'établissement des plate-formes et des magasins ; mais tous ces objets seront disposés
dans la communication le long de $r\,s$
(fig. 36), et non plus dans la tranchée
aux points y, attendu que les barbettes
que l'on va établir sur les flancs de la bat-

terie vont fermer entièrement son fossé. Il faut donc avoir soin d'enlever tous les matériaux, outils, etc., qui pourraient y être restés, et les réunir à ceux qu'on dépose en ce moment dans la communication.

Toutes ces dispositions prises, les travailleurs seront distribués ainsi qu'il suit.

Quarante hommes d'infanterie seront employés avec les canonniers, à aplanir le terre-plein de la batterie, aideront les ouvriers à établir les plate-formes, et, enfin, s'occuperont de la construction des rampes $z\,z$; quarante autres travailleurs creuseront les magasins, en placeront les montans et en formeront le toit : tout le reste s'occupera à former les banquettes $n\,p,\,q\,o,$ et à nettoyer le parapet des flancs, autant qu'on pourra le faire pendant le jour sans trop s'exposer.

On est dans l'usage de placer sur les flancs de ces sortes de batteries quelques bouches à feu de campagne en *barbette*, pour se défendre contre les sorties, comme cela est indiqué fig. 36. Vingt-cinq hommes seront employés de chaque côté à la construction de la rampe et à l'établissement des plate-formes de ces *barbettes*.

Si ces travailleurs ne pouvaient se procurer assez de terres aux points t et v, pour la construction des barbettes, des rampes et du parapet, ils seraient obligés de les aller prendre dans le fossé même de la batterie près du point y.

L'ouvrage étant près d'être achevé, cinquante travailleurs seront employés, en deux voyages, à reporter au dépôt des approvisionnemens les outils et les instrumens qui ne seront plus utiles, et ils en rapporteront au retour tous les matériaux et autres objets dont on pourrait encore avoir besoin.

Si l'on n'a point perdu de temps, à la fin de la journée on aura à peu près achevé l'établissement des plate-formes et des portières d'embrasures, ainsi que la construction des magasins et celle des barbettes des flancs.

A la nuit tombante, on placera dans le fossé de la batterie trente files de travailleurs, chacune de quatre hommes, et munis d'un pic-hoyau, d'une pelle et de deux paniers. On les occupera, 1.º à creuser le fossé pour y prendre les terres dont on pourrait encore avoir besoin pour achever les

merlons et pour former les massifs de terres que les artilleurs allemands élèvent au-
dessus du revêtement, et qu'ils nomment
le *couronnement* du parapet (§. 22); 2.º à
pratiquer dans la parallèle, vis-à-vis chaque embrasure, une ouverture *h, h, h*....
(fig. 36).

Pendant ce temps là, quatre hommes sur
chaque merlon seront employés à répandre les terres qu'on leur apportera dans
des paniers, à les égaliser et à les damer,
et cinquante à soixante autres travailleurs
achèveront les plate-formes qui ne seraient
pas terminées, ainsi que le parapet des
flancs de la batterie.

Aussitôt que le couronnement du parapet est achevé, et que les ouvertures *h, h*
(fig. 36) sont pratiquées, on renvoie au
dépôt des approvisionnemens tous les travailleurs dont on peut se passer, et ils en
rapportent des munitions ; puis ils aident
à amener les bouches à feu, tant celles de
gros calibre qui doivent armer la batterie,
que celles de campagne qui doivent être
placées *en barbette* sur les flancs.

Enfin, aussitôt que les premieres de ces
bouches à feu seront montées sur leurs

plate-formes, on dégorgera les embrasures (§. 77), et l'on renverra ensuite tous les travailleurs, en leur faisant reporter au dépôt tous les outils et autres objets qui ne sont plus utiles à la batterie.

§. 85.

Construction d'une batterie horizontale dans la parallèle.

Lorsqu'une batterie de plein fouet peut être construite dans la parallèle, mais que, pour quelque motif particulier, on est obligé de la faire *horizontale*, c'est-à-dire d'élever son terre-plein au niveau du terrain naturel, il faut, avant d'en entreprendre la construction, combler toute la partie de la tranchée que doit occuper l'emplacement des bouches à feu, c'est-à-dire toute la longueur de la batterie, et bien damer les terres qu'on y rapporte, afin qu'elles ne puissent pas céder au poids des pièces et à leur pression dans le tir.

Il ne suffira pas dans ce cas de donner à la batterie une longueur telle qu'on l'aurait déterminée d'après ce que nous avons dit au §. 37, et il faudra augmenter cette longueur du double du talus qu'on doit

(335)

donner au terre-plein, plus encore 3 à 4 pieds (1 mètre à 1 mètre 30 cent.), afin de pouvoir laisser aux bouches à feu des extrémités l'espace nécessaire pour les tourner, lorsqu'on veut les charger le long du parapet, et aussi pour que la partie supérieure des rampes construites sur les deux côtés de la batterie, se trouve bien cou- Pl. XVII,
fig. 38 et 39. verte par le parapet.

La communication à établir en arrière de la batterie se tracera d'après les principes que nous avons exposés au §. 64.

Nous croyons, du reste, inutile de donner sur les dispositions à suivre dans cette construction, des détails aussi étendus que ceux dans lesquels nous sommes entrés au paragraphe précédent, et il nous suffira de rappeler que dans ce cas, comme en toutes circonstances, il faudra se diriger d'après ces trois principes essentiels, 1.º n'exposer les travailleurs que le moins qu'il se pourra ; 2.º achever la construction dans le moins de temps possible ; 3.º donner cependant à toutes les parties de la batterie toute la solidité qu'elles doivent avoir.

Pour se conformer au premier de ces principes, il faudra faire en sorte que le terre-plein qu'on établit dans la tranchée ne s'élève qu'au fur et à mesure que le parapet de la batterie s'élèvera, de manière à ce que les hommes qui travaillent sur le terre-plein, s'y trouvent toujours à l'abri des coups de l'ennemi. Si donc, après avoir fait une première distribution de travailleurs, on s'apercevait que ceux qui fournissent des terres pour le remblai du terre-plein, avancent plus que ceux qui en fournissent pour le parapet, il faudrait diminuer le nombre des premiers et augmenter celui des seconds, jusqu'à ce que l'ouvrage marche également de part et d'autre.

Pour se conformer à la seconde règle, et construire la batterie dans le moins de temps possible, les artilleurs allemands y emploient trois détachemens de travailleurs : le premier composé de deux cent soixante hommes, le second et le troisième forts de deux cents dix seulement.

Enfin, pour se conformer au dernier des principes exposés ci-dessus, au lieu de commencer le revêtement de la genouillère sur les terres rapportées au niveau du terre-plein, on fera bien de l'établir sur le sol vierge, au fond de la tranchée, comme le représente la figure 39.

§. 86.

Construction d'une batterie horizontale en arrière de la parallèle, lorsque sa direction est oblique à celle de cette parallèle.

Si l'on devait construire une batterie ho- Pl. XVIII. rizontale en arrière de la parallèle, mais dans une direction oblique à celle de la tranchée, ou bien parallèle à cette tranchée, mais trop éloignée de son fossé pour qu'on pût s'en servir comme fossé de la batterie, il en résulterait nécessairement quelques modifications dans les procédés de construction, que nous avons exposés ci-dessus; mais ces modifications sont de trop peu d'importance, et trop faciles à conclure de ce qui précède, pour que nous ayons besoin d'entrer dans de longs détails à cet égard, la planche XVIII, qui représente une batterie de cette espèce, devant suffire pour en faire connaître parfaitement le tracé et le profil.

Nous ferons remarquer seulement que dans ce cas ce seront les travailleurs de la tranchée qui devront être chargés de commencer le fossé *l*, *l*, *l*, et qu'ils devront d'abord lui donner très-peu de largeur, mais au moins cinq pieds de profondeur, afin qu'à l'arrivée des travailleurs de la batterie, ces derniers puissent être distribués sur toute la longueur de ce fossé, et y travailler à couvert.

Pour tout le reste la construction de la batterie s'exécutera comme nous l'avons expliqué au §. 84.

§. 87.

Construction d'une batterie horizontale en avant de la parallèle, lorsque sa direction est oblique à celle de cette parallèle.

Nous avons vu, §. 67, que, lorsqu'on veut établir une batterie de plein fouet en avant de la parallèle, il faut d'abord creuser en avant de cette batterie, et suivant sa direction, une nouvelle tranchée : si la batterie doit être horizontale, cette tranchée lui servira de fossé, comme nous l'avons expliqué §. 84, et par conséquent, une fois cette nouvelle tranchée creusée, tout le reste de la construction s'exécutera d'après

les principes exposés dans ce dernier paragraphe.

Si la batterie pouvait être encaissée, on Planche XIX.
opérerait comme cela a été expliqué aux
§§. 75 et 77, et l'on sent que le travail
en serait considérablement diminué, qu'on
pourrait se contenter d'un plus petit nombre de travailleurs, et qu'il faudrait une
moindre quantité d'outils, instrumens et
matériaux. Dans l'un et l'autre cas, ces
objets devront être déposés dans la parallèle, directement derrière l'emplacement
de la batterie.

Voyez, Pl. XIX, le plan et le profil d'une
batterie de cette espèce.

CHAPITRE XV.

Dispositions particulières à suivre dans la construction des batteries, suivant la période du siége à laquelle elles appartiennent.

§. 88.

Distinction des batteries en premières, secondes et troisièmes batteries.

Dans tout ce que nous avons dit jusqu'ici sur la construction des batteries, nous avons supposé qu'elles étaient établies au-delà de la bonne portée de fusil de la place, de sorte que les travailleurs n'avaient rien à craindre du feu de mousqueterie de l'ennemi.

Nous nommerons les batteries situées de cette manière, *premières batteries ;* nous appellerons *secondes batteries ,* celles qui devront être construites à portée de fusil du chemin couvert, ou à portée de mitraille des remparts.

Enfin, nous désignerons sous le nom de *troisième batterie, la batterie de brèche ,* et les *contre-batteries* établies sur le cou-

ronnement du chemin couvert, et destinées à démonter l'artillerie des flancs de
la place.

On sent que ces dénominations sont purement de convention; aussi ne sont-elles
pas généralement adoptées. La plupart des
auteurs qui ont écrit sur l'attaque des places , nomment *premières batteries*, toutes
celles qui sont établies en avant du glacis,
et *secondes batteries*, toutes celles qui sont
construites sur la crête même de ce glacis
ou sur le *chemin couvert :* quelques autres
nomment plus naturellement *premières batteries* celles de la première parallèle; *secondes batteries*, celles de la seconde parallèle, et ainsi de suite; mais il nous a paru
plus convenable et plus exact de classer
les batteries d'après le plus ou moins de
dangers auxquels on est exposé dans leur
établissement, attendu que c'est d'après ce
plus ou moins de dangers qu'on doit se décider à adopter tels ou tels procédés pour
leur construction.

Ceux de ces procédés que nous avons fait
connaître jusqu'ici, se rapportant aux *premières* batteries, nous n'avons à nous occuper ici que de celles que nous avons dis-

tinguées sous le nom de *secondes* et *troisièmes batteries.*

§. 89.

Construction des secondes batteries, lorsqu'elles peuvent être encaissées.

En exposant les procédés qu'on doit employer dans la construction des *premières batteries*, nous avons déjà conseillé de réserver pour la nuit les travaux qui ne peuvent se faire qu'à découvert ou sur le haut de la genouillère, afin de ne pas sacrifier inutilement un grand nombre d'hommes, en les exposant aux coups des canons de la place.

Cette précaution est, à plus forte raison, nécessaire quand il s'agit des *secondes batteries*, et elle n'est même plus suffisante; car, si les assiégés se défendent comme ils le doivent, ils entretiendront pendant toute la nuit un feu de mousqueterie et de mitraille tel que les travailleurs employés à revêtir les merlons en saucissons, et qui se trouveront entièrement exposés à ce feu, auront considérablement à en souffrir.

A moins donc qu'on n'aperçoive de la négligence et de la faiblesse dans la défense, il faudra employer pour les *secondes bat-teries* le mode de construction que nous avons désigné sous le nom de *batteries mê-lées*, c'est-à-dire, que le revêtement de l'in-térieur et d'une partie des côtés de la ge-nouillère sera fait en saucissons, et que le revêtement des merlons sera formé de ga-bions.

Les artilleurs allemands emploient à cet usage les gabions de 3 pieds (1 mètre) de diamètre, et de 4 pieds (1 mètre 30 cent.) de hauteur : pour les remplir de terre, ainsi que le vide intérieur des merlons, ils font travailler les hommes de corvée à genoux, de manière à ce qu'ils se trouvent toujours à couvert.

On fera bien aussi de ne commencer ces batteries, toutes les fois que les circons-tances le permettront, que lorsque le pa-rapet de la tranchée aura déjà acquis une hauteur et une épaisseur telles qu'il puisse mettre les travailleurs bien à l'abri du feu de la mousqueterie et même des coups à mitraille de la place.

En suivant ce procédé, les terres de la genouillère ne sont que fort peu damées, et celles des merlons ne le sont pas du tout, et cependant on est foudroyé d'assez près par l'artillerie de la place.

On devra donc donner en pareil cas 20 à 22 pieds (6 mètres 5o cent. à 7 mètres 15 cent.) d'épaisseur au parapet, de sorte qu'il faudra six gabions pour chaque joue d'embrasure. Cependant on pourrait à la rigueur se contenter de cinq, si on se trouvait obligé de les économiser.

Si donc on ne doit point construire de traverses entre les bouches à feu, le nombre de gabions nécessaires sera de quinze pour chaque merlon, et de onze à douze pour chaque demi-merlon, attendu que ces sortes de batteries n'ont point de revêtement au côté extérieur du parapet.

Il faudra encore pour chaque merlon quatre saucissons de 12 pieds (4 mètres) de long, coupés chacun en trois morceaux de 4 pieds (1 mètre 3o cent.), pour être adaptés entre les gabions, et garnir le vide qu'ils laissent à leur jonction.

Enfin, il faudra outre cela lier ces gabions deux à deux, au moyen de harts ou liens passés entre les piquets au-dessus de la partie qui est enfoncée dans la terre, et quand on en aura le temps et les moyens, on les consolidera encore en les assujettissant solidement deux à deux, au moyen des clefs en bois dont nous avons parlé au §. 82.

§. 90.

Construction des secondes batteries, lors-qu'elles doivent être horizontales.

Si une seconde batterie doit être horizontale, il faudra d'abord occuper l'emplacement destiné à cette batterie, ainsi que la communication en arrière, soit au moyen de la sape volante, soit à la sape pleine, suivant le degré d'intensité et d'activité du feu auquel on se trouvera exposé.

On rejettera les terres provenant du fossé de la tranchée par-dessus la berme, dans le coffre de la batterie, comme nous l'avons expliqué au §. 84, et en les poussant en arrière autant que cela sera possible; on profitera ensuite de l'obscurité de la nuit, pour placer sur les terres ainsi amoncelées un rang de gabions de 3 pieds (1 mètre) de diamètre, bien remplis ou farcis de fascines ou menus branchages, en se servant de longues fourches pour les disposer convenablement.

Si le feu de la place n'était pas très-actif, on pourrait encore placer ces gabions vides, et les remplir ensuite de terre en travaillant à la sape. D'une manière ou de l'autre, on se procurera ainsi une espèce de *masque* de 6 à 7 pieds (2 mèt. à 2 mèt. 30 cent.) de hauteur, qui mettra les travailleurs à l'abri du feu de la mousqueterie, et même de celui de la mitraille de la place, de sorte qu'ils pourront construire en sûreté, pendant la première nuit, la plus grande partie de la genouillère, élever les merlons pendant la seconde, en employant les procédés décrits au paragraphe précédent, placer les plate-formes dans le jour suivant, et, enfin, dans la troisième nuit terminer la construction, amener les pièces et les disposer prêtes à tirer.

Avant de commencer le feu, il faudra toutefois démasquer les embrasures, en renversant dans la tranchée, soit tout le rang de gabions placés sur le devant du parapet, soit ceux de ces gabions seulement qui se trouvent vis-à-vis des embrasures, et, enfin, pratiquer des ouvertures sur le parapet de la tranchée, suivant la directrice de cha-

cune de ces embrasures, comme nous l'a-
vons déjà expliqué au §. 84.

§. 91.

*Construction des troisièmes batteries, dites
contre-batteries, lorsqu'elles peuvent être
encaissées.*

Lorsqu'une place est fortifiée suivant les
vrais principes de l'art, l'assiégeant ne peut
découvrir parfaitement les flancs du front
qu'il attaque, et particulièrement les parties de ces flancs qui défendent les fossés,
qu'au moment où il est parvenu à se loger sur la *crête du glacis*, c'est-à-dire lorsqu'il a exécuté ce qu'on appelle le *couronnement du chemin couvert.*

C'est donc sur ce *couronnement* que
l'assiégeant doit établir ses *contre-batteries,*
destinées à démonter les pièces que l'assiégé à pu conserver intactes sur les flancs
de la place jusqu'à cette période du siége.

Or, dans cette position, on est inévita-
blement battu *directement* des ouvrages de
la place qui ont ordinairement un commandement sur la campagne; on peut être
battu *latéralement* des ouvrages de la place

situés à droite et à gauche du front d'attaque, et il pourra même arriver qu'on soit pris à *revers*, du moins en partie, par les demi-lunes, si l'on a fait en même temps le couronnement du chemin couvert devant le bastion et devant ces ouvrages. On devra donc chercher, dans la construction de ces batteries, à se mettre à couvert de ces différens côtés, et il sera indispensable pour cela d'avoir recours à des traverses multipliées, et même quelquefois d'élever un véritable *parados*.

Les traverses ne seront pas toujours également espacées entre elles, leur emplacement dépendant naturellement de la disposition la plus avantageuse à adopter pour les pièces; l'officier qui dirigera la construction devra donc les rapprocher ou les éloigner, suivant que cela sera nécessaire, de manière à se ménager toujours l'espace nécessaire pour le service des pièces.

Il suit de là que les directrices des embrasures seront de même inégalement espacées entre elles, et lorsqu'il y aura deux embrasures dans l'intervalle d'une traverse à l'autre, au lieu de leur donner 18 pieds (6 mètres) d'axe en axe, on pourra réduire cette distance à 16 ou 15 pieds (5 mètres 30 cent. ou 5 mètres).

Il est important de faire remarquer que, si l'on a été obligé de s'établir sur la crête du glacis, on n'a pas été maître de choisir la direction du côté intérieur de ses batteries, le couronnement du chemin couvert étant toujours parallèle à cette même crête. Il résulte de là, que les pièces de la *contre-batterie*, tirant par la trouée du fossé de la *demi-lune*, et devant nécessairement embrasser dans leur tir toute la partie du bastion qu'elles peuvent découvrir, leurs directrices auront une obliquité égale, ou à peu près égale, à l'angle flanqué de la demi-lune; l'épaulement sera donc très-affaibli par cette obliquité considérable des embrasures, principalement si ces dernières sont rapprochées jusqu'à 15 pieds (5 mèt.) l'une de l'autre, et c'est un inconvénient qu'on doit considérer comme très-grave, à moins qu'on n'ait à craindre du bastion que les feux courbes des pierriers.

Pour remédier à cet affaiblissement de l'épaulement des contre-batteries, des artilleurs français conseillent de redresser le côté intérieur de la batterie de manière à le rendre exactement, ou au moins à peu près, perpendiculaire à la direction du tir, Il résultera de cette disposition que le parapet sera plus épais à une des extrémités qu'à l'autre. Mais cette irrégularité, bien loin d'être un inconvénient, peut être regardée comme un avantage, attendu que cette augmentation d'épaisseur se trouvant du côté opposé au *saillant*, la batterie en sera moins exposée au feu des ouvrages flanquans.

Quant aux artilleurs allemands, ils proposent deux moyens pour rendre à l'épaulement des contre-batteries la force et la résistance que peuvent lui faire perdre son obliquité et le rapprochement des embrasures. Le premier de ces moyens consiste à construire la batterie à *redans* ou à *crémaillères*; le second, à diminuer de 1 ou 2 pieds (30 à 60 cent.) l'ouverture extérieure des embrasures; mais l'emploi du premier de ces moyens augmente beaucoup le travail de la construction, et l'emploi du second n'est pas sans inconvéniens, 1.º sous le rapport de la solidité des joues des embrasures, qui sont plus tôt endommagées par le feu des pièces; 2.º parce qu'il faut que les pièces puissent bien voir toute la partie du rempart qu'elles doivent battre, de manière qu'en faisant tirer deux pièces consécutives un peu à côté de la directrice, leurs lignes de tir puissent se croiser.

En traçant les directrices des embrasures, il faudra faire aussi en sorte qu'aucune de ces lignes ne se trouve interceptée par les traverses du chemin couvert : si cependant on n'avait pas pu éviter cet inconvénient, il faudrait, avant de commencer le feu, démolir en tout ou en partie la traverse qui le masquerait.

L'épaisseur à donner au parapet des contre-batteries dépend non-seulement de la nature des terres, mais encore du calibre des pièces que l'ennemi a pu conserver intactes sur ses flancs, et si ces bouches à feu sont de forts calibres, il ne faudra pas donner à cet épaulement moins de 18 pieds (6 mèt.) d'épaisseur, en supposant les terres dont il est formé de bonne qualité.

Si donc le couronnement du chemin couvert se trouvait d'un profil plus faible, comme cela arrive le plus ordinairement, il faudrait le renforcer en prenant en arrière des terres qu'on ferait apporter dans des paniers.

La position des contre-batteries, et même assez souvent celle des secondes batteries, y rend très-dangereux le service des *pourvoyeurs*, qui vont chercher les munitions dans les petits magasins de ces batteries, attendu que, dans ces voyages, les canonniers se trouvent exposés aux coups à mitraille, et plus encore aux coups de fusil tirés de très-près et d'une grande élévation. Il faudra donc, en pareil cas, établir, tout le long de la communication qui conduit aux magasins, et sur le côté de ces magasins eux-mêmes, des traverses qui mettront les pourvoyeurs à couvert.

On pourrait, à la vérité, établir ces magasins dans le parapet de la tranchée ou de la sape ; mais il faudrait pour cela dégarnir de ses défenseurs une grande partie de cette tranchée, car il serait de la plus haute imprudence de laisser les soldats de la garde de la tranchée près des magasins, attendu les accidens qui pourraient en résulter, soit à cause du feu de mousqueterie qu'ils doivent entretenir, soit par la chute d'une bombe ou d'un obus qui viendrait à pénétrer dans ces magasins.

Ainsi donc, malgré les avantages évidens

qu'on pourrait trouver à leur donner cet emplacement, on fera bien d'y renoncer, et de les établir en arrière des batteries, en prenant pour la sûreté des pourvoyeurs les précautions que nous avons indiquées plus **haut.**

§. 92.

Construction des contre-batteries, lorsqu'elles doivent être horizontales ou élevées.

Il peut arriver quelquefois que, pour découvrir et battre des embrasures percées dans des casemates, ou des pièces placées sur des *flancs bas*, on soit obligé de construire une contre-batterie de manière à ce que son terre-plein se trouve au niveau du sol, ou même élevé un peu au-dessus. Les procédés à employer alors pour sa construction, sont exactement les mêmes que ceux que nous avons décrits au §. 90 : ils donneraient beaucoup plus de sûreté pour les travailleurs qu'aucun autre qu'on pourrait adopter; mais ils exigeraient aussi beaucoup plus de temps que la méthode ordinaire, surtout s'il fallait en même temps construire l'épaulement à *redans*.

23

Cette augmentation de travail pourrait même devenir si considérable, qu'il serait préférable de renoncer à établir la contre-batterie sur le couronnement du chemin couvert, et qu'on ferait mieux de la construire dans un *logement* que l'on pratiquerait, au moyen de la sape, dans le *chemin couvert* lui-même.

§. 93.

Construction des batteries de brèche établies sur le couronnement du chemin couvert.

Nous avons déjà fait connaître (§. 45), que les batteries de brèche se construisaient ordinairement sur le *couronnement du chemin couvert;* il y a cependant des cas où ces batteries s'établissent dans le *chemin couvert* lui-même, et cela dépend du rapport qui existe entre la largeur du chemin couvert et celle du fossé de la place.

Si le chemin couvert est étroit, et si en même temps le fossé est large ou plein d'eau, on pourra établir ses batteries de brèche sur le *couronnement du chemin cou-*

vert, parce que de cette position on pourra bien voir la partie de l'escarpe qu'on doit battre.

On encaissera alors cette batterie, de manière à percer les embrasures dans la crête du glacis, et le parapet du couronnement pourra leur servir d'épaulement, pourvu qu'il n'ait pas moins de 12 pieds (4 mètres) d'épaisseur. Nous avons déjà dit, §. 45, que cette épaisseur de parapet suffisait pour ces batteries, attendu qu'au moment où on les établit, le feu de l'artillerie de la place doit être entièrement éteint, ou qu'on n'en a plus à craindre du moins que quelques coups à mitraille ou à boulets de petits calibres, contre lesquels on n'a pas besoin d'un épaulement plus fort.

Nous avons dit aussi, même paragraphe, qu'on commençait ordinairement à battre en brèche le mur du revêtement à 1 toise (2 mètres) du fond du fossé, quand il est sec; quelquefois cependant on ne coupe ce mur qu'à 8 pieds (2 mètres 65 cent.) du fond du fossé, et même, si l'escarpe était d'une grande élévation, il suffirait de commencer à la battre à la moitié de sa hauteur. C'est d'après ces données qu'on réglera la hauteur du plan inférieur des embrasures aux batteries de brèche, ainsi que l'inclinaison à donner à ce plan.

Lorsqu'on ne sera pas obligé de faire l'épaulement de ces batteries à redans, on fera le revêtement de la genouillère en saucissons, et pour la partie supérieure du coffre on pourra se servir des gabions du *couronnement du chemin couvert*, pourvu qu'ils aient été placés bien régulièrement, et assez solidement pour résister aux effets du tir des bouches à feu.

Il suffira alors, pour faire les embrasures, d'ôter d'abord un de ces gabions de distance en distance, d'ouvrir ou de dégorger ensuite l'embrasure de l'intérieur à l'extérieur, puis d'y placer, suivant la direction des joues, un rang de gabions de chaque côté, et enfin de remplir de terre ces derniers gabions, en les assujettissant les uns aux autres au moyen des procédés que nous avons indiqués.

Mais si le revêtement de la batterie devait être construit à redans; si les gabions du couronnement du chemin couvert étaient placés trop irrégulièrement ou trop peu solidement; enfin, si le plan inférieur

des embrasures devait se trouver au-dessous de la base de ces gabions, il ne serait
plus possible de les employer au revêtement des merlons; il faudrait donc les ar-
racher successivement, après toutefois qu'on
aurait terminé le revêtement de la genouillère, et s'en servir ensuite pour achever
le revêtement de la batterie, en les disposant regulièrement et solidement, soit suivant la direction du côté intérieur de l'é-
paulement, soit suivant la direction des
joues des embrasures.

Pour tout le reste de la construction de
ces batteries, de leurs traverses, etc., on se
conformera à ce que nous avons dit au
§. 91, en parlant des contre-batteries.

§. 94.

*Construction des batteries de brèche sur le
chemin couvert.*

Si le chemin couvert est large et qu'en
même temps le fossé soit profond et étroit,
on ne pourra pas, du couronnement du
chemin couvert, battre l'escarpe assez bas
pour que la brèche soit praticable. Il faudra donc en pareil cas descendre les bat-

teries de brèche dans le chemin couvert même, en y pratiquant à cet effet un logement à la sape double, de manière à se trouver à 15 ou 16 pieds (5 mètr. à 5 mètr. 30 cent.) du fossé, y compris la berme.

Les terres qu'on enlèvera sur la crête du glacis, du côté de l'intérieur de la batterie, seront employées, soit à renforcer et élever le parapet de cette batterie, soit à former des traverses, des crochets, ou un parados, si cela est nécessaire.

Quant aux autres procédés à employer, et aux autres dispositions à prendre pour la construction de ces batteries, ce seront exactement les mêmes que ceux que nous avons exposés dans les paragraphes précédens; en observant toutefois que, dans le cas qui nous occupe, il faut de plus pratiquer une rampe pour descendre les pièces dans la batterie, et que la commodité et la sûreté de cette opération exigent, 1.° que la pente de cette rampe soit assez douce pour que les pièces puissent y être conduites facilement; 2.° qu'elle soit couverte de tous côtés par des traverses ou des épaulemens qui la défendent des coups de l'ennemi.

Soit qu'une batterie de brèche soit éta-

lie sur le chemin couvert, ou sur le couronnement du chemin couvert, lorsqu'on
e verra obligé d'élever le terre-plein, pour
pouvoir atteindre assez bas le mur de l'escarpe, on devra suivre, dans la construction, les procédés expliqués au §. 92.

Il peut arriver aussi que l'on soit obligé,
pour le même motif, de donner aux plate-
formes de ces batteries une inclinaison
plus grande que celle que nous avons
conseillé de donner aux plate-formes des
batteries de plein fouet, et cette inclinaison peut même être telle que la pièce ne
puisse rester hors de batterie pour être
rechargée : il faudrait donc alors que les
premiers servans eussent sous la main des
fascines, des masses, ou quelques autres
objets dont ils pussent se servir pour caler
les roues après que la pièce a reculé et
pendant qu'on la charge, pour l'empêcher
de revenir d'elle-même en batterie.

D'un autre côté, dans les batteries de
plein-fouet, ou pour les pièces placées en
barbette sur les remparts, dans les temps de
sécheresse, ou lorsque les plate-formes ne
sont pas assez inclinées, il arrive souvent
qu'on est obligé, au contraire, de mettre

des fascines derrière les roues, pour modérer le recul, qui, sans cette précaution,
pourrait faire sortir entièrement l'affût de
dessus la plate-forme.

§. 95.

Construction des batteries établies par l'as-
siégeant dans les ouvrages de la place dont
il s'est emparé.

Si l'assiégeant doit établir une batterie
de plein fouet ou de brèche dans un ouvrage de la place dont il s'est emparé, il
construira cette batterie dans le logement
pratiqué sur cet ouvrage, pourvu qu'il y
trouve un espace suffisant, et il emploîra
dans cette construction les mêmes procédés que ceux que nous avons décrits en
parlant des troisièmes batteries.

Il doit s'attendre seulement à rencontrer, dans ce cas, des difficultés beaucoup
plus grandes et beaucoup plus nombreuses
pour le transport des matériaux et des munitions, et particulièrement pour conduire
les bouches à feu dans ces sortes de batteries.

Il faudra donc examiner d'abord avec
beaucoup d'attention le chemin que les

pièces devront suivre, reconnaître toutes les difficultés qu'il peut présenter, et charger spécialement quelques officiers de les faire disparaître autant que possible, en raffermissant les endroits fangeux, comblant les cavités, aplanissant les monticules, adoucissant les rampes et les descentes, etc.

Lorsque le terrain sur lequel les roues devront passer dans le trajet, sera de nature à céder à leur pression, il sera prudent de le recouvrir de madriers ou de fascines, et cette précaution sera particulièment indispensable dans les temps humides ou pluvieux. Il ne sera pas nécessaire pour cela d'avoir assez de madriers ou de fascines pour garnir en même temps tout le chemin que les pièces devront suivre; car, lorsqu'elles auront parcouru une partie de ce trajet, on pourra relever le plancher sur lequel elles auront passé, pour le reporter en avant, et employer ainsi les mêmes fascines ou madriers autant de fois qu'elles pourront servir.

Cette mesure facilitera beaucoup le transport des pièces dans les batteries, et on fera bien de l'employer même pour les troisièmes batteries, où l'on n'arrive ordinaire-

ment que par des communications étroites, tortueuses et difficiles, partant de la
troisième parallèle. Faute de cette précaution, on courrait risque de voir les roues
s'enfoncer si profondément dans le terrain,
que les pièces s'en trouveraient arrêtées, au
moins momentanément, ce qui ne pourrait
manquer d'entraîner beaucoup de confusion et de désordre dans ces sortes d'opérations, qui se font ordinairement la nuit.

On fera bien aussi de ne mettre jamais
en marche qu'une seule bouche à feu à la
fois, ou tout au plus deux à la suite l'une
de l'autre; car le transport d'un plus grand
nombre de pièces ne pourrait se faire sans
un tumulte et un bruit qui éveillerait im-
manquablement l'attention de l'ennemi, et
celui-ci pourrait alors retarder considérablement l'opération, ou même la faire manquer tout-à-fait, en accablant les troupes
qui y seraient employées, d'un feu très-
meurtrier de bombes, de grenades ou de
pierres.

CHAPITRE XVI.

Moyens à employer dans la construction des batteries pour surmonter les difficultés que peuvent offrir les localités.

§. 96.

Construction des batteries dans un terrain argileux ou pierreux.

Dans tout ce que nous avons dit jusqu'ici sur la construction des batteries, nous avons toujours supposé qu'elles devaient être établies dans un terrain homogène, médiocrement compacte et facile à travailler. Voyons maintenant en quoi il conviendra de modifier les procédés que nous avons indiqués, lorsque la nature du terrain ne sera pas aussi favorable, et d'abord lorsque les batteries devront être établies dans des terres *fortes* ou *argileuses*.

En pareil cas, les hommes qui travaillent à la pelle, ou qui transportent les terres, pourront bien, dans le même temps, en fournir le même poids que si elles étaient plus légères ; mais sous le même poids il n'y en aura plus le même volume. Cependant comme, lorsque les terres sont fortes, on peut donner sans danger une moindre épaisseur au parapet, on peut admettre que le même nombre de ces travailleurs pourra fournir les terres nécessaires à la construction de l'épaulement dans le même intervalle de temps, ou que du moins il ne leur faudra que quelques heures de travail de plus.

Il n'en sera pas de même des hommes employés à creuser les terres avec la pioche ou le pic-hoyau, ceux-ci rencontreront d'autant plus de difficultés que les terres seront plus fortes ou plus argileuses, et s'ils ne sont pas plus nombreux, ils ne suffiront plus pour en fournir à ceux qui les transportent. Il faudra donc augmenter d'un tiers ou même de moitié en sus le nombre des travailleurs munis de pics-hoyaux, ou diminuer proportionnellement le nombre de ceux qui sont munis de pelles, suivant qu'il paraîtra plus avantageux d'économiser le temps ou les travailleurs; et, quelque parti qu'on prenne, il faudra toujours avoir soin de faire alterner les premiers de ces travailleurs avec les seconds, pour qu'ils ne soient pas plus fatigués les uns que les autres.

Si l'on construisait des batteries sur un sol pierreux, il faudrait mettre les terres les plus mêlées de pierres dans le bas du coffre, en employant, s'il était nécessaire, des gabions pour les contenir, et l'on réserverait pour la partie voisine du plan inférieur des embrasures, et pour les merlons, tout ce qu'on pourrait se procurer de terre pure ou moins mêlée de pierres, attendu que les boulets ennemis, frappant sur ces parties de l'épaulement, pourraient faire sauter les pierres dans l'intérieur de la batterie, ce qui incommoderait beaucoup les canonniers.

On emploîra, à aller chercher des terres pures, ou à ôter les pierres de celles qu'on a sous la main, les travailleurs qui, dans un terrain ordinaire, auraient été employés à damer les terres du coffre, ce qui devient inutile dans le cas dont nous nous occupons.

Il faudra donc alors, dans l'état des outils à pionniers nécessaires pour la construction de la batterie, porter proportionnellement moins de dames et plus de pics-hoyaux et de pelles qu'à l'ordinaire.

On fera bien aussi de s'approvisionner d'un plus grand nombre de harts de retraite; car il est indispensable en pareille circonstance de les multiplier, si l'on veut donner au revêtement toute la solidité qu'il doit avoir.

§. 97.

Construction des batteries sur un terrain inégal ou en pente.[1]

Si l'on doit construire une batterie *horizontale* sur un terrain inégal, il faudra d'abord égaliser ce terrain en aplanissant les parties les plus élevées, et en comblant les cavités, à partir de la trace du revêtement intérieur, et sur toute la largeur du terreplein de la batterie.

Il faudra avoir soin dans cette opération que les terres rapportées soient damées bien solidement, et même, lorsqu'on le pourra, on fera bien de combler les cavités, à l'endroit du revêtement, en y piquetant autant de rangs de saucissons que cela sera nécessaire.

---

1. Voyez à ce sujet le chapitre XVIII et la planche XV du Mémorial de Cormontaingne pour l'attaque des places,

Si l'on ne peut pas établir ainsi le premier rang de saucissons du revêtement sur
le terrain naturel, tout au moins devra-t-on
ne pas se contenter de les piqueter sur les
terres rapportées avec des piquets ordinaires, mais se servir, au contraire, pour
cela, de piquets assez longs pour pénétrer
jusqu'au sol vierge, et s'y enfoncer profondément.

Dans tous les cas, la première chose de
laquelle on devra s'occuper dans la construction de cette espèce de batterie, sera
d'aplanir ou égaliser l'emplacement du revêtement : quant au terre-plein, on atten-
dra, pour le niveler, que l'on ait déjà piqueté quelques rangs de saucissons du revêtement.

S'il s'agissait de construire une batterie
sur le sommet d'une hauteur ou d'une élévation, dont la crête serait parallèle à la
direction de la batterie, il ne faudrait pas
négliger de former le massif du parapet de
cette élévation même, en s'enterrant en
arrière, à moins pourtant qu'on n'en fût
empêché par la position trop basse de l'objet
à battre, ou par quelques monticules intermédiaires, qui masqueraient les feux de

la batterie. Excepté dans ces deux circonstances, il faudra toujours reculer le terre-
plein de la batterie, et l'abaisser au-dessous
de la crête de l'élévation de toute la hauteur de la genouillère, pour le moins; car,
si l'on peut couper les embrasures dans cette
crête même, elles n'en auront que plus de
solidité, et on pourra s'épargner le travail
de les revêtir, si les terres sont de bonne
qualité.

Quand on aura ainsi obtenu le coffre de
la batterie, il ne s'agira plus que d'égaliser
et aplanir l'emplacement du terre-plein,
en rapportant, s'il est nécessaire, des terres,
qu'on damera bien, de manière à donner
à ce terre-plein 24 pieds (8 mètres) au
moins de profondeur, avec la pente nécessaire pour l'écoulement des eaux. Ajoutons encore qu'il sera nécessaire de construire une rampe commode pour monter
les pièces en batterie, et qu'on pourra
creuser le magasin à poudre dans le massif
même de la hauteur, en arrière ou sur
l'un des côtés, suivant ce que les circonstances indiqueront être le plus avantageux.

Il peut arriver cependant qu'on soit
obligé de placer la batterie sur la crête de

la hauteur, de telle sorte que cette crête
ne donne plus l'épaisseur de terre nécessaire pour l'épaulement. Il faudra alors
rapporter sur l'emplacement du coffre des
terres qu'on damera bien solidement, et
qu'on soutiendra même par un bon revêtement, à moins qu'on ne préfère leur
laisser prendre leur talus naturel, en donnant plus d'épaisseur au parapet.

Souvent aussi on pourra profiter d'un
bas-fond, ou d'une excavation naturelle du
terrain, pour y placer une batterie encaissée. Il suffira pour cela d'élargir et d'aplanir
convenablement cet emplacement, et d'employer les terres qui proviendront de cette
opération, ou celles qu'on pourra se procurer d'ailleurs, à la construction des merlons.

Si l'on doit construire une batterie sur
un terrain incliné, dont la pente très-prononcée se prolonge parallèlement à la direction de l'épaulement, il sera impossible
d'établir tout le terre-plein de cette batterie sur un seul et même plan horizontal;
car, dans ce cas, il faudrait creuser beaucoup trop profondément l'une des extrémités de ce terre-plein, ou rapporter beau-

coup trop de terre à l'autre extrémité, ce qui obligerait à donner une très-grande élévation au parapet : il faudra donc alors, suivant que la pente de cet emplacement sera plus ou moins rapide, le diviser en un nombre plus ou moins grand de parties, qu'on nivellera séparément, pour y placer trois, deux, ou même une seule plate-forme, ce qui formera ce qu'on appelle une *batterie à étages.*

On commencera donc par faire le nivellement de toute l'étendue de l'emplacement sur lequel on doit établir la batterie, et ensuite, d'après les différences de hauteur consécutives, on déterminera le nombre des étages, la longueur de chacun d'eux, et celle des talus ou rampes qui devront les raccorder, en observant de faire la longueur de ces rampes au moins égale à leur hauteur.

Il est bien entendu qu'il faudra, dans ce cas, pour avoir la longueur totale de la batterie, ajouter à ce que serait cette longueur en terrain horizontal, la somme des longueurs de toutes ces rampes; mais, si l'on avait à sa disposition une grande quantité de saucissons, on pourrait remplacer ces rampes par des plans verticaux, ou peu inclinés, revêtus, ce qui permettrait de donner beaucoup moins de longueur à la batterie, et en abrégerait considérablement la construction.

Après avoir ainsi déterminé la hauteur et l'étendue de chaque terre-plein partiel de la batterie, on déterminera pour chacun d'eux la hauteur de son parapet particulier, et ces parapets successifs formeront aussi divers étages, qui s'élèveront les uns au-dessus des autres, en se raccordant par des talus ou par des plans verticaux avec un revêtement.

On commencera ensuite le revêtement de la genouillère par l'étage le plus bas, et on fera en sorte que deux étages consécutifs diffèrent toujours de hauteur d'un nombre juste de rangs de saucissons, pour que ces derniers se lient bien d'un étage à l'autre : ainsi il faudra que le deuxième, troisième ou quatrième rang du revêtement de la partie la plus basse, forme par son prolongement le premier rang de l'étage immédiatement supérieur , et ainsi de suite.

S. 98.

Construction des batteries sur un emplacement qui manque d'étendue.

Si le terrain sur lequel on veut établir une batterie offrait une largeur suffisante pour le parapet et la plate-forme, mais qu'il ne fût pas assez long pour qu'on pût y placer toutes les bouches à feu dont la batterie doit être armée, à la suite les unes des autres, sur une seule ligne droite, il faudrait établir quelques-unes de ces pièces en arrière des autres, mais en réunissant les différentes parties de la batterie, ainsi divisée, par des épaulemens qui flanqueraient les pièces placées en avant des autres. On donne le nom de *batteries brisées* à celles qui sont construites de cette manière.

Si, au contraire, l'emplacement manquait de la largeur nécessaire pour y établir les plate-formes et qu'on ne pût y rapporter des terres, il faudrait y construire une de ces batteries que les artilleurs allemands nomment *suspendues*.

S'il ne manquait qu'une petite partie de

la largeur nécessaire, 2 à 3 pieds (65 cent.
à 1 mètre) par exemple, on emploîrait,
au lieu de gîtes ordinaires, des poutrelles
de 7 pouces (18 cent.) d'équarrissage et de
50 pieds (10 mètres) de longueur. On enga-
gerait environ un tiers de la longueur de
ces poutrelles dans le massif de l'épaulement, et l'on ferait reposer leur autre extrémité sur un chevalet, de sorte que le
derrière des plate-formes se trouverait sou-
tenu comme le tablier d'un pont. S'il manquait une très-grande partie de la largeur
du terre-plein, on pourrait encore se servir
des mêmes poutrelles engagées de la même
manière dans le massif du parapet; mais il
faudrait en mettre sur toute la longueur
de la batterie, à 2 pieds (65 cent.) de distance l'une de l'autre, et en les faisant porter sur plusieurs chevalets.

Dans l'un et l'autre cas il faudra pratiquer des rampes pour faire monter les
pièces sur leurs plate-formes, et placer sur
celles-ci un *contre-heurtoir* à la distance
convenable pour qu'on puisse charger commodément les bouches à feu, afin de prévenir les accidens que pourrait produire
un trop grand recul : enfin, si le sol n'est

pas assez ferme pour que les chevalets y reposent solidement, on commencera par le raffermir au moyen d'une espèce de fondation en fascines, claies, etc.

§. 99.

Construction des batteries sur des rochers recouverts d'une couche de terre de peu d'épaisseur.

Il est extrêmement rare qu'on soit obligé d'établir une batterie sur un roc entièrement nu, et le plus ordinairement le tuf est recouvert d'une couche de terre de 10 à 12 pouces (20 à 32 cent.) d'épaisseur.

Cette profondeur ne suffit plus, à la vérité, pour qu'on puisse y piqueter des saucissons, mais elle donne encore suffisamment de prise aux piquets des gabions; et par conséquent, lorsqu'on devra établir des batteries sur un emplacement de ce genre, ce sera le cas d'employer à leur construction des gabions de 4 pieds (1 mèt. 30 cent.) de diamètre, en suivant les procédés que nous avons exposés §. 58. Quant à la terre nécessaire pour remplir ces ga-

bions, on se la procurera derrière la batterie, sur ses côtés, partout enfin où on
pourra en prendre dans son voisinage.

Les magasins à poudre se construiront
également avec des gabions des mêmes dimensions ou seulement de 3 pieds (1 mètre
de diamètre). On formera d'abord les côtés
ou les murailles du magasin avec un double
rang de ces gabions; ensuite on en formera
le toit avec des madriers, sur lesquels on
placera en sens opposé un lit de saucissons, qu'on recouvrira d'une couche de
terre fortement damée.

Si le peu d'épaisseur de la couche de
terre qui recouvre les rochers faisait craindre que les piquets des gabions ne les fixas-
sent pas assez solidement, on pourrait les
lier les uns aux autres, soit au moyen des
clefs en bois dont nous avons parlé au §. 82,
soit avec des harts de retraite, ou, enfin,
de toute autre manière analogue.

§. 100.

*Construction des batteries sur des rochers
entièrement nus.*

Nous avons dit qu'il arriverait très-rare-
ment qu'on fût obligé de construire une

batterie sur un roc entièrement nu; et en effet, un officier expérimenté, qui connaît les difficultés que présenteraient ces sortes de constructions, saura presque toujours les éviter et choisir d'autres emplacemens pour ses batteries, dût-il sacrifier pour cela quelques avantages.

Cependant il peut se faire qu'il soit absolument indispensable d'établir une batterie sur un emplacement de ce genre, et il est même quelques places en pays de montagnes où les ingénieurs ont pris la précaution d'enlever toute la terre des emplacemens où l'assiégeant devra établir ses batteries, de sorte que le roc reste absolument nu dans ces endroits là.

Voici les différens procédés qu'on pourrait employer alors pour la construction des batteries.

1.° Former la genouillère et les merlons de sacs à terre, qu'on ira remplir sur le derrière ou sur les côtés de la batterie, et le plus près qu'il se pourra.

On recommandera aux travailleurs chargés de remplir ces sacs, de ne pas les remplir entièrement et de ne pas y trop presser les terres, pour qu'on puisse le lier aisément, et aussi pour qu'on puisse les employer facilement en guise de briques, en les disposant les uns en long et les autres en travers. Des sacs trop pleins et trop serrés, restant cylindriques, laisseraient nécessairement entre eux des vides, tandis que des sacs moins pleins et où la terre sera moins tassée, pourront ne laisser entre eux aucun intervalle et donneront plus de solidité au parapet.

Pour que la flamme des pièces de la batterie, ou l'explosion des projectiles creux lancés par l'ennemi ne puisse mettre le feu aux plans inférieurs des embrasures ou à la plongée, il suffira d'avoir la précaution de vider un certain nombre de sacs et d'en répandre les terres sur ces parties. Quant aux joues des embrasures, il faudra les revêtir en saucissons ou en gazons, ou au moins leur former une chemise en terres bien damées et ayant pour le moins un pied d'épaisseur.

L'inconvénient de ce procédé est d'exiger une quantité très-considérable de sacs à terre; car, à supposer même qu'on emploie ceux qui contiennent 1 pied cube (environ 35 décimètres cubes) de terre, il en faudrait à peu près douze mille pour une batterie de six pièces. Il arrivera donc souvent qu'on ne pourra pas se procurer un aussi grand nombre de sacs à terre ; alors il faudra construire seulement le coffre en sacs à terre et se servir de gabions pour former les merlons, ou bien on aura recours à un des deux moyens suivans :

Planche IX, fig. 40. 2.º Construire le revêtement de la genouillère en saucissons soutenus par des espèces de châssis $A\,B\,C\,D$, et former les merlons avec des gabions.

Ces châssis ressemblent à des bancs qui n'auraient qu'un seul pied ou montant, et qu'on renverserait. Le montant $C\,D$ est assemblé sur la poutrelle $A\,B$, avec laquelle il forme un angle égal à celui que doit former le revêtement avec le plan horizontal, et il est maintenu dans cette position par un arc-boutant en bois ou par un boulon en fer.

Ces châssis se placent perpendiculairement à la direction du côté intérieur du revêtement, à 5 ou 6 pieds (1 mèt. 60 cent. à 2 mètres) l'un de l'autre, de manière à ce que les saucissons du revêtement puissent s'appuyer contre les supports $C\,D$ qui les soutiennent et remplissent l'emploi des piquets pour consolider le revêtement.

Comme les terres pourraient s'écouler par le bas, dans l'intervalle de deux châssis, il faudra remplir ce vide avec un morceau de saucisson, qu'on y adaptera avec force, et qui sera retenu soit au moyen d'une saillie des poutrelles au point C, soit au moyen d'un encastrement qu'on y aura pratiqué en cet endroit pour recevoir ses deux bouts, soit, enfin, en le liant, au moyen de harts de retraite, ou aux bancs même ou aux saucissons du rang immédiatement supérieur.

Pour les châssis placés devant les plate-formes, on fera bien de retenir le montant CD par un boulon en fer, au lieu d'y employer un arc-boutant en bois, et cela pour qu'on puisse ne donner que 1 ¼ pouce (35 mill.) au plus à la partie saillante $A\,C$ de la poutrelle, afin qu'elle n'oblige pas à reculer la plate-forme trop loin du revêtement, ce qui serait cause que la volée de la pièce n'entrerait plus assez dans l'embrasure.

Si l'emplacement sur lequel on doit construire la batterie était voisin d'une forêt, on pourrait y faire couper des bois dans le genre de ceux qu'on emploie pour les *courbes* des bateaux ou la carcasse des bâtimens, et on s'en servirait comme des châssis dont nous venons de parler.

L'une des branches de ces courbes devrait avoir 36 à 40 pouces (1 mèt. à 1 mèt. 10 cent.) de long, et l'autre 9 à 10 pieds (3 mèt. à 3 mèt. 30 cent.) au moins. Si l'angle formé par les deux branches de quelques-unes de ces courbes se trouvait trop grand ou trop petit, il serait toujours facile d'y remédier, en plaçant quelques pierres ou morceaux de bois sous l'une ou l'autre extrémité de la longue branche.

Si le bois manque, enfin, ou si les procédés indiqués ci-dessus paraissent trop longs et trop difficiles, il reste encore un moyen qu'on peut employer, pourvu qu'on ait à sa disposition un très-grand nombre de travailleurs, et une grande quantité de paniers, de dames et d'autres outils de pionniers.

3.° On emploîra le plus de monde qu'on pourra, à creuser la terre de tous côtés, et à en apporter à l'endroit où l'on veut établir la batterie, de manière à y former un massif de 10 à 12 pouces (27 à 32 cent.), qu'on damera bien pour se procurer une base solide, et sur cette base l'on construira le parapet en gabions, comme nous l'avons enseigné au paragraphe précédent.

Si les terres étaient trop éloignées ou d'un transport trop difficile, et qu'on pût se procurer une assez grande quantité de sacs à laine ou de matelas, on pourrait aussi s'en servir dans ce cas pour former le massif du coffre jusqu'à la hauteur de la genouillère à peu près ; on les recouvrirait ensuite d'un pied ou deux de terres et on formerait les merlons avec des gabions de 3 pieds (1 mètre) de diamètre, bien consolidés et bien liés les uns aux autres, au moyen des procédés indiqués au §. 99 : on pourrait aussi former les merlons de petits sacs à laine ou de matelas ; mais alors il serait absolument indispensable de revêtir la plongée et les joues des embrasures d'une couche de terres bien damées et d'une épaisseur convenable.

Sur un roc bien aplani, on peut se dispenser de construire des plate-formes, et il suffit de placer un madrier mobile sous la crosse de l'affût ; mais si le rocher était trop inégal pour qu'on pût y employer ce procédé, il faudrait y rapporter des terres, dont on formerait une couche bien damée de 8 pouces (22 cent.) au moins d'épaisseur, et on y construirait ensuite les plate-formes comme à l'ordinaire.

Pour toutes les opérations que nous venons de décrire, les travailleurs se trouveraient nécessairement exposés au feu de l'ennemi, si on ne les en mettait à couvert, en commençant par construire un *masque* en avant de l'emplacement de la batterie.

Les meilleurs qu'on puisse employer, sont formés de *chandeliers* de 7 pieds (2 mètres 30 cent.) de hauteur, sur 2 pieds (65 cent.) de large, entre les montans desquels on couche des facines de 9 pieds (3 mètres) de long, sur 6 pouces (16 cent.) de diamètre. Il faut deux de ces chandeliers et soixante fascines pour couvrir une toise et demie (3 mètres) de longueur de l'épaulement.

C'est derrière un masque ainsi construit qu'on exécutera d'abord le tracé de la batterie ; et si l'endroit où l'on va prendre les terres ou les matériaux employés à sa construction, ainsi que le chemin de cet endroit à la batterie, sont trop exposés au feu de l'ennemi, on les couvrira également de masques semblables.

§. 101.

Construction des batteries sur un terrain solide, mais sujet à être inondé.

Lorsque l'on creuse dans une plaine sujette à être inondée, on trouve ordinairement l'eau à un pied et demi de profondeur à peu près. Si donc on doit établir une batterie sur un tel emplacement, il faudra donner aux fossés plus de largeur qu'à l'ordinaire, pour se procurer les terres nécessaires à la construction du coffre.

Dans les batteries *horizontales* il faudra creuser sur le derrière du terre-plein, à 20 ou 24 pieds (6 mèt. 50 cent. ou 8 mèt.) de l'épaulement, un fossé de 2½ pieds (80 cent.) de profondeur, qui fournira des terres pour le parapet et qui aura en outre l'avantage de donner de l'écoulement aux eaux du terre-plein.

Les terres qui sont souvent imbibées d'eau, sont légères et sans consistance : il faudra donc donner plus de talus qu'à l'ordinaire aux revêtemens en saucissons, et les bien consolider au moyen de harts de retraite multipliées. Souvent aussi il faudra placer, dans l'intérieur même du coffre, des fascines ou des saucissons, qu'on y fixera bien solidement avec des piquets, et on se verra obligé de revêtir en saucissons le talus extérieur du parapet.

On fera bien aussi, lorsqu'on en aura le temps et les moyens, de *piloter* le dessous des plate-formes, et de les lier l'une à l'autre, deux à deux, au moyen de longues poutrelles; enfin, quand on le pourra, on planchéira tout l'intérieur du terreplein, pour que les canonniers n'y aient pas les pieds dans l'humidité.

Dans ces sortes d'emplacement les magasins des batteries ne peuvent être établis qu'au niveau du sol, et les munitions y sont conservées dans des caisses ou des barils, reposant sur des fascines et recouverts de cuirs ou de prélats.

§. 102.

Construction des batteries sur un terrain marécageux.

Les travaux nécessaires pour la construction d'une batterie sur un terrain marécageux sont si difficiles et si considérables, qu'on fera bien d'éviter autant que possible un semblable emplacement, dût-on, pour cela, sacrifier quelques avantages de position, comme nous l'avons déjà dit en parlant des batteries à construire sur des rochers nus.

Mais, enfin, si l'on se trouvait dans des circonstances telles qu'il fût absolument indispensable d'établir une batterie dans un terrain marécageux, voici comment il faudrait s'y prendre pour vaincre les difficultés que présenterait cette localité.

On commencera par pratiquer un chemin solide jusqu'à l'emplacement de la batterie, tant pour la commodité des communications, que pour le transport des matériaux, des bouches à feu et des munitions.

Cette espèce de chaussée doit s'élever à 2 pieds (65 centimètres) au-dessus du sol inondé, ou de la hauteur que les eaux peuvent atteindre, et avoir au moins 10 pieds (3 mètres 25 cent.) de large dans le haut. Pour la construire, si le marais n'a que quelques pieds (environ 1 mètre) de profondeur, on placera d'abord, suivant la direction du chemin, et à 12 pieds (4 mètres) de distance l'une de l'autre, deux files de saucissons fixés par de forts piquets; entre ces deux files de saucissons on fera un lit de fascines, placées aussi dans le sens de la direction du chemin, et auquel on donnera, en épaisseur, les deux tiers de la hauteur que le chemin devra avoir : sur ce lit de fascines on étendra des claies, et sur ces claies on fera un second lit de fascines, de 10 pieds (3 mètres 25 cent.) de longueur, mais placés dans le sens de la largeur de la route, et qu'on arrêtera, aux deux bouts, par deux forts piquets, qui traverseront les claies et le lit du fond ; enfin, sur ce second lit on étendra une couche de terre et de paille d'une épaisseur suffisante pour garantir les fascines du frottement des roues et pour unir la chaussée, qui devra avoir un peu de pente du fond vers les côtés. Si le marais avait beaucoup de profondeur, il faudrait faire alternativement plusieurs lits semblables les uns sur les autres ; mais en les disposant toujours de manière à ce que, dans celui du dessus, les fascines soient placées dans le sens de la largeur de la route.

On pourrait aussi former le massif de cette espèce de digue de branches ou même de troncs d'arbres, entre les interstices desquels on jetterait des platras, du gravier, des pierres, ou simplement de la terre : quand on emploîra simultanément tous ces matériaux, on fera bien de jeter la terre dans l'intérieur de la digue, et de réserver les pierres pour ses bords ; et si l'on manquait totalement de pierres, il faudrait former les talus latéraux de la chaussée des plus gros troncs d'arbre , qu'on aurait soin d'entrelacer pour s'opposer au choc des vagues.

S'il pouvait devenir nécessaire de faire écouler les eaux d'un côté à l'autre de cette chaussée, il faudrait y pratiquer, de distance en distance , des coupures, qu'on récouvrirait de ponts formés avec des poutrelles ou lambourdes.

Il faudra souvent consolider, de la même manière, tout l'emplacement sur lequel devront reposer le coffre, les plate-formes et les magasins de la batterie, en y ajoutant tout autour une berme de 3 pieds (1 mètre) de largeur; après quoi on établira sur cet emplacement, ainsi préparé, une batterie horizontale, en suivant les procédés que nous avons indiqués précédemment.

Si le sol était tellement marécageux qu'on ne pût y prendre les terres nécessaires pour la construction de l'épaulement, on les apporterait d'ailleurs, et on se couvrirait de *masques* pendant ce travail, comme nous l'avons expliqué en parlant de la construction des batteries sur les rochers nus.

CHAPITRE XVII.

Des batteries revêtues de toute autre manière qu'en saucissons, gabions ou sacs à terre.

§. 103.

Des batteries revêtues en gazons.

Nous avons vu, §. 11, que les saucissons, gabions et sacs à terre n'étaient pas les seuls matériaux dont on pût se servir pour le revêtement des batteries : ceux qu'on emploie le plus fréquemment après les deux premiers que nous venons de citer, sont les gazons.

Nous avons expliqué, §. 10, la manière de les couper et de les lever ; nous allons donner ici quelques détails sur les procédés à suivre pour les employer au revêtement des batteries.

On commence d'abord par planter, à quelques toises (4 ou 6 mètres) de distance l'un de l'autre, suivant la trace du talus intérieur du parapet sur le terrain, des piquets de 2 pieds (65 cent.) de long ; vis-à-vis ceux-ci, sur une ligne parallèle à la première, et qui en est éloignée d'une distance égale à la base du talus du parapet, on plante d'autres piquets, d'une longueur telle qu'ils s'élèvent à quelques pouces (10 à 20 cent.) au-dessus de la crête intérieure du parapet, quand il sera achevé.

Ces piquets étant plantés, on fixe solidement des tringles inclinées allant de chacun des grands à chacun des petits corespondans, et faisant avec le terrain exactement le même angle que doit former le revêtement intérieur du parapet : c'est ce qu'on appelle profiler ou déterminer son talus.

Cela fait, on commencera par placer un rang de gazons le long de la trace du côté intérieur du parapet, en les posant l'herbe en dessous, et leur largeur suivant la longueur du parapet.

S'il arrivait que les gazons ne fussent pas amincis et égalisés convenablement, il faudrait, avant de les placer, les couper du côté des racines, de manière à ce que tous aient bien exactement la même épaisseur : il serait bon aussi de les couper un peu de biais, suivant leur longueur, en ayant soin de placer le bout le plus épais à l'extérieur du revêtement, et le bout aminci dans l'intérieur du parapet.

Les gazons de tous les rangs doivent être bien serrés les uns contre les autres, et fixés chacun au moyen de trois ou quatre petits piquets de 8 pouces (22 cent.) de long, et 5 à 6 lignes (11 à 14 cent.) de diamètre. On se servira, pour enfoncer ces piquets, d'un maillet ou d'une dame, dont on les frappera à petits coups : il faudra avoir soin de ne pas les placer trop près du bord extérieur des gazons, attendu que, devant plus tard rogner ce bord, pour nettoyer et unir le côté intérieur de l'épaulement, on s'exposerait, si ces piquets étaient plantés trop près de ce plan, à les accrocher dans cette opération, ce qui arracherait le gazon du revêtement.

En plaçant le second rang de gazons et les suivans, on aura soin que le joint entre deux gazons se trouve toujours correspondre au milieu d'un gazon du rang immédiatement supérieur ou inférieur, et l'on continuera de la même manière à élever le revêtement jusqu'à la hauteur nécessaire, après quoi on se servira d'une pelle ou d'un louchet bien tranchant, pour ébarber ou couper toutes les parties saillantes des gazons, de manière à ce que le revêtement ne présente plus à l'extérieur qu'une surface plane, unie, ayant exactement l'inclinaison déterminée pour le talus du parapet.

Pour conduire le travail plus sûrement et plus facilement, on fera bien d'adapter successivement, à différentes hauteurs et parallèlement à la magistrale, des tringles qui suivront l'inclinaison du talus, afin de s'en servir comme de règles pour placer les gazons bien exactement dans le plan incliné du revêtement. On peut aussi se servir à cet effet de cordes tendues horizontalement, et fixées par leurs extrémités aux tringles inclinées dont nous avons parlé précédemment.

Une précaution qui contribuerait beaucoup à augmenter la solidité de cette espèce de revêtement, ce serait d'arroser chaque rang de gazons, après qu'on l'aurait placé, et même d'y répandre de la semence de foin; les racines chevelues de l'herbe qui viendrait à y croître, ne pouvant que lier parfaitement entre elles les pièces de gazons.

Il est sans doute inutile de faire remarquer qu'à mesure que le revêtement s'élèvera, il faudra remplir de terre le vide du
coffre en arrière, en la damant avec précaution près des gazons, pour éviter de
les briser.

§. 104.

Des batteries revêtues en clayonnage.

Pour revêtir en clayonnage le parapet
d'une batterie, il faudra d'abord planter
à 1 pied ou 1½ pied (35 à 52 cent.) l'un
de l'autre, et suivant le tracé de ce parapet, des piquets de 1½ pouce (4 cent.) de
grosseur, et dont la longueur sera pour
ceux du côté intérieur de la genouillère,
de 5 pieds (1 mètre 62 centim.), et de
3½ pieds (1 mètre 15 cent.) pour le côté
extérieur, dans le cas où il devrait être
revêtu.

En plantant ces piquets, on leur donnera
une inclinaison telle qu'ils soient exactement suivant le talus qu'on veut donner
au parapet, et on les enfoncera de manière à ce qu'ils dépassent de 1 à 2 pouces
(3 à 6 centimèt.) la hauteur de la genouillère, afin que le clayonnage qui doit s'éle-

ver à cette même hauteur, ne puisse les déborder et s'échapper par le haut, ce à quoi on pourvoit d'ailleurs en prenant la précaution de le lier solidement à chaque piquet.

Lorsque tous seront ainsi plantés bien régulièrement et bien solidement, on y entrelacera, ordinairement en double, de menus branchages bien souples, en suivant les procédés que nous avons indiqués pour la construction des gabions au §. 8, en ayant soin de bien tendre et bien serrer les branchages, et de les lier fortement aux piquets au moyen de harts.

A mesure que le clayonnage s'élèvera, on remplira l'intérieur du coffre de terres, qu'on aura soin de bien égaliser et damer successivement : pour que leur poussée ne rejette pas le clayonnage en dehors, on fera bien de l'ancrer ou arrêter vers le tiers ou le milieu de sa hauteur, au moyen de plusieurs harts de retraite, comme cela a été expliqué au §. 75.

La genouillère étant élevée et revêtue, sur son plan supérieur, on tracera les embrasures, comme nous avons enseigné à le faire au §. 70, excepté toutefois que, dans le cas qui nous occupe, on devra ménager sur tout le pourtour du coffre une berme de 6 pouces (16 centimèt.) de largeur, et cette circonstance oblige à donner au parapet des batteries revêtues en clayonnages 1 pied (32 cent.) de plus en longueur et en largeur qu'au parapet de celles qui sont revêtues en saucissons ou en gazons.

Ce tracé étant exécuté, on formera le clayonnage des merlons; on les remplira de terre, et on damera celle-ci comme nous l'avons expliqué pour la genouillère, en prenant la précaution de ne pas trop approcher avec les dames des angles ou coins du clayonnage, afin de ne pas y briser le menu bois, nécessairement affaibli en ces endroits par la torsion.

Les artilleurs allemands sont dans l'usage de couronner les merlons ainsi construits d'un massif de terre en talus de tout côté, semblable à celui dont ils surmontent les parapets de toutes leurs autres batteries, et cet ouvrage nous paraît particulièrement avantageux pour celles dont nous nous occupons en ce moment.

§. 105.

De différens matériaux employés extraordinairement au revêtement des batteries.

Nous avons vu, §. 13, qu'il y avait encore d'autres matériaux qu'on pouvait employer au revêtement des batteries, tels que des matelas ou sacs à laine ; mais nous n'avons pas prétendu en faire l'énumération complète, et le besoin, les circonstances et l'industrie peuvent en indiquer un très-grand nombre, qu'il serait assez difficile d'imaginer à l'avance.

Si l'on pouvait, par exemple, se procurer facilement un grand nombre de barils, tonneaux ou bariques à vin, bière, huile, on pourrait, en les remplissant de terre, en faire très-promptement un assez bon épaulement.

Si l'on se trouvait près d'une forêt, et qu'on n'eût pas le temps de confectionner des saucissons, gabions ou claies, on pourrait encore former un assez bon revêtement au moyen de fascines, ou tout simplement de menus branchages, qu'on retiendrait entre deux rangs de piquets, lais-

sant entre eux une largeur de 8 à 12 pouces
(20 à 32 cent.). Ces piquets devraient être
plantés obliquement, suivant l'inclinaison
qu'on voudrait donner au revêtement, et
on les espacerait dans chaque rang de 12 à
15 pouces (32 à 40 cent.).

Nous pourrions encore indiquer différens moyens de ce genre; mais les cas où
l'on est obligé d'y avoir recours, sont trop
rares, pour qu'il soit nécessaire d'entrer
dans de plus longs détails à ce sujet : ce
sera à l'intelligence de l'officier d'artillerie qui se trouvera dans de semblables
circonstances, à en apprécier la gravité et
l'urgence; mais il ne devra jamais perdre
de vue, que les procédés réguliers que nous
avons exposés plus haut en détail, auront
toujours un immense avantage sur tous les
autres, tant pour la solidité de l'ouvrage,
que pour la sûreté des hommes, et qu'en
conséquence une nécessité absolue peut
seule autoriser à s'écarter à cet égard des
règles positives, qui ne sont autre chose
que les résultats certains du calcul et de
l'expérience.

CHAPITRE XVIII.
Des batteries flottantes.

§. 106.

*Des circonstances dans lesquelles il est néces-
saire d'avoir recours aux batteries flottantes, et des différentes espèces de ces
batteries.*

Tout ce que nous avons dit jusqu'ici se
rapporte particulièrement aux batteries
que l'on peut avoir à construire dans le
siége d'une place située au milieu des terres ; mais s'il s'agissait d'attaquer une place
située sur un très-grand fleuve, ou sur les
côtes de la mer, ou défendue par des inondations considérables, il ne suffirait plus
d'établir des batteries telles que celles dont
nous avons expliqué la construction, et il
faudrait nécessairement recourir alors aux
batteries flottantes, qui pourraient être
employées aussi très-avantageusement par
l'assiégé pour la défense d'une place semblable.

Toutes les variétés de ces batteries peuvent en général se diviser en deux classes :

1.º Celles qui sont construites sur des *ra-deaux.*

2.º Celles qui sont établies sur ou dans des *batimens* ou *bateaux pontés* ou *non pontés.*

Les batteries flottantes de la seconde classe sont beaucoup plus faciles que celles de la première à diriger ou à gouverner, ce sont même les seules avec lesquelles on puisse réellement *naviguer*; mais aussi les premières ont cet avantage, qu'elles ne peuvent être *coulées* par les coups de l'ennemi; de plus, elles peuvent être construites presque partout et très-promptement par les canonniers eux-mêmes, avec les matériaux qu'ils trouvent sous la main, et comme elles *tirent peu d'eau*, on pourra s'en servir sur des bas-fonds qui rendraient impossible l'emploi des bâtimens.

D'après ces motifs, les artilleurs donnent ordinairement la préférence aux *batteries flottantes* établies sur des radeaux : nous croyons donc devoir entrer dans quelques détails sur leur construction, et nous nous bornerons à une simple indication de celles établies sur des bâtimens, d'autant plus que la construction de ces dernières batteries appartient plus spécialement au génie maritime.

§. 107.

Des batteries flottantes établies sur des radeaux formés de poutres ou poutrelles.

Le plus ordinairement, les radeaux, sur lesquels on établit les batteries flottantes, sont formés de plusieurs lits où couches de poutres, poutrelles ou corps d'arbres équarris, sur le massif desquels les bouches à feu sont placées derrière un épaulement, comme dans une batterie horizontale.

Pour qu'une batterie de ce genre soit d'un bon service, il faut,

1.° Que son tablier ou plancher soit assez élevé au-dessous de l'eau, pour que celle-ci, même agitée et soulevée par le vent, ne puisse le surmonter.

2.° Que toutes les parties de la charge soient distribuées de manière à maintenir le tablier horizontalement en équilibre sur l'eau.

Et si l'on veut remplir parfaitement ces conditions, il faut, préalablement à la construction,

1.º Calculer le poids que doit supporter le radeau et son propre poids, suivant qu'il sera formé de trois, quatre, ou un plus grand nombre de couches de poutrelles, lambourdes ou corps d'arbres.

2.º Déterminer le nombre de ces couches de manière à ce que, le poids du volume d'eau déplacée étant égal au poids total, la hauteur du bord au-dessus de l'eau soit suffisante pour que les vagues ne puissent submerger le radeau.

3.º Trouver les centres de gravité particuliers des différens corps pesans que le radeau doit porter, tels que le parapet, les pièces, leurs affûts, etc.

4.º Déterminer l'emplacement du parapet de manière à ce que le centre de gravité général corresponde au centre de figure du radeau.

On ne parviendra point à résoudre complétement ces questions sans de forts longs calculs; mais, toutes les fois qu'on aura le temps de s'y livrer, la réussite de la construction dédommagera bien de la peine qu'on aura prise. Il ne faut pas espérer, toutefois, de parvenir jamais à des résultats parfaitement exacts ; car,

26

parmi le grand nombre de données sur lesquelles reposeront nécessairement les calculs, telles que les pesanteurs spécifiques
de l'eau, de la terre, des bois, etc., il est
à peu près impossible qu'il ne s'en trouve
quelques-unes différentes en réalité de ce
qu'on les estime en théorie; mais si l'on
a opéré avec soin, les erreurs qu'on aura
commises n'auront pu être d'une grande
importance, et on les corrigera facilement
au moyen de quelque contrepoids.

L'obligation que nous nous sommes im-
posée d'éviter dans cet ouvrage les calculs algébriques qui ne seraient point à
la portée de tous les lecteurs, nous empê-
che d'entrer à ce sujet dans de plus longs
détails, et nous nous bornerons à indiquer
comme résultats principaux:

Planche XXI, fig. 1.re — 1.° Que pour une batterie flottante carrée, qui serait destinée à porter deux
canons de 12 et un obusier de 6 pouces,
et dont le radeau serait formé de pièces
de pins ayant 60 pieds (20 mètres) de
long, et un diamètre moyen de 15 pouces
(40 cent.), il faudrait composer ce radeau
de huit couches de poutrelles semblables,
pour qu'étant plongé dans l'eau, et chargé

de tout ce qu'il doit porter, il surnageât d'environ 10 pouces;

2.° Que pour la même batterie il faudrait placer la ligne inférieure du talus intérieur du parapet à environ 36 pieds (12 mètres) du bord extérieur du radeau.

Entrons maintenant dans quelques détails pratiques sur la construction d'une batterie flottante de cette espèce, et prenons toujours pour exemple celle qu'on voudrait armer de deux canons de douze et d'un obusier de six pouces.

Pour construire le radeau, on commencera d'abord par placer horizontalement, à côté l'une de l'autre, quarante-huit pièces de bois des dimensions indiquées ci-dessus, en les disposant de manière à ce que le gros bout se trouve alternativement d'un côté et de l'autre du radeau. A la surface supérieure de ces pièces de bois on fera ensuite, perpendiculairement à leur longueur, douze coupures ou encastremens, destinés à recevoir autant de liteaux ou traverses, qu'on clouera bien solidement, de manière à former des quarante-huit pieds d'arbre un assemblage solide. Si l'on ne pouvait pas se procurer de liteaux ou traverses de 60 pieds (20 mètres) de longueur, on pourrait y suppléer au moyen de traverses plus courtes, qu'on réunirait en les amincissant aux bouts par lesquels elles seraient réunies et superposées sur une longueur de 2 ou 3 pieds (65 cent. à 1 mètre); enfin, pour donner encore plus de solidité à cet assemblage, on pourra clouer également des liteaux ou traverses sur les côtés des bouts des pièces de bois.

On formera de même une seconde, une troisième couche, autant enfin qu'il sera nécessaire, avec cette seule précaution, de disposer les pièces de bois de chaque couche perpendiculairement à celles de la couche immédiatement au-dessous, et de rendre la couche de dessus parfaitement horizontale, soit en plaçant des coins sous les bouts des pièces d'arbre les plus minces, soit en enlevant au rabot l'excédant des gros bouts.

Toutes les couches seront liées solidement entre elles au moyen de forts *clameaux* en fer, et sur la couche supérieure s'établira un plancher ou tablier en madriers, qui seront aussi attachés, soit entre eux, soit au radeau, au moyen des mêmes clameaux.

Pour que ces madriers ne soient point trop endommagés par les roues de l'affût dans le recul des pièces, on disposera le parapet de manière à ce que sa longueur soit perpendiculaire à celle des madriers. On tracera d'abord le côté intérieur de ce parapet à environ 36 pieds (12 mèt.) du bord extérieur du radeau ; puis le côté extérieur du même épaulement à 18 pieds (6 mèt.) du côté intérieur ; sur ces deux lignes, à la distance de 3 pieds (1 mèt.) l'un de l'autre, on enfoncera des piquets, auxquels on donnera l'inclinaison des talus intérieur et extérieur du parapet. Ces piquets doivent pénétrer dans le radeau de toute l'épaisseur d'une couche de poutrelles pour le moins, et leur tête doit déborder le tablier de 2 pieds (65 c.).

Cela fait, si l'épaulement doit être revêtu en gazon, on placera derrière ces piquets une planche de 14 pouces (40 cent.) de largeur, rabotée de manière à ce qu'elle suive exactement le talus du parapet, et c'est cette planche qui soutiendra le premier rang de gazons ; mais si le revêtement doit être fait en saucissons, ce seront ces piquets eux-mêmes qui retiendront le premier rang de saucissons, puisqu'il ne sera pas possible, en pareil cas, de les piqueter, comme dans une batterie ordinaire.

Le reste de la construction du parapet s'exécutera comme pour les batteries construites sur la terre; seulement, au lieu de *banquette*, on disposera derrière les merlons des bancs solides, formés de fortes planches ou madriers, et destinés aux tirailleurs, ou aux canonniers qui devront observer l'effet des coups.

Une chose qu'il est encore important de remarquer, c'est que, si la batterie devait être armée, comme dans l'exemple que nous avons choisi, d'un obusier et d'un nombre pair de canons, il faudrait placer l'obusier dans le milieu, pour ne point rompre l'équilibre.

Pour conduire et manœuvrer le radeau, il faut :

Deux gouvernails, placés vers le bord intérieur, à égale distance de son milieu, en D, D;

Six avirons, trois de chaque côté du radeau; deux en avant du parapet, et un en arrière, en E, E, E;

Deux cabestans en arrière de l'épaulement et sur les diagonales allant d'un angle du radeau à l'angle opposé, en *F, F;*

Quatre forts anneaux en fer, un à chaque coin du radeau, en *G, G;*

Quatre billots ou pieux, de 4 pouces (11 cent.) de grosseur, 2 pieds (65 cent.) de longueur, et pénétrant dans le radeau de toute l'épaisseur d'une couche de poutrelles pour le moins, en *H, H.*

Les cabestans sont destinés à remorquer le radeau, au moyen d'ancres que l'on mouille en amont, et sur lesquelles on tire, en manœuvrant au treuil, lorsque le feu de l'ennemi ne permet pas de haler la batterie du rivage, en y employant des hommes.

Les anneaux et les pieux sont destinés à amarrer solidement la batterie pendant l'action au moyen de cordages.

Pendant le feu, il sera nécessaire de défendre tout mouvement inutile, afin de ne pas faire chanceler le radeau.

Si le parapet est revêtu en saucissons, il faudra se munir de quelques seaux, au moyen desquels on l'arrosera abondamment au moment de l'action, pour le préserver de l'incendie.

Enfin, pour démarrer, jeter, et lever les ancres, apporter les munitions, etc., il faudra avoir quelques petits bateaux ou nacelles, que l'on amarrera en arrière du radeau.

Il serait fort imprudent de porter les munitions sur le radeau même qui porte la batterie, et on fera bien de n'y avoir jamais plus de trente à quarante coups à la fois. Le surplus des munitions devra se conserver dans des nacelles, mises à l'abri des coups de l'ennemi au moyen d'un appareil que nous allons décrire.

Planche XXI, fig. 2.

Supposons, pour fixer les idées, que les nacelles aient 4 pieds (1 mètre 30 cent.) de largeur, et 24 pieds (7 mètres 80 cent.) de longueur. On commencera par former, avec des poutrelles de 8 pouces (22 cent.) d'équarrissage, et 30 pieds (9 mètres 75 cent.) de longueur, deux petits radeaux *A*, *A*, composés chacun de deux couches, de six de ces poutrelles, bien liées et réunies entre elles, toutes dans le même sens, au moyen de boulons ou clameaux, etc. On disposera ensuite ces deux petits radeaux à 10 pieds (3 mètres 25 cent.) l'un de l'autre, de manière à ce que deux nacelles accouplées puissent être facilement placées entre eux; puis l'on posera, en travers de la longueur des radeaux, à un pied (32 cent.) de l'un des bouts, quatre poutrelles semblables à celles dont les radeaux sont formés, et solidement fixées, soit les unes aux autres, soit à ces radeaux, au moyen des mêmes boulons ou clameaux.

Cela fait, sur chaque radeau on établira une *demi-ferme* de charpente, D, E, D, composée de pièces de bois de même équarrissage à peu près que celles des radeaux, et sur ces demi-fermes on établira une espèce de toit ou blindage incliné, I, G, K, composé aussi de poutrelles jointives, qui viendra s'appuyer sur les quatre poutrelles placées à l'un des bouts des radeaux, et qui, à l'autre bout, s'élèvera au-dessus de ces radeaux d'environ 6 pieds (2 mètres).

En avant des quatre poutrelles placées en travers des deux radeaux, on fixera solidement à chacun d'eux un anneau en fer, et au moyen de ces anneaux, et de cordages d'une longueur suffisante, le magasin sera amarré à la batterie, de telle sorte qu'il présentera toujours l'inclinaison de son toit aux coups de l'ennemi.

C'est sous ce toit et entre les radeaux qu'on placera les deux nacelles contenant les munitions : on conçoit qu'elles y seront en sûreté. Les bombes et obus qui atteindront le blindage qui les recouvre, tombant en effet sur une surface inclinée, et sur un corps qui pourra céder jusqu'à un certain point à leur choc, en s'enfonçant un peu dans l'eau, ces projectiles ricocheront très-probablement sans endommager le magasin ; mais dans tous les cas, lors même qu'il arriverait un accident à ce dernier, la batterie du moins n'en souffrirait pas au moyen de cette disposition.

§. 108.

Batteries flottantes établies sur des radeaux formés de futailles vides.

L'amiral vénitien Émo ayant été chargé par son gouvernement, en 1785 et 1786, d'aller bombarder plusieurs places appartenant aux puissances barbaresques, y employa, outre les chaloupes canonnières qui faisaient partie de son escadre, des batteries flottantes, établies sur des radeaux formés des mâts de rechange et des futailles vides qui se trouvaient sur ses vaisseaux.

Les matériaux de ces radeaux pouvant se trouver presque partout sous la main, et leur construction extrêmement simple n'exigeant que quelques heures d'un travail facile, nous croyons devoir entrer ici dans quelques détails à ce sujet.[1]

Au moyen de quatre mâts de rechange ou de quatre corps d'arbres non équarris, de 18 pouces (50 c.) de diamètre, on forme d'abord un cadre de 30 pieds (10 mètres) environ de long, sur 20 pieds (6 mètres 50 cent.) de large, dans œuvre.

Cela fait, en supposant que les futailles vides qu'on a à sa disposition aient 4 pieds 6 pouces (1 mètre 50 cent.) de long, et 3 pieds (1 mètre) de diamètre dans leur plus grande épaisseur, on tend de l'un des côtés du cadre à l'autre, et perpendiculairement à leur direction, des cordages qui font le

---

1. Les Vénitiens ont regardé l'invention de ces batteries comme si importante que, sur le monument qu'ils ont élevé dans l'arsenal à la gloire de l'amiral Émo, un des bas-reliefs sculptés par Canova, représente un génie qui, à genoux sur un des radeaux dont cet amiral est l'inventeur, inscrit son nom sur la colonne de l'immortalité. (*Note du général Ravichio.*)

tour des deux mâts et, revenant sur eux-mêmes, laissent entre leurs deux brins un intervalle de 18 pouces (5o cent.). Le premier de ces doubles cordages est tendu à 9 pouces (25 cent.) de l'un des petits côtés du cadre; ie second, à 3 pieds (1 mètre) du premier; le troisième, à 18 pouces (5o cent.) du second; le quatrième, à 3 pieds (1 mètre) du troisième; le cinquième, à 18 pouces (5o cent.) du quatrième, et ainsi de suite jusqu'au dernier, qui doit se trouver aussi à 9 pouces (25 cent.) de l'autre petit côté du cadre.

C'est dans les intervalles que chaque double cordage laisse entre ses deux brins, et parallèlement à la longueur du cadre, qu'on place trente-six barriques ou futailles vides, de manière à ce que chacune d'elles soit supportée par deux des doubles câbles; on les maintient latéralement au moyen de cordages simples, tendus de l'un des petits côtés du cadre au côté opposé, entre chaque file de tonneaux, et on a soin de placer ceux-ci la bonde en dessus, afin de pouvoir pomper l'eau qui filtrerait dans leur intérieur et reconnaître ceux qui ne seraient pas étanchés.

Entre deux rangs consécutifs de futailles, et parallèlement à leur longueur, se placent ensuite des traverses de 9 pouces (25 cent.) d'équarrissage ; pour chaque futaille deux cordages verticaux unissent le bout supérieur du câble au bout inférieur et aux traverses, et un coin ou une clef en bois sert à donner au cordage la tension suffisante.

Les mâts ou corps d'arbres qui forment le cadre doivent être bien goudronnés, ainsi que les futailles, les cordages et les traverses. Sur ces dernières, et perpendiculairement à leur direction, s'assemblent des poutrelles de même équarrissage, et ayant pour longueur la largeur du cadre dans œuvre ; enfin, sur ces poutrelles s'établit le tablier de la batterie, formé de madriers retenus en dessus par quatre traverses de 5 pouces (14 cent.) d'équarrissage, et maintenues également au moyen de cordages et de coins ou clefs. De ces traverses, deux sont aux extrémités du radeau et deux dans son milieu, mais disposées de manière à ne point gêner le recul et la manœuvre des pièces.

Celles dont l'amiral Émo arma ses bat-

teries , étaient des pièces en fer des plus
gros calibres, qu'il tira de ses vaisseaux, et
qui étaient montées sur leurs affûts marins
ordinaires, de sorte que les parapets n'a-
vaient que 3 pieds (1 mètre) de hauteur.
Ces parapets peuvent être formés de sacs à
terre, de saucissons, ou être tout en bois;
on doit leur donner une épaisseur proportionnée à la distance à laquelle on veut
s'approcher des batteries ennemies, et au
calibre des bouches à feu dont ces batteries sont armées. On a calculé qu'un parapet tout en bois de chêne, de 15 pieds
(5 mètres) de longueur, 3 pieds (1 mètre)
de hauteur, et 5 pieds (1 mètre 60 cent.)
d'épaisseur, ce qui suffirait pour arrêter
les plus gros boulets à 300 pieds (100 mèt.)
de distance, ne peserait que 14 à 16,000
livres (7 à 8,000 kil.) Ce parapet s'établit
perpendiculairement à la longueur du radeau, à 4 ou 5 pieds (1 mètre 30 cent. à
1 mèt. 60 cent.) de l'un des bords, et vers le
bord opposé se placent les munitions, et
un contre-poids en sacs à terre, destiné à
faire équilibre aux pièces et au parapet, et
à maintenir la batterie dans une position
horizontale ou légèrement inclinée vers le

devant, afin de diminuer le recul des bouches à feu.[1]

Un grand avantage des batteries flottantes de cette espèce, c'est que, sans être à l'abri des bombes, elles ne peuvent pas en être submergées, puisqu'un de ces projectiles peut traverser la batterie de part en part sans altérer sa solidité, et qu'un tonneau détruit peut toujours être remplacé facilement. Lors même que plusieurs tonneaux se trouveraient percés à la fois, il n'y aurait point encore de danger pour la batterie, puisque, formée de trente-six tonneaux des dimensions précitées, elle peut supporter, en s'enfonçant à fleur d'eau, jusqu'à 54,000 livres (27,000 kil.)

On comprend sans doute qu'il n'y a rien d'absolu dans les dimensions des pièces de bois et des tonneaux qu'on doit employer; que, si nous avons donné ces dimensions,

---

1. Me trouvant en garnison à Venise, en 1800 et 1801, j'ai eu occasion d'y suivre la construction de quelques batteries de ce genre, les unes armées de canons de gros calibre et destinées à la défense des canaux principaux des lagunes, les autres portant des bouches à feu d'un moindre poids et qui furent employées à fermer les canaux plus petits. (*Note du général Ravichio.*)

ce n'a été que pour fixer les idées, et qu'on pourra toujours se servir de ce qu'on aura sous la main, en établissant ses calculs d'après les règles que nous avons exposées au commencement du paragraphe précédent.

§. 109.

Des batteries flottantes établies sur des bateaux ou bâtimens pontés ou non pontés.

Parmi les batteries de ce genre, les plus simples et les plus faciles à construire sont celles qu'on établit sur un couple de bateaux, réunis et pontés comme une *portière* ou une *travée* séparée de pont de bateaux.

Sur le tablier de cette portière on construit le parapet, et on place ensuite les bouches à feu, comme dans les batteries que nous avons décrites précédemment, et on dispose en arrière les munitions et un contrepoids, de manière à faire équilibre à l'épaulement et aux bouches à feu, et à maintenir la batterie horizontale ou un peu inclinée sur le devant.

Un inconvénient majeur de ces sortes de batteries, c'est qu'un boulet qui atteint

un des bateaux à fleur d'eau, ou un projectile creux tombant verticalement, suffi-
sent pour les faire couler à fond.

Nous ne parlerons point ici des *chaloupes
canonnières* et des *galiotes* à *bombes*, leur
construction étant entièrement dans les at-
tributions de la marine; mais les *batteries
flottantes* construites par d'Arcon au siége
de Gibraltar en Septembre 1782, nous paraissent mériter que nous nous y arrêtions
un moment.

La première idée de l'inventeur était de
les établir sur des *prames plates* de 124
pieds (40 mètres) de longueur, 33 pieds 6
pouces (11 mètres) de largeur, et tirant 9
pieds (3 mètres) d'eau.

Ces bâtimens, pontés, à 12 pieds (3 mètres 90 cent.) du fond de cale, auraient
porté, à bâbord seulement, dix pièces de
24 espacées de 10 pieds (8 mètres 25 cent.)
d'axe en axe, et il serait resté en sus un
espace libre de 12 pieds (3 mètres 90 cent.)
à l'avant, et autant à l'arrière, au-dessous
desquels on aurait ménagé les soutes aux
poudres, renfermées sous des cloisons et
des planchers doubles : les projectiles, placés dans la carène, vers la partie du stri-

Planche XXI,
fig. 3.

bord, où ils eussent été maintenus par une cloison, auraient servi en même temps de lest et de contre-poids pour faire équilibre à l'excès de pesanteur donné au babord par la surépaisseur du bois employé au doublement de la carène, par les pièces et par le *blindage*.

La *surépaisseur* donnée à la carène, et qui devait aller en augmentant, depuis le fond de cale jusqu'à la ligne de flottaison, où le bordage aurait eu 6 pieds (2 mètres) d'épaisseur, avait pour objet de rendre les batteries *insubmersibles*, en leur donnant une espèce de cuirasse qu'aucun projectile n'eût pu traverser.

Un blindage incliné à quarante degrés, aurait mis la batterie à l'épreuve de la bombe, et l'aurait même rendue incombustible : il devait avoir 3 pieds (1 mètre) d'épaisseur, et être formé de trois couches de poutrelles en chêne disposées en travers l'une de l'autre ; on l'aurait renforcée par des barres de fer de 2 pouces (55 cent.) de largeur, 9 lignes (20 centim.) d'épaisseur, espacées de 2 pouces (55 cent.), et il aurait été continuellement arrosé par de l'eau élevée au moyen de pompes dans une rigole pratiquée au faîte de cette espèce de toit.

Comme ces prames n'auraient eu ni mâts, ni voiles, ni gouvernails, on les aurait remorquées la nuit dans une première position, à 5oo toises (1000 mètres) de la place, au moyen de légers bâtimens à voile; et les positions plus rapprochées auraient été prises successivement par l'opération lente, mais sûre et précise, des *touages* exécutés sur des ancres perdues en avant. Un grand avantage que ces batteries eussent offert, c'est que, pouvant se placer très-près les unes des autres dans leurs différentes positions, elles eussent procuré derrière elles un grand espace couvert, dans lequel les communications eussent été parfaitement sûres.

D'Arcon, n'ayant pu obtenir la construc- Pl. XXII, fig. tion de ces prames, reçut, pour en tenir 1.re et 2. lieu, dix vieux vaisseaux, dont cinq à deux ponts et cinq à un seul pont, et voici comment il les transforma en batteries flottantes:

Il augmenta d'un côté l'échantillon de ces vaisseaux jusqu'à lui donner 5 pieds (1 mètre 6o cent.) d'épaisseur au niveau de l'eau; il plaça ses bouches à feu de ce même côté et les couvrit d'un blindage incliné de 4 pieds (1 mèt. 8o cent.) d'épais-

seur, formé de trois couches de poutrelles
en chêne ; la première bien jointive et bien
calfatée, les deux supérieures laissant des
intervalles entre les poutrelles pour la circulation de l'eau destinée à éteindre le feu
des boulets rouges. Le reste du bâtiment
fut couvert, partie par un blindage appuyé
à celui qui recouvrait les pièces et incliné
en sens contraire, partie par trois couches
de sacs à laine étendus sur le pont.

Les blindages furent revêtus en outre
d'un lit de vieux câbles, destinés à amortir
la chute des bombes par leur élasticité ; et
le faîte de cette espèce de toit fut formé de
longues poutres, où était creusée une rigole, dans laquelle les pompes devaient
élever une grande quantité d'eau, destinée
à la circulation générale pour l'extinction
des boulets rouges. Cette circulation, qui
devait s'opérer d'elle-même d'une manière
simple et naturelle, aurait continuellement rempli d'eau toutes les ouvertures
faites dans les bois par les boulets rouges,
à quelque profondeur qu'ils y pénétrassent,
et il n'était pas possible que cette eau s'épui-
sât, devant toujours être abondamment
fournie par un intermède spongieux (des

étoupes de vieux câbles), placé dans l'intervalle ménagé entre les bordages.

Du reste, les projectiles furent disposés
dans ces bâtimens de manière à ce qu'ils
servissent de contre-poids aux pièces et au
blindage, comme cela devait avoir lieu
dans les prames, et chaque batterie dût
être pourvue de quatre ancres, avec des
grelins et des câbles à proportion.

Enfin, il fut réglé que les équipages des
batteries seraient triplés, qu'un tiers servirait la batterie, qu'un tiers resterait dans
la cale, et que le troisième tiers alternerait
avec les deux autres, de manière à ce que
les canonniers destinés à ce service pussent
prendre un repos nécessaire de vingt-quatre
en vingt-quatre heures.

Suivant les dispositions primitives, proposées par l'auteur du projet, les batteries
devaient être embossées, pendant la nuit,
à des distances telles qu'elles n'eussent rien
à redouter du feu de la place, et on les
aurait rapprochées successivement.

On devait d'abord arriver à la voile à
500 toises (1000 mètres) de la place, et s'y
placer plus ou moins bien, cela étant fort
indifférent à cette distance. On y serait

resté deux ou trois jours, ou même davantage, suivant la contenance de l'ennemi et
le plus ou moins d'effet obtenu ; et, pendant
ce temps-là, l'assiégé aurait épuisé à peu
près inutilement son charbon et ses munitions.

Après cette première position, qui n'aurait été qu'une espèce de tâtonnement ou
d'essai, on en aurait pris une deuxième,
plus rapprochée de la place de 150 toises
(300 mètres), en se tenant, de nuit, sur
des ancres placées en avant. Dans cette seconde station, qui aurait été de trois ou
quatre jours, on aurait complété la ruine
des feux de la place, dans la partie des remparts du côté de la mer qu'on se proposait
d'attaquer.

A la troisième position, qui eût été prise
à 200 toises (400 mètres) des murailles, les
batteries eussent été rapprochées l'une de
l'autre et partagées également entre la
droite et la gauche du point d'attaque ;
elles se seraient de même avancées jusque-
là, en se tenant, pendant la nuit, sur des
ancres que l'extinction totale des feux de
la place aurait permis de jeter en avant.
L'objet de cette dernière position, qui eût

encore exigé trois ou quatre jours de station, eût été d'ouvrir les brèches et de
détruire les obstacles artificiels dont l'ennemi avait embarrassé cette partie de la
rade.

Il y a tout lieu de penser que ce projet
eût réussi, si on l'eût suivi scrupuleusement
dans toutes ses parties; et si, pendant les
dix ou douze jours que demandait son exécution, les batteries de terre, les chaloupes
canonnières, les bombardes, enfin tous les
moyens accessoires qui devaient seconder
les batteries flottantes, eussent coopéré efficacement à l'attaque.

Le mauvais succès de cette entreprise ne
doit donc point détourner de la renouveler dans des circonstances semblables;
et si elle échoua devant Gibraltar, son inventeur put, avec toute apparence de raison, l'attribuer, 1.° à ce que les batteries de
terre ne firent pas tout ce qu'elles auraient
pu et dû faire pour seconder l'attaque des
batteries flottantes, et que les forces na-
vales, canonnières et bombardes, ne les ai-
dèrent en aucune façon; 2.° à ce que la
première et unique position occupée par
les batteries flottantes, fut mal choisie et

beaucoup trop rapprochée de la place ; 3.°
à ce qu'on ne sut ou ne voulut pas exécuter
à temps les mouvemens de retraite qu'on
avait dû se ménager la possibilité d'effec-
tuer ; 4.° enfin, à ce que l'opération du
calfatage avait été faite avec trop de précipitation et trop peu de soins, d'où il ar-
riva que lorsqu'on voulut, dans une expérience faite avant l'attaque, établir la circulation d'eau, sur laquelle on comptait
principalement pour éteindre les boulets
rouges, l'eau coula dans l'intérieur des batteries, en sorte qu'on fut obligé de boucher
tous les conduits destinés à alimenter cette
circulation, et qu'on fut réduit, lors de
l'attaque, à l'arrosage extérieur des blindages, qui se trouva insuffisant.

Malgré tous ces contretemps les batteries se trouvèrent encore infiniment moins
combustibles que ne l'eût été toute autre
espèce de bâtiment, et elles reçurent un
grand nombre de boulets rouges, qui furent
sans effet[1] ou qu'on parvint à éteindre.

---

1. Quand un boulet rouge se logeait dans quelque partie
du bordage ou du blindage, on voyait d'abord une inflammation momentanée dans le trou du projectile ; à cette
flamme, qui s'éteignait après quelques instans, succédait le

Une seule de ces batteries (la *Tailla-piedra*) reçut cependant, après cinq heures de combat, un boulet rouge qui, ayant pénétré jusqu'à l'intervalle des vieux membres du vaisseaux, où il trouva de l'air, y entretint un charbonnement lent, et continua à jeter de la fumée par l'ouverture extérieure du trou, ce qui dura toutefois plus de huit heures sans aucuns vestiges d'inflammation flagrante.

Aussi, après plus de treize heures d'un combat terrible, les batteries se trouvaient encore intactes, à l'exception d'une seule, qu'on eût pu facilement sauver en l'éloignant de la place. On sait qu'elles furent brûlées par les assiégeans, et que, malgré leurs efforts et ceux des assiégés, quatre batteries se trouvaient encore entières six heures après.

Mais un défaut réel de ces bâtimens, c'est

---

charbonnement superficiel des parois intérieures du trou, charbonnement qui n'avait que fort peu d'activité, attendu le défaut de circulation d'air ; on ne voyait plus ensuite qu'une fumée légère : tous ces symptômes disparaissaient au bout de dix minutes au plus ; puis le boulet, quoique très-chaud encore, demeurait dans son logement sans y produire plus d'effet que s'il eût été dans un creuset réfractaire.

que la grande épaisseur de leur bordage les rendait très-lourds et qu'ils marchaient très-irrégulièrement, parce qu'ils n'étaient renforcés, comme nous l'avons dit, que du côté qui devait être exposé aux coups de l'artillerie de la place.

Les *batteries flottantes à vapeur*, construites dans ces derniers temps par les Américains, sur les plans de Fulton, paraissent donc beaucoup plus redoutables : défendues par un bordage très-épais et armées de bouches à feu des plus gros calibres, elles sont mises en mouvement par une pompe à feu. La roue motrice étant cachée dans un canal intérieur, et le bâtiment n'ayant ni mât ni voiles, l'ennemi n'a aucun moyen d'empêcher ses manœuvres ; mais un grand inconvénient de ces batteries, c'est que la machine à vapeur y entretient une chaleur telle qu'il est impossible de la supporter. On a été obligé, en conséquence, de placer la machine sur un bâtiment particulier, entre deux navires qui portent les batteries, ce qui a rendu la construction plus difficile et plus compliquée, et la manœuvre plus lente. Il n'est plus possible, d'après cela, d'exposer ces batteries aux tempêtes dans leur état actuel, et elles ne peuvent guères être employées utilement qu'à la défense des rades et des ports. [1]

CHAPITRE XIX.

Des batteries de places. [2]

§. 110.

Premières dispositions de l'artillerie pour la défense d'une place; embrasures à faire pour les canons montés sur affûts de place.

Le *premier armement*, ou la première disposition de l'artillerie sur les remparts d'une place exposée à être attaquée, a pour objet, 1.° de rendre l'ennemi circonspect, en

---

1. Voyez l'ouvrage de M. le lieutenant-colonel d'artillerie Paixhans, intitulé : *Nouvelle force maritime*, in-4.° Paris, 1800.

2. Ce chapitre, presque tout entier, est extrait à peu prés textuellement d'un savant Mémoire de M. le lieutenant-général baron Berge, *Sur le service et l'emploi de l'artillerie dans les places assiégées.* Cet officier-général ayant bien voulu nous permettre de nous enrichir de son travail, c'est pour nous un devoir et un plaisir de lui en témoigner ici publiquement notre sincère reconnaissance.

lui faisant voir qu'on est en mesure de le repousser ; 2.° de défendre les approches de la place, ainsi que les parties de sa fortification susceptibles de surprise et d'escalade ; 3.° de protéger les troupes et les partis qui peuvent être obligés à venir se réfugier sous son canon. Ces différens objets ne sauraient être efficacement remplis que par des feux directs qui puissent suivre facilement tous les mouvemens de l'ennemi : ainsi ce premier armement ne devra être composé que de canons et d'obusiers ; et afin que les canons aient le plus grand champ de tir possible, on les montera sur affûts de place, à l'exception cependant de ceux qui seront placés sur les flancs des bastions ou dans de petits ouvrages détachés. Dans les emplacemens où le champ de tir est très-borné et dans ceux où les pièces ont besoin de beaucoup de mobilité, on les montera sur affût de siége ou de campagne.

D'après ce principe on ne fera point usage des *barbettes* qu'on élevait ordinairement au saillant des bastions et des demi-lunes, pour y placer des canons sur affûts de siége avant que Gribeauval eût construit ses affûts de place, à moins cependant que, manquant de ces derniers affûts, on soit obligé de se servir des premiers.

Ces barbettes ont en effet différens inconvéniens assez graves :

1.° Leur construction exige un mouvement de terre et un travail assez considérables ; 2.° les hommes qu'on est obligé d'y réunir, pour le service des bouches à feu, y sont en grande partie à découvert ; 3.° elles indiquent à l'assiégeant la position des saillans et la direction des faces, dont il lui serait fort difficile, sans cela, de faire la reconnaissance dans beaucoup de circonstances ; 4.° la transformation de ces barbettes en batteries de place exigerait par la suite un travail considérable, dans le moment même où l'assiégé aura le plus à faire pour résister efficacement à l'attaque.

Si donc il existe de ces barbettes dans les places à armer, on fera bien de les supprimer [1], et on emploira les terres qui en

---

1. Dans un *Mémoire sur l'armement des places*, rédigé par M. le capitaine du génie Villeneuve, sous les yeux et d'après les idées de M. le lieutenant-général vicomte Rogniat, on conseille de laisser en *barbette* les pièces composant l'*armement de sûreté*, et on entend par là celui qu'une place doit avoir dès l'investissement, qu'il est prudent de disposer

proviendront à la formation des *traverses,* des petits magasins à poudre et des *parados,* dont nous parlerons par la suite, ou bien on la mettra en réserve pour s'en servir au besoin; et on ne conservera que les barbettes des petits ouvrages détachés, pour être armées en bouches à feu de petits calibres, montées sur affûts de siége et de

---

sur ses remparts avant même qu'elle soit attaquée, et dont une partie doit y rester jusqu'à la fin du siége, pour défendre contre les surprises et les attaques de vive force les parties des fortifications contre lesquelles ne sont pas dirigées les attaques régulières: mais les barbettes construites en même temps que la fortification, étant ordinairement fort dégradées au moment de la *mise en état de siége*, il faudra d'abord en égaliser le sol et en réparer les rampes, ce qui exigera, pour chacune d'elles, deux heures de travail de cinq hommes. On aura ensuite à disposer sur chaque barbette trois plate-formes, qui exigeront chacune le travail de cinq hommes pendant deux heures; enfin, on devra revêtir en saucissons le talus intérieur de la barbette, dont la surface est d'environ 36 mètres carrés, et, suivant le Mémoire que nous citons, il faudra pour ce revêtement quinze heures de travail de quatre hommes, de sorte que la mise en état d'une barbette demandera environ cent heures de travail d'un homme. Quant à la *transformation d'une batterie à barbette en batterie à embrasure*, voici comment est établi, dans le même Mémoire, le calcul du déblai et du temps nécessaire pour l'exécuter : « Le terre-plein d'une barbette est à 1 mètre 15 centimètres « environ au-dessous de la crête du parapet, et sa surface.

campagne , comme nous l'avons dit plus haut.

Il sera très-avantageux de pratiquer dans le parapet, pour les canons montés sur affûts de place , des embrasures de 1 pied (32 cent.) de profondeur, auxquelles on donnera toute l'ouverture nécessaire pour que ces canons puissent tirer dans tout le

---

« variable suivant l'angle plus ou moins grand que forment
« les deux faces de l'ouvrage , est en général de 150 mètres
« carrés pour une barbette de trois pièces. Nous admettons
« qu'on exhausse les merlons de 50 cent. , et qu'on baisse le
« terre-plein jusqu'à 2 mètres 11 cent. (6 pieds 6 pouces)
« au-dessous de la nouvelle crête ; cela exigera qu'on le
« creuse de 45 cent., et donnera un déblai d'environ 67 mèt.
« cubes, lesquels, joints à 15 mètres cubes fournis par les
« embrasures, feront 82 mètres cubes, sans tenir compte
« du foisonnement. Ces terres suffiront presque toujours
« pour l'exhaussement des merlons, dont le volume varie
« aussi avec l'angle des deux faces de la barbette , mais
« n'excède guère 90 mètres cubes dans le cas le plus défa-
« vorable, celui d'un angle de 60°. Le déblai de ces terres
« et leur jet sur les merlons exigent environ deux cent dix
« heures de travail d'un homme ; le placement des bois des
« trois plate-formes, trente heures ; le placement de deux
« rangs de saucissons pour soutenir l'exhaussement des mer-
« lons, seize heures ; le revêtement des joues des trois em-
« brasures, soixante-douze heures. Il faut donc trois cent
« vingt-huit heures de travail d'un homme pour transformer
« complétement une barbette en une batterie à embrasure. »

champ de tir que leurs affûts leur permettront d'embrasser. Les terres provenant de
ces embrasures seront mises en réserve,
pour en resserrer plus tard l'ouverture,
quand la proximité de l'assiégeant rendra
ce travail nécessaire, afin de couvrir le
mieux possible les canonniers et les pièces
elles-mêmes.

On fait observer, avec raison, que les
embrasures exigent du travail et servent de
point de mire à l'artillerie de l'assiégeant;
mais aussi, si on n'en faisait pas, la pièce et
son affût ne seraient plus suffisamment couverts par les traverses et se trouveraient
exposés au ricochet. Ce motif, et la sûreté
que les merlons procurent aux canonniers,
nous paraît devoir engager à les adopter,
et nous pensons que, dans les places dont
les fossés sont secs, on fera bien d'ouvrir
immédiatement deux embrasures au moins
à chacun des flancs des bastions où cela
paraîtra nécessaire, l'une pour recevoir
une pièce de petit calibre, qu'on doit placer
dès l'investissement, et l'autre pour en recevoir plus tard une deuxième au besoin.

Pour faire une embrasure, on ouvre le
parapet symétriquement à droite et à gau-

che du plan vertical, passant par la *directrice*, de manière à ce que cette embrasure aie 1 pied (32 cent.) de profondeur,
et 20 pouces (54 cent.) de largeur à son
ouverture intérieure; et à son ouverture
extérieure, 9 pieds (3 mètres) de largeur,
avec la profondeur nécessaire pour qu'on
puisse bien découvrir l'objet qu'on veut
battre.

Les terres provenant de cette excavation
seront rejetées à droite et à gauche sur
les merlons. [1]

Si l'on veut donner plus de solidité à
l'embrasure, il faudra l'agrandir d'un pied
de plus de chaque côté de la directrice, et
revêtir chaque joue d'un saucisson d'un
pied (32 cent.) de diamètre, bien piqueté.

On pourrait se dispenser de faire une
ouverture dans le parapet, et placer immé-

---

1. Suivant le *Mémoire sur l'armement des places* précité,
une embrasure pour canon ou obusier monté sur affût de
place, demande un déblai total de 7 mètres cubes, et il faut,
pour la construire entièrement, trente heures de travail
d'un homme. Quant à l'embrasure pour pièce montée sur
affût de siége, elle exige un déblai de 14 mètres cubes, et
demande pour sa construction jusqu'à soixante heures de
travail.

diatement les deux saucissons, l'un à droite et l'autre à gauche du plan directeur, en leur donnant 20 pouces (54 cent.) d'écartement à l'intérieur, et 9 pieds (5 mèt.) à l'extérieur; on les piqueterait solidement sur le parapet et on rapporterait de la terre derrière eux sur les merlons, pour les soutenir. De cette manière les embrasures seraient faites plus tôt, mais la pièce et les servans seraient bien moins couverts, et, comme le sol des plate-formes devrait être élevé d'un pied (52 cent.) de plus, elles seraient plus longues à construire et beaucoup moins solides.

Une observation qu'il nous paraît important de faire, c'est qu'après une longue paix les parapets des places se trouvent ordinairement très-déformés et considérablement diminués de hauteur; en mettant les pièces en batterie, il faudra donc avoir soin de rétablir autant que possible les dimensions primitives de ces parapets, et on refera le revêtement intérieur sur une longueur de 12 pieds (4 mètres) au moins pour chaque pièce, en se servant à cet effet de gazons, de saucissons, ou de tous autres matériaux qu'il paraîtrait convenable d'employer d'après la nature des terres ou les moyens qu'on aurait à sa disposition.

§. 111.

Traverses et parados à faire sur les faces des ouvrages des fronts d'attaque.

Les dispositions qui précèdent sont les seules qu'il soit indispensable de faire, dans toutes les places d'une frontière, dès qu'on peut présumer qu'elle deviendra le théâtre de la guerre; mais, aussitôt qu'une de ces places sera assez sérieusement menacée pour être mise en état de siége, il faudra s'occuper de faire faire des *traverses* et des *parados* sur toutes les faces des ouvrages des fronts contre lesquels les attaques pourraient être dirigées: ces ouvrages additionnels, placés sur les terres-pleins et adossés contre les batteries, seront d'une grande utilité, en ce qu'ils arrêteront les projectiles dans la branche descendante de leur trajectoire, et annulleront ainsi une grande partie des ricochets.

L'assiégeant plaçant ordinairement ses premières batteries sur le prolongement des faces des ouvrages du front d'attaque, et l'assiégé devant disposer son artillerie de manière à contre-battre ces batteries avec le plus d'avantage possible, la position d'où elle remplira le mieux ce premier objet, sera en général près des saillans. En conséquence, les traverses, qu'on fera de deux en deux pièces[1], seront établies de manière à ce que le pied du talus de la première se trouve à 21 pieds (7 mèt.) au moins du saillant pour les angles de 115°, à 24 pieds (8 mèt.) pour ceux de 100°, et à 33 pieds (11 mèt.) pour ceux de 85°, afin qu'il y ait un intervalle d'environ 9 pieds (3 mèt.) entre les extrémités les plus rapprochées des deux premières traverses placées sur les deux faces, et que la pièce qui doit être mise en batterie au saillant, puisse passer facilement par cet intervalle.

---

1. « Toute règle a ses exceptions, aussi sera-t-il conve-
« nable quelquefois de renoncer à mettre deux pièces entre
« les traverses : par exemple, si la place est mal défilée,
« ou si l'on n'a qu'un petit nombre de pièces, ou fera bien
« de les conserver chacune entre deux traverses. Il peut
« arriver aussi que les pièces d'une face d'ouvrage soient
« obligées de tirer si obliquement, par rapport à la crête
« du parapet, qu'une même traverse ne puisse couvrir
« qu'une seule pièce. » (*Mémoire sur l'armement des places,* déjà cité.)

Toutes les autres traverses seront placées à 24 pieds (8 mèt.) d'intervalle entre elles : on leur donnera 7 pieds 5 pouces (2 mèt. 55 cent.) de hauteur au-dessus des plate-formes, mesure prise au heurtoir; 16 pieds (5 mèt. 20 cent.) de largeur à la base; 12 pieds (4 mèt.) de largeur au sommet; et 21 pieds (7 mèt.) de longueur, mesure prise à la hauteur des plate-formes sur les remparts du corps de place, où il restera encore une largeur plus que suffisante pour la circulation des voitures. Sur les remparts des demi-lunes, contre-gardes, et autres ouvrages, dont la largeur est beaucoup moindre, et sur lesquels il sera nécessaire que les voitures puissent circuler, il faudra diminuer la longueur des traverses; cependant il suffira, en général, de laisser près de la contrescarpe une communication de 5 pieds (1 mèt.) de largeur pour le passage des hommes, afin de garantir le mieux possible le terre-plein des effets du ricochet.

On donnera au talus de ces traverses les deux septièmes de leur hauteur, et on les revêtira en saucissons, en gabions ou en claies. Les revêtemens les plus solides et les plus faciles à réparer sont ceux qui sont en saucissons ou en clayonnage jusqu'à 4½ pieds (1 mèt. 50 cent.) de hauteur, et ensuite en gabions : la partie supérieure étant celle qui est le plus exposée à être endommagée par le feu de l'assiégeant, les gabions qui auront besoin d'être remplacés, le seront beaucoup plus facilement et plus promptement que ne le seraient des saucissons et des claies. [1]

Il est entendu qu'en construisant les tra-

---

1. Dans le *Mémoire sur l'armement des places*, déjà cité, on suppose que, dans les cas ordinaires, on réglera la hauteur ordinaire des traverses à 50 cent. au-dessus de la crête du parapet, ce qui leur donnera 3 mètres de hauteur au-dessus du terre-plein, et leur épaisseur est fixée à 4 mètres de largeur à la base, et à 2 mètres 60 centim. au sommet. Quant à leur longueur, on la porte, comme nous l'avons fait ici, à 7 mètres ; mais on conseille de pratiquer dans leur épaisseur un petit magasin d'environ 4 mèt. cubes de capacité, pour y conserver les munitions nécessaires à la consommation journalière de deux ou trois pièces. D'après ces données, le massif d'une traverse serait d'environ 65 mètres cubes. En déduisant de ce volume 13 mètres cubes pour celui de la banquette et des talus engagés dans cette traverse, plus 7 mètres cubes pour le volume de cinquante-deux gabions employés au revêtement du talus de la banquette, et pour le volume de soixante à soixante-dix fascines employées à couronner les gabions, on trouve qu'il reste à fournir 45 mètres cubes de terre pour chaque traverse. Or, comme on propose, dans ce Mémoire, de monter sur affût de place la pièce la plus voisine de la traverse couvrante et de descendre la se-

verses, on formera entre elles le terre-plein
sur lequel devront être établies les plate-
formes des affûts de place, de telle manière
que la surface supérieure du contre-lisoir
soit à 5 pieds 5 pouces (1 mèt. 70 cent.) au-
dessous de la crête du parapet ou du fond
de l'embrasure. Les terres qui proviendront
de la suppression de la banquette devront
suffire, en général, pour former ce terre-

---

conde pièce sur affût de siège, afin de la mettre mieux à
l'abri du ricochet, les deux embrasures fourniront, dans
cette supposition, environ 21 mètres cubes de terres, qu'on
pourra employer à la construction des traverses dans le cas
le plus ordinaire, c'est-à-dire, quand les terres de la banquette et de son talus suffiront pour les plate-formes. L'excédant à se procurer sera donc d'environ 24 mètres cubes,
et on les trouvera, pour les traverses des bastions, soit dans
les fossés des retranchemens intérieurs, soit au pied du talus
du rempart, soit dans le déblai des embrasures pratiquées
sur les flancs et les courtines. Quant aux traverses des demi-
lunes, on pourra prendre les terres nécessaires à leur construction dans les fossés des réduits. Dans tous les cas, leur
déblai et leur transport, qui n'aura lieu qu'à quatre relais
au plus de distance, n'exigeront, suivant l'ouvrage que nous
citons, que quatre-vingt-dix heures de travail d'un homme
pour chaque traverse : ajoutant soixante heures pour réunir
les terres dans le coffre, et autant pour le revêtement extérieur et pour celui du magasin à poudre, on trouvera en
tout deux cent dix heures de travail d'un homme pour chaque traverse.

plein. On donnera à l'embrasure la profondeur nécessaire pour que la solidité du
prisme de déblai soit égale à celle du prisme
de remblai, ce qui renferme cette profondeur entre les limites de 1 pied (32 cent.)
à 1 pied 6 pouces (50 cent.)

La position des traverses étant invariablement fixée par la nature même des choses,
il serait à désirer qu'elles fussent construites
d'une manière permanente, en même temps
que les remparts, comme le sont celles du
chemin couvert, qui ne nous paraissent pas
plus importantes que les premières, surtout dans les ouvrages avancés. Lorsque les
fossés de ces ouvrages sont secs, on peut y
prendre les terres nécessaires à la construction de ces traverses; mais lorsque ces fossés sont pleins d'eau, la difficulté qu'on
éprouve pour aller chercher des terres au
loin peut devenir telle, vu le peu de temps
et de moyens qu'on y peut employer,
qu'elle rende à peu près impossible l'établissement des traverses, et cela au moment
où elles seraient le plus nécessaires.

Les canons mis en batterie entre les traverses seront espacés de 12 pieds (4 mèt.)
d'axe en axe, et auront un champ de tir

d'environ 58°; s'il paraissait utile de leur
en donner un plus grand, on y parviendrait
en faisant une coupure dans les traverses a
hauteur du châssis.

En supposant qu'on construise deux traverses ainsi disposées sur chaque face des
bastions et des demi-lunes des fronts d'attaque, on pourra mettre quatre pièces en
batterie sur chacune d'elles, non compris la
pièce placée en capitale, et cet armement
occupera de 18 à 20 toises (36 à 40 mèt.)
sur chaque face.

On ne mettra point de pièce entre celle
qui est en capitale et la première traverse,
parce que les projectiles tirés par l'assiégeant pour ricocher la face adjacente, devant passer par cet intervalle, cette pièce
se trouverait exposée à être battue directement par tous ces coups, et à être prise
en rouage par les projectiles qui ricoche-
raient la face sur laquelle elle serait placée,
de sorte qu'elle ne pourrait manquer d'être
bientôt mise hors de service. Au contraire,
par la disposition que nous avons indiquée,
aucune pièce ne pourra être battue tout à
la fois directement et de flanc par les projectiles de l'assiégeant.

Les parados pourront être construits très-facilement et très promptement, en y employant des gabions de 4 ½ pieds (1 mèt. 50 cent.) de hauteur, et de 3 pieds (1 mèt.) de diamètre. Chaque gabionade sera formée de deux étages, dont le premier contiendra quatre rangs de gabions, et le second trois, et les gabions seront liés entre eux au moyen de fascines, etc.

§. 112.

Plate-formes pour les canons ou obusiers montés sur affûts de place avec l'ancien châssis et avec le châssis modifié.

Il faut pour une plate-forme à canon ou obusier de place:

Un *contre-lisoir.* Il a 4 pieds 11 pouces (1 mètre 60 cent.) de longueur, 8 pouces (22 cent.) de hauteur, et 9 pouces (24 cent.) d'épaisseur; il est percé au milieu pour recevoir la cheville ouvrière, et il est entaillé supérieurement à chacune de ses extrémités de 5 pouces (14 cent.) en longueur et en profondeur, pour loger les bouts des deux grandes poutrelles extrêmes. L'orifice supérieur du trou de la cheville ouvrière est

consolidé par une *rondelle à oreille*, encastrée dans le bois de toute l'épaisseur des
oreilles.

Trois *poutrelles*. Elles ont 14 pieds (4 mèt.
55 cent.) de long, et 5 pouces (14 cent.)
d'équarrissage.

Un *gîte cintré*. Il a 6 pieds (2 mèt.) de
longueur, 5 pouces (14 cent.) de hauteur;
et avant d'être cintré, 6 pouces (16 cent.)
de largeur, qu'on réduit à 4 pouces (11 cent.)
aux extrémités en le cintrant.

Deux *gîtes droits*. Le premier a 6 pieds
6 pouces (2 mèt. 11 cent.), le dernier 8
pieds (2 mèt. 60 cent.) de longueur, et ils
ont l'un et l'autre 5 pouces (14 cent.) d'équarrissage.

Un *bout de madrier*. Il a 2 à 3 pieds (65 cent.
à 1 mèt.) de longueur, et 1 pied (32 cent.)
de largeur.

Pour construire la plate-forme, on abaisse
d'abord la banquette jusqu'à 6 pieds (2 mèt.)
au-dessous de la crête du parapet ou du
fond de l'embrasure; puis on place le contre-lisoir bien perpendiculairement à la directrice qui doit le couper dans son milieu,
le devant à 2 pieds (65 cent.) de l'épaulement, et sa face supérieure bien exacte

ment à la distance où il doit être au-dessous de la crête du parapet ou du fond de
l'embrasure.

Les trois poutrelles sont placées ensuite
parallèlement entre elles; leur face supérieure dans un plan incliné de 5 pouces
(14 cent.) de l'arrière à l'avant : les deux
extrêmes sont logées dans les encastremens
des bouts du contre-lisoir; celle du milieu
appuie seulement contre le derrière de ce
contre-lisoir, et elle est placée de manière
à se trouver directement sous l'auget.

Ces poutrelles étant placées, les intervalles qu'elles laissent entre elles seront
remplis avec de la terre, qu'on damera
comme aux plate-formes des batteries de
siége ; puis on posera les gîtes par-dessus.
Le gîte cintré se placera à 7 pouces (19
cent.) en arrière du contre-lisoir, mesure
prise de son cintre, qui doit être tourné
vers le lisoir. Le premier gîte sera placé à
l'endroit de la plate-forme qui correspond
à l'entretoise du milieu du châssis, et le
second à 1 pied du bout du châssis; tous
trois bien perpendiculairement à la directrice et partagés dans leur milieu par cette
ligne ; chacun d'eux contenu à chaque

bout par un piquet de 3½ pieds (1 mètre 15 cent.) de longueur, et de 3 pouces (8 cent.) d'équarrissage à la tête.

Quand les gîtes seront bien fixés, au moyen de forts piquets, dans la position qu'ils doivent occuper, on remplira de terre les intervalles qu'ils laissent entre eux, en laissant vide toutefois celui qui existe entre le gîte cintré et l'épaulement, ce vide étant nécessaire pour le jeu du lisoir. On rapportera également de la terre à la queue de la plate-forme et on y placera le bout de madrier, sa longueur perpendiculaire à l'auget, pour servir de point d'appui aux leviers, quand on embarrera pour donner la direction à la pièce.

Enfin, on fera les chevalets pour les armemens et on donnera de l'écoulement aux eaux de l'avant à l'arrière de la batterie, comme dans les batteries de siége. [1]

____

1. « La crête du parapet étant ordinairement à 2 mètres
« 50 cent. de hauteur au-dessus du terre-plein, il s'en suit
« que la plate-forme est élevée en remblai de 55 cent. au-
« dessus de ce terre-plein à l'arrière, et de 39 centimèt. à
« l'avant, ce qui forme un volume de 2 mètres 48 centim.
« cubes par mètre courant. Une partie de ce remblai se
« trouve déjà comprise dans la masse de la banquette et de

Tout ce que nous venons de dire s'applique aux plate-formes construites pour des canons ou obusiers montés sur l'affût de place et son châssis, tels qu'ils se trouvent décrits dans les tables de construction de Gribeauval ; mais, si ce système présente des avantages précieux, tels que de procurer à la pièce un pointement exact, d'assurer sa direction, même pendant la nuit, de maintenir le recul dans des limites données, etc., il a aussi quelques défauts, qu'on a reconnus depuis long-temps.

« son talus ; l'autre partie se forme au moyen des terres
« qu'on se procure en abaissant jusqu'au niveau de la plate-
« forme la portion de banquette correspondante. C'est
« une condition que doivent remplir les dimensions données
« par l'ingénieur à la banquette et à son talus, d'offrir ainsi
« les terres nécessaires pour les plate-formes ; et dans le
« cas d'un ouvrage en terrain horizontal, voici quelles sont
« ces dimensions : abaissement de la banquette au-dessous
« de la crête, 1 mètre 40 cent. ; largeur de la banquette,
« 1 mètre 20 cent. ; base du talus de la banquette, 2 mètres
« 20 centim. On trouve alors en-deçà du talus inférieur,
« supposé prolongé jusqu'au terre-plein , un volume de
« 2 mètres 35 cent. cubes par mètre courant ; ce qui suffit,
« au moyen du foisonnement, pour former le remblai d'un
« mètre courant de plate-forme.
« Lorsque le plan de défilement de l'ouvrage a une grande
« inclinaison dans le sens perpendiculaire à la crête, il

Pour ne parler ici que de ceux qui tiennent à la plate-forme, nous dirons:

1.º Qu'elle exige, lorsqu'on veut que la pièce puisse tirer par-dessus le parapet, un massif de terres rapportées assez considérable, surtout sur l'arrière, à cause du talus que l'on est obligé à lui donner pour modérer le recul.

2.º Qu'elle ne fournit pas un champ de tir assez étendu; l'angle qui mesure ce champ de tir se trouvant réduit à 18°: il pourrait bien, à la rigueur, être porté à 3o°, mais,

---

« peut arriver que le canonnier placé à l'arrière de la
« plate-forme ne soit plus entièrement couvert par l'épau-
« lement, et que la banquette et son talus ne fournissent
« plus les terres nécessaires au remblai de cette plate-forme.
« Ces inconvéniens ont peu d'importance lorsque le plan de
« défilement n'est incliné qu'au trentième; car, dans ce
« cas, le canonnier reste à couvert, à l'arrière de la plate-
« forme, sur une hauteur de 1 mètre 76 cent., et le vo-
« lume de la plate-forme, porté à 2 mètres 8o cent. cubes,
« se trouve encore, soit dans les terres de la banquette et
« de son talus, soit dans celles que fournit l'embrasure de
« la pièce. Les ingénieurs cherchent à éviter une inclinaison
« plus roide que celle du trentième; cependant ils sont quel-
« quefois contraints de dépasser cette limite, et alors on se
« trouve dans la nécessité d'abaisser un peu les plate-formes
« et de donner plus de profondeur aux embrasures. » (*Mémoire sur l'armement des places*, déjà cité.)

alors le châssis, dans ses dispositions extrêmes, ne reposerait plus tout entier sur la plate-forme, et d'ailleurs l'inclinaison de celle-ci nuit à la justesse du tir, aussitôt qu'on écarte l'axe du châssis de la directrice, puisque les deux roues de l'affût ne se trouvent plus alors au même niveau.

3.° Que les canonniers ne s'y trouvent pas assez à couvert, surtout vers le derrière, à cause de son talus.

4.° Que l'affût ne peut y être mis en mouvement que par les efforts réunis de plusieurs hommes, quand il est chargé de sa pièce.

Plusieurs moyens ont été imaginés, à diverses époques, pour remédier à ces inconvéniens, sans détruire les avantages reconnus du système. M. le lieutenant-colonel Guidonnet, entre autres, proposa en 1817 une nouvelle espèce de châssis au moyen duquel il supprimait presque entièrement le massif de la plate-forme, la rendait horizontale et donnait à la pièce un champ de tir de 90°.

Ce système, essayé à Metz, présenta des inconvéniens qui ne permirent pas de l'adopter tel qu'il était proposé; mais on reconnut aux principes mêmes sur lesquels il était fondé des avantages incontestables, et, sans rejeter ni approuver entièrement l'idée de l'inventeur, on les restreignit et on les modifia, de manière à en rendre l'exécution possible.

On réduisit d'abord l'étendue à donner au champ de tir à 40°, amplitude tout-à-fait suffisante pour les canons et obusiers employés à la défense des places. L'objet utile des batteries de ce genre étant, en effet, de contre-battre les établissemens de l'assiégeant, leur emplacement et leur direction doivent être déterminés par l'emplacement que peuvent occuper les batteries à ricochet de l'attaquant, dans l'espace compris entre le prolongement des faces des ouvrages collatéraux au front attaqué : c'est donc d'après la position de ces dernières batteries, et en remplissant la condition de pouvoir les accabler d'un feu supérieur au leur, qu'il faut déterminer l'amplitude à donner aux batteries de place : or, en donnant au champ de tir un angle de 40°, chaque pièce des remparts pourra contre-battre deux des établissemens des batteries à ricochet de l'ennemi, choisis à volonté, et c'est tout ce qu'il est raisonnable de demander.

D'un autre côté, on n'a pas prétendu inventer un nouveau châssis qui, en conservant les avantages de celui de Gribeauval,
fût entièrement exempt des inconvéniens
qui lui sont reprochés, attendu que, l'affût
de place lui-même paraissant susceptible de
modifications, il a paru préférable de coordonner toutes les parties du système, ce
qui ne pouvait se faire qu'au moyen de
longues et sérieuses recherches. [1]

On s'est donc borné à remédier aux défauts de l'ancien châssis, le plus simplement
et le plus économiquement que possible,
de manière à donner à la pièce un champ
de tir de 40°, et à pouvoir la placer sur
une plate-forme horizontale ; or, comme
il existe encore dans nos places un grand

---

1. Le comité de l'artillerie a en effet présenté, en 1825,
un nouvel affût, destiné au service de place et de côte, et
cet affût a été mis en expérience dans toutes les écoles. Les
résultats de ces premières épreuves ont prouvé que le nouvel
affût avait des avantages marqués sur les deux anciens modèles
qu'il doit remplacer ; mais on lui a reconnu aussi des inconvéniens qu'il importait de faire disparaître. On y a apporté,
en conséquence, des modifications assez considérables, dont
il a fallu constater les avantages par de nouvelles expériences
qui sont maintenant en cours d'exécution, ce qui est cause
que nous ne pouvons point en parler dans ce Traité.

nombre d'affûts de place Gribeauval, avec
leurs châssis, nous pensons qu'il peut être
utile de faire connaître les modifications
apportées à ces châssis, et principalement
les changemens introduits dans la construction de la plate-forme, ce qui rentre
plus directement dans notre sujet.

Voici en quoi consistent ces changemens
et modifications. On a d'abord transporté
au châssis le talus de la plate-forme, au
moyen de deux *échantignoles* ou coins de
bois, placés sous les semelles, dont ils ont
toute la largeur, c'est-à-dire 7 pouces (19
cent.): ces coins ont 10 pieds (3 mèt. 25
cent.) de longueur, 8 lignes (2 cent.) d'é-
paisseur vers le devant, et 4 pouces 6 lignes
(12 cent.) de hauteur vers le derrière du
châssis, qu'ils arasent; chacun de ces coins
est fixé à la semelle correspondante par
douze clous et un boulon à tête perdue
dans le bois : pour que l'entretoise du milieu, qui supporte l'effort de la petite roulette, repose toujours sur les gîtes de la plate-
forme, on cloue également en dessous de
cette entretoise un plateau d'exhaussement
en talus, ayant 3 pieds 5 pouces 6 lignes (1
mèt. 7 cent.) de longueur, 6 pouces (16

cent.) de largeur, 2 pouces (54 mill.) d'é-
paisseur au côté le plus épais, et 1 pouce
5 lignes (48 mill.) au côté le plus mince.

L'auget du châssis ainsi modifié se trouvant plus élevé au-dessus du sol de la plate-
forme que celui de l'ancien châssis, pour
qu'il ne soit pas plus difficile de diriger la
pièce au moyen des leviers, on cloue sous
cet auget, contre la dernière entretoise,
un tasseau de 6 pouces (16 cent.) de longueur, 5 pouces (14 cent.) de largeur, et
4 pouces 6 lignes (12 cent.) de hauteur,
les angles inférieurs arrondis par un rayon
de 18 lignes (4 cent.).

Quant à la plate-forme, voici comment
on la modifie pour que la pièce ait le champ
de tir de 40°, et pour que les points d'appui
de la petite roulette et des deux roues ne
portent jamais à faux.

1.° On donne cet écartement de 40° aux
deux poutrelles extrêmes, ce qui s'obtient
en les éloignant de 5 pieds 4 pouces (1 mèt.
73 cent.) à leur extrémité postérieure.

2.° On brise en chevron les deux gîtes
transversaux, et on les dispose ainsi qu'il suit.

Les deux morceaux du premier, chacun
de 4 pieds (1 mèt. 30 cent.) de longueur,

se réunissent sur l'axe même de la poutrelle du milieu, à 4 pieds 2 pouces (1 mèt. 25 cent.) du contre-lisoir, et chacun d'eux va s'appuyer sur une des poutrelles extrêmes, à 4 pieds 3 pouces du bout antérieur de cette poutrelle.

Les deux morceaux du second gîte, chacun de 6 pieds 3 pouces (2 mèt. 3 cent.) de longueur, se réunissent aussi sur l'axe de la poutrelle du milieu, à 6 pieds 6 pouces (2 mèt. 11 cent.) des morceaux du premier, et ils vont s'appuyer sur la poutrelle extrême, à 6 pieds 2 pouces (2 mèt.) de ces mêmes morceaux : ils sont en outre supportés, dans le milieu de l'intervalle qui existe entre la poutrelle du milieu et chaque poutrelle extrême, par un bout de poutrelle de même équarrissage et de 2 pieds (65 cent.) de longueur.

3.° Entre les morceaux du premier gîte et le contre-lisoir, à 1 pied 10 pouces (60 cent.) de ce dernier, on place un gîte transversal de 6 pieds 6 pouces (2 mèt. 11 cent.) de longueur.

Ce gîte et les quatre morceaux dont nous avons décrit plus haut la position, sont assujettis sur les poutrelles au moyen de broches en fer de 9 pouces (24 cent.) de long.

4.° Enfin. on délarde le contre-lisoir de 5 lignes (7 millim.) sur le devant, pour lui donner l'inclinaison du châssis.

Les épreuves auxquelles on a soumis jusqu'ici le châssis et la plate-forme ainsi modifiés ont prouvé, qu'avec autant de stabilité et de solidité que le châssis et la plate-forme Gribeauval, ils avaient de plus les avantages suivans :

1.° D'exiger moins de temps et un remblai moins considérable pour la construction de la plate-forme.

2.° De mettre les canonniers mieux à couvert des coups de l'ennemi.

3.° De procurer un champ de tir plus étendu, et d'assurer l'exactitude du pointage, en maintenant les deux roues de l'affût au même niveau dans toutes les directions du tir.

4.° Enfin, de procurer au châssis plus de durée, en le préservant de l'humidité par son exhaussement au-dessus du sol.

Nous n'avons rien à dire ici des plate-formes à mortiers et pierriers, attendu qu'elles se construisent dans les places comme pour les siéges.

§. 113.

Évaluation du temps nécessaire pour la construction des plate-formes et pour la mise en batterie des pièces.

Il est généralement reconnu que cinq canonniers peuvent faire une plate-forme pour canon de siége ou de place en deux heures et demie; qu'il leur faut deux heures pour la construction d'une plate-forme pour mortier de gros calibre; et que trois canonniers peuvent également établir en deux heures une plate-forme de mortier de petit calibre, tous les objets nécessaires à ces constructions étant préalablement rendus sur place [1]. On peut donc admettre que toutes les plate-formes pourront être facilement construites en trois heures, par les hommes mêmes nécessaires au service

---

1. Dans le *Mémoire sur l'armement des places*, que nous avons déjà cité plusieurs fois, on évalue le temps nécessaire pour le remuement des terres d'une plate-forme de 6 mètres de largeur, à quinze heures de travail d'un homme, et le temps nécessaire pour la mise en place des bois, à dix heures; d'où il suit que la construction totale d'une plate-forme semblable exigera environ vingt-cinq heures de travail : il ne faudrait qu'environ vingt heures pour une plate-forme réduite à 4 mètres de largeur.

des bouches à feu qui doivent y être mises en batterie.

D'un autre côté, la charge d'une voiture peut se composer d'une plate-forme de siége pour canons, ou d'une plate-forme pour mortiers, ou de deux plate-formes pour canons montés sur affûts de place.

En supposant donc une place de moyenne grandeur, dans laquelle on aurait à construire quarante-huit plate-formes pour canons montés sur affûts de place, trente-deux plate-formes pour canons montés sur affûts de siége, et vingt-quatre plate-formes pour mortiers, les bois nécessaires pour l'établissement de ces plate-formes formeront la charge de quatre-vingts voitures; et, dans le cas où on n'aurait à sa disposition que quatre-vingts chevaux de trait, il serait toujours possible de faire ce transport en deux voyages. Cela sera même d'autant plus facile, qu'on pourra généralement se dispenser de faire des plate-formes pour les canons de 4 et les obusiers de 6 pouces, qu'on mettra en batterie dans les chemins couverts [1], ces plate-formes n'étant pas ab-

____

1. Nous renvoyons au *Mémorial* de Cormontaingne pour la défense des places (pag. 222 , édition de 1822) dans le

solument nécessaires pour des pièces aussi peu pesantes, et leur suppression contribuant à rendre ces bouches à feu plus mobiles.

Admettons maintenant qu'on emploie deux heures à charger les voitures, à les décharger et à les ramener, ce qui sera certainement toujours possible dans ce temps, on voit que dans quatre heures tous les bois à plate-formes pourront être rendus sur place.

Pendant les trois heures employées à la construction des plate-formes et pendant les douze heures qui suivront, on fera conduire toutes les bouches à feu, ainsi que leurs munitions, sur les emplacemens qu'elles doivent occuper. Nous remarquerons à ce sujet que, dans la plupart des places, les canons de gros calibre pourront être conduits aux batteries sur leurs affûts de place, et qu'on ne devra pas manquer de le faire toutes les fois que cela sera possible, attendu qu'on abrégera considérablement par là les transports et les mouvemens de matériel,

cas où, suivant l'opinion de cet ingénieur, on voudrait établir des pièces de quatre dans les chemins couverts sur des plate-formes.

et qu'on évitera les manœuvres de force qu'il faudrait faire aux batteries pour y monter les pièces sur leurs affûts, manœuvres qui, dans cette position, offrent toujours beaucoup de difficultés et de dangers.

On voit, d'après ce qui précède, que tous ces mouvemens pourront être exécutés facilement en une vingtaine d'heures, en n'employant aux batteries que les canonniers et servans nécessaires au service des bouches à feu : toutefois, il convient d'observer que, dans l'évaluation du temps nécessaire à la construction des plate-formes, nous avons supposé qu'elles seraient faites par des canonniers exercés, tandis qu'on doit supposer que la plupart des servans seront fort peu habitués à ce genre de travail. Cela en ralentira naturellement la marche, et on fera bien, par conséquent, d'y employer la totalité des canonniers disponibles, afin que toutes ces constructions et ces transports puissent être exécutés sûrement dans un jour, et que l'artillerie de l'assiégé se trouve en mesure d'agir dès le second jour, ou dès la troisième nuit, en faisant, pendant la seconde, les embrasures pour les canons montés sur affûts de place.

§. 114.

Des petits magasins à poudre.

Pour ne point être obligé à ouvrir souvent les magasins à poudre ordinaires de la place, et pour rapprocher les munitions des bouches à feu qui doivent les consommer, on fait de *petits magasins à poudre* dans les principaux ouvrages du corps de place et dans les grands ouvrages détachés, où ils sont nécessaires. Lorsque les remparts seront assez élevés pour qu'on puisse loger ces magasins dans leur hauteur, on les y disposera suivant la direction du parapet; et lorsqu'on sera obligé de les isoler, on les construira en forme de galerie, et comme nous l'avons expliqué pour ceux des batteries de siége.

On pourra se dispenser de faire, dès l'investissement, les petits magasins à poudre qui pourraient devenir nécessaires plus tard dans les demi-lunes, contre-gardes et autres petits ouvrages, en attendant pour cette construction le moment où les premières dispositions de l'assiégeant auront fait reconnaître les fronts sur lesquels il dirigera ses attaques, et en y suppléant jusque-là par les petits magasins ou les poternes les plus à proximité, ou par des coffrets de rempart; car il pourrait arriver que l'assiégeant attaquàt sérieusement d'autres fronts que ceux qu'on aurait présumé d'abord devoir être attaqués, et que les petits magasins construits sur ces derniers devinssent, sinon absolument inutiles, du moins fort peu nécessaires.

Il vaudra mieux toutefois s'exposer à ce petit inconvénient et travailler à ces magasins pendant qu'on peut encore y employer tout le temps nécessaire pour les bien faire, que d'attendre pour leur construction le moment même où ils deviendront indispensables, et où la multiplicité des autres travaux obligerait à y mettre une précipitation qui ne pourrait manquer d'être nuisible à leur solidité.

D'après ce motif, nous pensons qu'il conviendrait que les petits magasins fussent construits en maçonnerie, en même temps que les remparts; ce que nous avons dit, §. 111, de la difficulté de construire les traverses au moment du siége, dans les ouvrages avancés, et particulièrement dans ceux dont les fossés sont pleins d'eau, pouvant s'appliquer aussi à ces petits magasins. [1]

---

1. « Il est bon de construire, dans le massif de chaque
« traverse, un petit magasin à poudre, capable de contenir
« les munitions des pièces voisines pour environ vingt-quatre
« heures, mais pas davantage ; car un plus grand approvi-
« sionnement inspirerait la crainte qu'une explosion acci-
« dentelle n'endommageât le parapet et même le revêtement
« de l'ouvrage.

« Quant aux magasins à construire pour les pièces qui ne
« sont pas couvertes par des traverses, ils s'établissent le plus
« souvent au moyen de blindages, soit au pied de l'arron-
« dissement de la contrescarpe, soit dans les fossés des ré-
« duits des places d'armes, ou bien on pratique, dans la
« masse des remparts, vers le talus intérieur et à portée
« des pièces, des espèces de rameaux de mines, à raison
« de 2 mètres de longueur, pour les munitions de chaque
« pièce. La construction de ces rameaux exige environ
« quatre hommes par pièce pendant huit heures ; et l'on
« peut admettre que chaque magasin blindé, pour les pièces
« des chemins couverts, exige à peu près le même temps. »
(Mémoire déjà cité sur l'armement des places). Suivant
Cormontaingne (Mémorial pour la défense, pag. 36), deux
mineurs et neuf servans construisent un magasin pour six
pièces en six jours de travail, à douze heures par jour. Le
magasin peut contenir aisément dix barils de deux cents
livres, et seize au besoin.

§. 115.

Disposition de l'artillerie, depuis l'ouverture de la tranchée jusqu'à l'établissement de la troisième parallèle; ouverture à donner aux embrasures.

Le principal objet qu'on doit se proposer dans cette seconde disposition de l'artillerie, c'est de retarder autant que possible les travaux de l'assiégeant, soit en tirant sur les travailleurs qui ne seraient pas suffisamment couverts contre les feux de la place, soit en enfilant les parties de ces travaux qui ne seraient pas bien défilées des saillans du chemin couvert, au moyen de canons de 4 ou d'obusiers de 6 pouces, qu'on portera sur les glacis, ce qui obligera l'assiégeant à recommencer ces parties de ses ouvrages, ou du moins à y ajouter des traverses et des recouvremens qui, en augmentant ses travaux, en ralentiront nécessairement les progrès.

L'assiégé devra donc s'attacher à reconnaître exactement les emplacemens que l'assiégeant choisira pour ses batteries, afin d'en retarder la construction par tous les

moyens en son pouvoir; mais il n'y parviendrait que très-imparfaitement, s'il voulait
les battre toutes à la fois. Il vaudra donc
mieux s'attacher d'abord aux plus importantes, à celles dont le sort doit entraîner
celui des autres, et les accabler de bombes
et de boulets, en y employant toute l'artillerie de la place, qui devra être disposée
de manière à produire cet effet et à se trouver le moins possible en prise aux feux de
l'assiégeant.

On combattra ainsi, jusqu'à ce que les
moyens de l'attaque aient acquis une supériorité prononcée sur ceux de la défense.
L'assiégé renoncera alors à une lutte inégale qui ne pourrait qu'amener bientôt la
ruine de son artillerie; il ne laissera sur les
faces des bastions et des demi-lunes qu'une
pièce contre chaque traverse, et il fera
boucher, s'il le faut, les embrasures de celles qui seront trop inquiétées, pour les
mettre à couvert des feux directs de l'assiégeant. Ces pièces, étant suffisamment éloignées du parapet, pourront encore tirer
par-dessus à petite charge, pour inquiéter
alternativement les têtes de sape, les parties des tranchées où les troupes seront

réunies , et les batteries de l'assiégeant. Quant aux obusiers et aux mortiers, on les maintiendra , ainsi que les bouches à feu placées dans le chemin couvert, dans leur première position, d'où ils continueront à tirer avec avantage sur les travaux de l'attaquant.

Dans cette période du siége, les canons se trouveront donc placés sur les faces des bastions et des demi-lunes, principalement dans ceux de ces ouvrages qui se trouveront sur les flancs des attaques, et on aura aux saillans des bastions, des demi-lunes et de leurs réduits, un obusier monté sur affût de siége , qui, pouvant tirer par-dessus le parapet, prolongera, par les nombreux ricochets de ses projectiles, les cheminemens que l'assiégeant dirigera sur les capitales de ces ouvrages.

Les gros mortiers seront placés au milieu de la courtine du front d'attaque, ou dans les bastions collatéraux, pour ne pas être en prise aux ricochets et pour obliger l'assiégeant à diviser son feu : ils pourront même rester dans cette position pendant toute la durée du siége. Les petits mortiers seront placés de préférence dans les réduits des

places d'armes rentrantes et dans les ouvrages avancés. Enfin, les canons de 4 et les
obusiers de 6 pouces seront placés dans les
places d'armes des chemins couverts, pour
s'en servir sur les glacis, jusqu'au moment
où l'assiégeant commencera le feu de ses
batteries, après quoi ils resteront dans le
chemin couvert, d'où on les tirera à petites
charges sur les boyaux et les parties des
tranchées le plus en prise à leur feu.

On entretiendra ainsi leur feu jusqu'à ce
que l'assiégeant ait établi sa troisième parallèle; cependant, lorsque les têtes de sape
arriveront à 50 ou 60 toises (100 ou 120
mètres) au plus des saillans du chemin couvert des ouvrages sur lesquels elles sont dirigées, on fera bien d'établir deux pierriers
à chacune de ces places d'armes saillantes,
en remplacement des obusiers de 6 pouces
et des canons de 4, qui seront transportés dans les demi-lunes et dans les places
d'armes saillantes collatérales.

Lorsque l'assiégeant fera des demi-paral-
lèles entre la deuxième et la troisième parallèles, comme il est à supposer qu'il y mettra
des obusiers en batterie pour enfiler les
chemins couverts, on aura soin de retirer

alors les obusiers des places d'armes saillantes, et de les remplacer aussi par des
pierriers, qui échapperont d'autant mieux
aux feux courbes de l'assiégeant, qu'ils sont
plus bas que les obusiers.

Nous remarquerons toutefois: 1.° que les
pierriers ne commencent à produire un
bon effet que quand on les tire à environ
5o toises (100 mètres), portée qu'on obtient
sous l'angle de 45° avec deux livres de poudre : tirées plus loin, les pierres s'éparpil-
lent trop et se brisent d'ailleurs en trop
petits morceaux pour être réellement dan-
gereuses ; 2.° que la meilleure manière
d'employer ces pierriers, suivant Cormontaingne, est de les tirer immédiatement
après une bombe, et avant que celle-ci ait
éclaté ; parce qu'alors les travailleurs et les
troupes qui sont à portée, se baissant pour
éviter les éclats de la bombe et les graviers
que son explosion fait jaillir, offrent plus
de surface aux pierres, et peuvent être plus
facilement atteints que quand ils se tiennent debout.

Lorsqu'on sera obligé ensuite de retirer
des canons des bastions et des demi-lunes,
on les placera aux extrémités des courtines.

Dans cette position, ils ne seront que fort peu exposés aux feux des batteries de l'assiégeant, et pourront continuer à battre les têtes de sape par la trouée de la demi-lune.

Mais une observation importante à faire, tant pour les canons tirant de plein fouet que pour toutes les autres bouches à feu, c'est qu'il ne faudra pas s'obstiner à les maintenir dans les positions qui auront paru les meilleures, et que, du moment qu'elles y seront trop battues, il faudra les en faire changer, sauf à revenir plus tard au premier emplacement, que la prudence aura forcé à abandonner momentanément. Rien ne déconcerte et ne fatigue autant, en effet, l'assiégeant, que de voir à chaque instant partir de nouveaux feux des diverses parties des remparts, et de voir se rallumer ceux qu'il se flattait d'avoir éteints. Ce seront surtout les canons et les obusiers des chemins couverts qui devront ainsi varier de position, et leur grande mobilité permettra de leur faire exécuter facilement ces mouvemens.

C'est aussi pendant cette période du siége qu'il faudra augmenter l'ouverture extérieure des embrasures des canons montés sur affûts de place, de manière à ce que ces canons puissent tirer dans toute l'étendue du champ de tir que leurs affûts permettront de leur donner. Nous avons vu, §. 112, que, si on emploie le châssis modifié et la plate-forme horizontale, ce champ de tir embrassera un angle de 44° et permettra de tirer à volonté sur deux des établissemens de l'ennemi, ce qui donnera à l'assiégé un grand avantage sur l'assiégeant, puisque les canons de ce dernier ne peuvent être dirigés que dans le champ de tir, limité par les joues des embrasures, dont il ne pourrait changer la direction sans un travail long, difficile et périlleux.

§. 116.

Disposition de l'artillerie depuis l'établissement de la troisième parallèle jusqu'à la fin du siége[1]; des portières d'embrasure.

L'objet principal de l'assiégé, dans cette troisième disposition de son artillerie, doit

---

1. La division de toute la durée du siége en trois périodes, telle que nous l'avons indiquée ici, est celle qui est le plus généralement reçue : cependant on sent que cette division est purement arbitraire. Aussi plusieurs auteurs militaires en

être : 1.º de contrarier l'établissement de l'assiégeant sur le *couronnement du chemin
couvert*, en l'obligeant à faire ce travail
avec beaucoup de lenteur et de circons-

---

ont adopté de différentes : Cormontaingne, entre autres,
distingue dans la durée d'un siége quatre périodes ; et M. le
lieutenant-général Rogniat, dans le Mémoire que nous avons
déjà cité souvent, en compte jusqu'à sept, qu'il distingue
ainsi qu'il suit, en récapitulant pour chacune d'elles les opérations à faire par l'artillerie de la place ; savoir : « 1.ʳᵉ *Pé-
« riode*, investissement de la place : la disposition de l'ar-
« tillerie doit avoir alors pour objet de prévenir les surprises,
« d'éloigner les camps de l'ennemi, et d'être prêt à faire un
« feu de mitraille très-vif sur tous les points où il peut ou-
« vrir la tranchée. Pour cela, éclairez les fossés par des
« pièces légères, munissez les barbettes des saillans d'obusiers
« et de pièces de gros calibres. — 2.ᵉ *Période :* depuis l'ouver-
« ture de la tranchée jusqu'à l'établissement des premières
« batteries : disposez l'*armement de défense* de manière à ce
« que toutes les faces d'ouvrages qui voient les travaux de
« l'ennemi aient le plus d'artillerie posssible ; construisez des
« traverses sur les faces ricochables ; transformez les batteries
« à barbettes en batteries à embrasures ; placez de gros mor-
« tiers sur les courtines adjacentes au front d'attaque, et de
« petits mortiers dans les dehors ; mettez des obusiers de 6°
« dans les places d'armes des chemins couverts. — 3.ᵉ *Pe-
« riode :* depuis l'ouverture du feu des premières batteries
« jusqu'à la construction des demi-places d'armes : engagez
« avec l'ennemi un combat d'artillerie pour essayer d'éteindre
« ses feux ; mais, après une soixantaine de coups par pièce,
« réduisez le nombre des canonniers et servans à un service

pection; 2.º de s'opposer vigoureusement à l'établissement des *contre-batteries*, et des *batteries de brèche*, ainsi qu'au *passage du fossé*.

« complet pour deux pièces, et bornez-vous à tirer à mitraille
« sur les travailleurs au commencement de chaque nuit, à
« battre le matin les parties imparfaites des tranchées, à
« ricocher les zigzags avec des obus, et à jeter des bombes
« dans les batteries de l'assiégeant. — 4.ᵉ *Période* : pendant
« les cheminemens à la *sape pleine*, depuis les demi-places
« d'armes jusqu'à la troisième parallèle : l'objet essentiel de
« l'artillerie est alors d'empêcher toute espèce de progrès
« des sapes pleines pendant le jour ; en conséquence ca-
« nonnez ces têtes de sape de manière à les forcer de s'ar-
« rêter ; tirez le moins souvent possible des mêmes pièces,
« pour obliger l'assiégeant à disséminer ses feux ; continuez
« à inquiéter ses batteries avec des bombes ; amenez des
« pierriers derrière les traverses des places d'armes sail-
« lantes dès que l'ennemi arrive sous la portée de ces bou-
« ches à feu. — 5.ᵉ *Période* : pendant la construction de
« la troisième parallèle et les cheminemens en *sape double*,
« jusqu'à l'emplacement des cavaliers de tranchée ; continuez
« sur les sapes doubles le même jeu d'artillerie que sur les
« sapes pleines. — 6.ᵉ *Période* : pendant le *couronnement*
« *du chemin couvert*, soit de *vive force* soit de *pied à pied*.
« Si l'assiégeant couronne le chemin couvert de vive force,
« accablez ses travailleurs de mitraille le plus qu'il vous
« sera possible, jusqu'au moment où ils seront couverts par
« leurs gabions ; s'il le couronne pied à pied, contrariez sa
« marche comme celle des sapes pleines ordinaires ; faites
« agir votre artillerie la nuit à la lueur des pots à feu ;

Ce sera donc, autant que possible, sur les prolongemens des branches du chemin couvert que l'assiégé devra établir ses batteries, et elles pourront y produire d'autant plus

« retirez les obusiers et les pierriers des saillans des che-
« mins couverts dès que l'ennemi est en mesure d'insulter
« les saillans. — 7.ᵉ *Période* : pendant la construction des
« batteries de brèche, les descentes et passages de fossés,
« et la prise successive des ouvrages ; armez alors les ré-
« duits des places d'armes rentrantes, les réduits des demi-
« lunes, les retranchemens des bastions, les flancs et les
« courtines qui défendent les brèches et les passages de
« fossés, et qui peuvent agir contre les contre-batteries ;
« continuez de ralentir autant que possible la marche des
« sapes ; concentrez les feux courbes sur les batteries de
« brèche et les contre-batteries ; éclairez les travaux de
« l'ennemi pendant toute la nuit avec des pots à feu ; con-
« trariez les passages de fossés et les travaux sur les brèches
« au moyen de l'artillerie des réduits ; réglez le tir de ma-
« nière à ce qu'à la fin du siége, si la ville doit être prise,
« il n'y reste que fort peu de munitions et que les pièces
« soient hors de service. » — Peut-être sommes-nous un
peu sortis, dans cette longue citation, des limites naturelles
d'un ouvrage spécialement consacré à la construction des
batteries ; mais cette récapitulation rapide, dans laquelle se
trouvent réunies d'une manière claire et précise les règles les
plus importantes à suivre dans la défense des places, nous a
paru assez intéressante pour qu'il fût utile de la reproduire
ici ; d'autant plus que le Mémoire qu'elle termine n'a été
qu'inséré dans le Mémorial de l'officier du génie, et tiré en
particulier à un assez petit nombre d'exemplaires.

d'effet, qu'outre les avantages que leur donnent sur les batteries de l'assiégeant leur
plus grande consistance et leur commandement de très-près, on pourra leur procurer encore celui d'être en mesure d'agir
les premières.

Si l'on ajoute à ces considérations : 1.º
que, lorsque l'assiégeant est arrivé sur les
glacis et s'occupe à faire le couronnement
du chemin couvert, les batteries à ricochet
doivent cesser de tirer, ou du moins que
leur feu doit être tellement affaibli qu'il ne
produise plus que peu d'effet; 2.º qu'obligé
alors d'établir ses batteries sur les crêtes des
glacis ou dans le chemin couvert même, le
développement de ses ouvrages ne sera plus
qu'à peu près égal à celui des ouvrages de
l'assiégé, et que ses feux cesseront d'être
convergens, on en conclura naturellement
que dans cette période du siége tous les
avantages se trouvent du côté des défenseurs de la place.

Ceux-ci devront donc redoubler d'éner-
gie, et user de tous les moyens dont ils
pourront disposer pour mettre à profit ces
avantages précieux.

Parmi ces moyens il faut compter l'emploi des feux courbes comme un des plus efficaces, et l'assiégé devra en faire par conséquent le plus fréquent usage. C'est à cette petite distance que les projectiles creux, et surtout les bombes de 12°, pourront être tirés avec beaucoup de justesse et produire un grand effet, principalement contre les *batteries de brèche* et les *contre-batteries* de l'ennemi.

Ce sera aussi à cette époque qu'on devra mettre à profit les propriétés des flancs du corps de place, et qu'on devra les armer pour s'opposer tant à l'établissement des contre-batteries qu'ils battront directement ou d'enfilade, qu'à celui des batteries de brèche et au passage du fossé qu'ils battront d'écharpe et de flanc.

Ce sera depuis l'établissement de l'assiégeant au pied du glacis, jusqu'à ce qu'il ait commencé le couronnement du chemin couvert, que l'assiégé devra se mettre en mesure d'utiliser toute l'artillerie qui restera disponible dans la place, pour s'opposer tant à ce couronnement qu'aux progrès ultérieurs de l'attaque.

Les canons de gros calibre et les obusiers seront disposés de préférence sur les flancs du front d'attaque et des fronts collatéraux qui auront vue sur les attaques, ainsi qu'aux extrémités des courtines adjacentes à ces derniers flancs, d'où ils pourront être dirigés obliquement sur lesdites attaques. On disposera de même des canons, des obusiers et des mortiers sur les faces des demi-bastions du front d'attaque, dans le prolongement des branches du chemin couvert et des fossés de la demi-lune, ainsi que vers le saillant de ces bastions. Enfin, on en disposera aussi dans les ouvrages avancés des fronts collatéraux au front d'attaque qui auront vue sur les travaux de l'assiégeant, soit de flanc, soit de revers.

L'artillerie de la demi-lune du front d'attaque devra être évacuée avant que l'assiégeant ait achevé les batteries de sa troisième parallèle, afin de la soustraire aux feux très-supérieurs de ces batteries. Si on a pu cependant l'y maintenir jusqu'à cette époque, on n'y laissera que deux pierriers, qu'on *blindera*, s'il est possible (voy. §. 118), et qu'on y maintiendra jusqu'à la dernière extrémité, ainsi que deux canons de 8 ou de 4, qu'on *blindera* sur le pan coupé du réduit, pour battre à bout portant le débouché de la brèche de la demi-lune, et qu'on jettera ensuite dans le fossé, si on ne peut pas les emmener lorsqu'on sera obligé d'évacuer le réduit.

Quant à l'artillerie de campagne qu'on a dû maintenir jusqu'à cette époque dans le chemin couvert du front d'attaque, elle en sera retirée aussitôt que l'assiégeant aura achevé sa troisième parallèle, pour être transportée dans les chemins couverts des fronts collatéraux.

Enfin, les pierriers qui auront été placés dans les places d'armes saillantes du chemin couvert du front d'attaque, comme nous l'avons dit §. 115, en seront retirés aussitôt que l'assiégeant aura achevé sa troisième parallèle, pour être transportés sur les saillans des ouvrages en arrière, afin de les soustraire aux entreprises de vive force que l'assiégeant pourrait faire contre le chemin couvert.

Les feux de la mousqueterie, dont l'assiégeant ne manquera pas de faire usage après l'établissement de la troisième parallèle, pouvant, à cette époque du siége, inquiéter beaucoup les canonniers employés au service des canons qui seront en batterie sur les remparts du front d'attaque, on devra avoir soin d'y mettre des portières d'embrasure. Nous en avons indiqué plusieurs espèces au §. 35, mais nous croyons devoir ajouter aux descriptions que nous en avons données, celle d'une autre espèce de portière, dont nous trouvons le dessin dans le Mémoire de M. le lieutenant-général d'artillerie baron Berge, cité au commencement de ce chapitre : ces portières couvrent très-bien les canonniers, et peuvent d'ailleurs être remplacées facilement, dans le cas où elles viendraient à être mises hors de service par les feux de l'artillerie de l'assiégeant.

Voici comment on les construit.

On prépare d'abord un plateau en chêne ou en sapin de 2 pouces (54 mill.) d'épaisseur, 10 pouces (27 cent.) de largeur, et 3 pieds (1 mètre) de longueur.

En dessous de ce plateau et dans son milieu, on cheville fortement un massif, formé de deux morceaux de poutrelles de chêne ou de sapin, placés l'un au-dessous de l'autre, et ayant chacun de 7 à 8 pouces (19 cent. à 22 cent.) d'équarrissage, et d'une longueur un peu moindre que la largeur de l'ouverture intérieure de l'embrasure,

afin de la fermer le plus exactement possible, tout en s'y introduisant avec facilité.

Ces deux bouts de poutrelles sont réunis,
soit entre eux, soit avec le plateau, en dessus, au moyen de quatre liteaux chacun de
14 à 16 pouces (38 à 42 cent.) de longueur,
4 pouces (11 cent.) de largeur, et 1 pouce
(27 mill.) d'épaisseur. Ces quatre liteaux
sont encastrés de toute leur épaisseur, et
chevillés, deux en avant et deux en arrière,
sur les bords du massif; celui-ci est délardé
de manière à avoir le talus du revêtement
intérieur du parapet, et sa partie inférieure
est évidée, pour laisser passer la volée de
la pièce, suivant un cylindre ayant pour
base un cercle tracé avec un rayon de 6
pouces (16 cent.), et dont l'axe se trouverait à 3 pouces (8 cent.) environ au-dessous
de la face inférieure du morceau de poutrelle de dessous.

On conçoit que ces sortes de portières
ne faisant que reposer sur l'épaulement, au
moyen du plateau qui dépasse l'embrasure
de chaque côté, on peut les enlever et les
replacer beaucoup plus facilement que
toutes les autres, et qu'elles sont d'un usage
très-commode.

§. 117.

Des batteries casematées.

Les flancs ne pouvant être battus directement, dans les places bien défilées, que lorsque l'assiégeant est arrivé sur la crête du glacis du chemin couvert, ils sont, de toutes les lignes des fortifications actuelles, celles sur lesquelles on peut établir des *batteries casematées* avec le plus d'avantage.

On conçoit en effet que, lorsqu'on aura des flancs casematés dans lesquels on pourra mettre en réserve sept ou huit canons de gros calibre parfaitement à l'abri des feux courbes, et qui se trouveront en mesure d'agir au moment où l'assiégé se présentera sur la crête du glacis opposé pour y établir ses contre-batteries, on retardera beaucoup cet établissement, et qu'on pourra même parvenir à l'empêcher tout-à-fait, si l'on se trouve favorisé par quelques circonstances heureuses.

On a proposé, dans quelques systèmes de fortification, de transformer la *double caponnière à ciel ouvert,* qu'on est dans l'usage de faire dans le fossé pour communiquer du corps de place à la demi-lune ou à son réduit, en une double batterie casematée, armée de chaque côté de 6 à 8 canons de gros calibre.

On ne peut douter que ces batteries ne rendissent l'établissement des contre-batteries sur la crête du glacis, et par suite le passage du fossé, extrêmement difficiles, pour ne pas dire impossibles, dans bien des cas du moins, jusqu'à ce qu'à force d'efforts et de travail l'assiégeant fût parvenu à détruire cet ouvrage, ce qui présenterait le plus souvent de très-grandes difficultés, puisque la demi-lune et son réduit couvriraient cette double batterie, et qu'elle serait en outre défendue à bout portant par les ouvrages en arrière.

En établissant ses contre-batteries, l'assiégeant se trouverait donc exposé aux feux de cette batterie casematée, qui seraient généralement doubles de ceux qu'il pourrait leur opposer : après avoir surmonté tous les obstacles au moyen desquels l'assiégé chercherait à contrarier cet établissement, il se trouverait en outre en prise aux feux actuels des flancs, et on conçoit facilement les grands avantages que donneraient à l'assiégé ces deux étages de feux, dont l'un serait parfaitement à l'abri de ceux de l'assiégeant.

Les feux de la double batterie casematée pourraient être établis très-peu au-dessous du plan de défilement des chemins couverts des bastions opposés, sans que la partie supérieure de cette batterie s'élevât au-dessus du terre-plein du réduit de la demi-lune; ils agiraient donc avec une grande efficacité sur les travaux que l'assiégeant pourrait faire sur la crête du chemin couvert, dont ils se trouveraient à environ 110 toises (220 mètres), et les servans des bouches à feu placées dans cette batterie pourraient y être mis très-facilement à l'abri des feux de mousqueterie au moyen de portières d'embrasures semblables à celles que nous avons décrites au paragraphe précédent.

Sur un double rang de voûtes inférieures pouvant servir de magasins, on établirait un autre double rang de voûtes en décharge ou de casemates, pouvant contenir chacune un canon de gros calibre, dont l'embrasure se trouverait à $4\frac{1}{2}$ pieds (1 mètre 50 cent.) au-dessous du plan de défilement du chemin couvert du bastion. Chaque casemate aurait dans œuvre 12 pieds (4 mèt.)

de largeur, 21 pieds (7 mèt.) de longueur,
et 9 pieds (3 mèt.) de hauteur sous clef.
Les axes des voûtes seraient obliques à l'axe
longitudinal de la batterie, de manière à
ce que les directrices de chacune de ses
faces soient parallèles à la face du bastion
de son côté, et les voûtes seraient recouvertes de 4 pieds (1 mèt. 30 cent.) de terres
bien damées qui les mettraient à l'abri de
la bombe. Entre les deux rangs de la double
batterie se trouverait une galerie à ciel ouvert, de 12 pieds (4 mèt.) de largeur, avec
des grilles qui fermeraient les casemates à
la gorge et laisseraient passage à la fumée ;
enfin, au-dessus du double escalier, qui de
la tenaille conduirait aux casemates, se
trouverait de chaque côté une galerie cré-
nelée de 15 pieds (5 mètres) de longueur ,
destinée à flanquer les portes d'entrée de
la batterie, au cas où, dans une attaque de
vive-force, l'assiégeant voudrait les forcer.

Une batterie construite d'après ces principes serait exempte de la plupart des inconvéniens reconnus dans les anciennes
casemates.

On a reproché surtout à celles-ci de n'ê-
tre pas disposées convenablement pour l'é-

31

vacuation de la fumée produite par la combustion de la poudre, qui infecte les lieux fermés et les rend inhabitables, si on ne peut pas y introduire des courans d'air.

La forme de toutes les espèces de casemates se rapporte à celle d'un souterrain voûté et à l'épreuve de la bombe, dont le mur de face est percé d'embrasures et ne doit jamais être un pied-droit de la voûte. Quelquefois, un seul souterrain contient plusieurs pièces d'artillerie ; mais, le plus souvent, la batterie est formée de berceaux à plein cintre, séparés par les pieds-droits et contenant chacun une bouche à feu.

Les pièces d'artillerie employées à l'armement des casemates consistent ordinairement dans les canons de 12 et de 8 de place, les obusiers de 6 pouces, les mortiers et les pierriers ; mais, pour que les obusiers employés à cet armement pénétrassent assez profondément dans les embrasures, il faudrait qu'ils eussent 36 pouces (1 mèt.) environ de longueur de volée. Quant aux affûts, parmi ceux en usage, *l'affût marin* et les affûts de *Montalembert* et de *Meunier* sont ceux qui conviennent le mieux au service des casemates.

Les dimensions des embrasures doivent être calculées d'après l'espèce d'artillerie destinée à l'armement des casemates, et le choix de cette artillerie dépend lui-même des effets dont on a besoin pour établir la défense. Tantôt ce sera un simple feu de mousqueterie ; tantôt on devra avoir recours aux pièces d'artillerie du plus gros calibre : quelquefois les circonstances exigeront l'emploi des feux directs ; d'autres fois il faudra se servir de feux courbes ou verticaux, ou bien encore projeter sur l'assiégeant des gerbes de mitraille ou de pierres capables de balayer un grand espace.

Si les batteries casematées ont pour objet de battre des points fixes et déterminés sur lesquels l'ennemi doit s'établir, et de balayer les fossés par des gerbes de feu, l'angle de tir horizontal pourra être très-peu considérable, et comme l'extrémité de la volée dépassera le parement extérieur du mur de face, qui n'aura que 2 pieds 6 pouces (80 cent.) d'épaisseur au plus, l'ouverture extérieure de l'embrasure pourra n'être qu'un peu plus considérable que le diamètre de la volée, et l'ouverture intérieure devra avoir toute la largeur nécessaire pour faciliter la manœuvre, de sorte que les embrasures seront alors de véritables *créneaux*, offrant le moins de prise possible aux coups de l'ennemi.

Mais lorsque l'artillerie des casemates sera destinée à lutter généralement contre l'artillerie ennemie et à battre la plus grande étendue possible du terrain extérieur, les embrasures devront avoir la même forme que celles des batteries ordinaires et être évasées de la même manière. L'épaisseur du mur de face des batteries casematées étant, dans ce cas, de 8 à 11 pieds (27 à 37 déc.), et l'angle de tir horizontal étant supposé de 15 à 20°, pour que les lignes de tir extrêmes se coupent efficacement à la distance de 45 pieds (15 m.), lorsque les directrices seront distantes de 18 pieds (6 m.) l'une de l'autre, l'ouverture extérieure de l'embrasure devra être de 6 pieds 6 pouces à 8 pieds 6 pouces (2 m. 10 cent. à 2 m. 66 c.), en supposant que le centre de rotation de la pièce soit à 1 pied (32 cent.) de la face intérieure du mur.

Pour rendre ces embrasures moins désavantageuses, et afin qu'elles ne soient pas comme de grands entonnoirs, offrant de

nombreuses chances aux coups d'embrasure
des contre-batteries, il faut chercher à rapprocher le plus possible leur forme de celle
des créneaux de mousqueterie. Si la bouche
de la pièce affleurait le parement extérieur
et que le centre de rotation du châssis de
l'affût pût se transporter aussi à ce point,
l'ouverture extérieure de l'embrasure serait
la plus petite possible et réduite à environ
22 pouces (60 cent.); mais, comme cette
idée ne saurait être mise à exécution, l'ingénieur Meunier y a suppléé, le mieux qu'il
était possible, par un procédé fort ingénieux. Il a transporté le centre de rotation
de la pièce à 3 pieds (1 mèt.) en avant de
la face intérieure du mur; une cheville
ouvrière en fer est fixée dans la partie de
ce mur qui forme la genouillère, et cette
cheville est embrassée par un étrier, également en fer, qui est attaché à la flèche de
l'affût, dont la tête pénètre ainsi de 22 pouces (60 cent.) dans l'épaisseur du mur. Au
moyen de cette disposition, la pièce, dans
son mouvement de rotation, peut prendre
toutes les positions comprises dans l'angle
de tir, sans que l'ouverture extérieure soit
fort grande. Par exemple, pour une pièce

de 12, dont la volée a 5 pieds (1 mèt. 62 cent.) de longueur, et qui pénétrera de 4 pieds (1 mèt. 30 cent.) dans l'embrasure, cette embrasure sera évasée en dehors et en dedans; son ouverture extérieure sera de 4 à 5½ pieds (1 mèt. 30 c. à 1 mèt. 78 c.), et son ouverture intérieure de 2 pieds (65 c.).

Lorsque les batteries casematées doivent être armées de pièces d'artillerie à feux courbes et à trajectoires élevées, leurs embrasures sont masquées par des ouvrages avancés, par-dessus lesquels elles tirent, et par conséquent ces embrasures peuvent avoir, sans aucun inconvénient, toute la largeur et toute la hauteur nécessaires à la manœuvre: la partie antérieure de la voûte doit être relevée alors de 22 à 30 pouces (60 à 80 cent.) pour permettre le tir sous l'angle de 45°, et le devant de la batterie peut se réduire à n'être qu'un mur de genouillère de 22 pouces (60 cent.) de hauteur sur autant d'épaisseur.

§. 118.

Des batteries blindées.

Nous avons déjà parlé, §. 116, de l'utilité dont il pouvait être, pendant la troisième période de la défense, de laisser dans la demi-lune des pierriers et même quelques canons de 8 ou de 4, en les conservant dans des *batteries blindées.* Les batteries de cette espèce pour mortiers ne seront pas moins utiles, et auront l'avantage : 1.º de pouvoir être établies indistinctement partout où elles se trouveront à l'abri des feux directs de l'assiégeant; 2.º de conserver dans toute leur valeur les feux des mortiers jusqu'à cette dernière époque; pendant laquelle ils seront d'autant plus précieux que presque tous les autres feux seront éteints. [1]

Quelques auteurs ont conseillé, en outre, d'établir des batteries blindées aux saillans des bastions, et de les armer de deux canons, pour battre à revers les établissemens de l'assiégeant au saillant du chemin couvert et aux brèches des demi-lunes. Il est assez difficile de penser que des batteries aussi faibles puissent être d'une grande utilité, attendu qu'elles risquent d'être promptement détruites par le feu très-supérieur

---

[1]. Il serait très-utile qu'il y eût, dans le corps de place, sur le prolongement des branches du chemin couvert, des voûtes en maçonnerie à l'épreuve de la bombe, pour recevoir les mortiers et les y tenir à l'abri des feux courbes de l'assiégeant.

des contre-batteries que l'assiégeant établira sur les glacis opposés des demi-lunes;
et même par les batteries de la parallèle
dont le feu serait dirigé à dessein sur ce
point. Nous croyons, en conséquence, que
les *batteries blindées* de canons ne peuvent
être employées, avec un avantage marqué,
que sur les flancs des bastions, seule position dans laquelle leurs feux puissent être
supérieurs à ceux que l'ennemi pourra leur
opposer. Quoi qu'il en soit, comme on fera
bien d'employer ces sortes de batteries partout où on le pourra, quand on aura le
temps et les moyens d'en construire, nous
allons donner sur celles qu'on a proposé
d'établir aux saillans des bastions quelques
détails, que nous puiserons dans le Mémorial pour la défense des places. [1]

En l'an IV (1795-1796), on construisit
pour essai deux de ces batteries à Saint-
Omer, en conséquence d'une délibération
du comité des fortifications, prise sur la pro-
position de l'un de ses membres [2]. Ces bat-

---

1. Voyez le *Mémorial pour la défense des places*, 2.ᵉ édition, 1822, pag. 38.

2. M. Carnot, frère du célèbre auteur de l'ouvrage intitulé : *De la Défense des places fortes.*

teries consistaient en deux plate-formes accolées, couvertes d'un seul et même blindage, et armées chacune d'une pièce de 24,
montée sur affût marin ordinaire. Les embrasures étaient percées de biais et blindées.
Le blindage des deux plate-formes était sup-
porté dans son milieu par une suite de po-
teaux de 12 pouces (32 cent.) d'équarrissage,
et il était formé de poutres jointives de
même équarrissage, recouvertes de 6 pieds
(2 mèt.) de terre pour le mettre à l'épreuve
de la bombe.

La batterie avait 20 pieds (6 mèt. 5o c.)
de longueur, 23 pieds (7 mèt. 5o cent.) de
largeur, et 8 pieds (2 mèt. 6o cent.) de hauteur. Chacune des embrasures, fermée d'un
fort volet à coulisse, avait 2 pieds carrés
(21^d,10 carrés) d'ouverture intérieure, et
chaque joue formait avec la directrice
l'angle qu'on leur donne ordinairement
dans les batteries de place.

Il a été reconnu, d'après les épreuves
faites de ces deux batteries, que les coups
de canon tirés à travers les embrasures
n'ont produit aucun ébranlement ni dans
la casemate, ni dans les embrasures; seulement les terres de la plongée ont été lé-

gèrement soufflées, près de l'ouverture intérieure, et quelques-uns des madriers qui
tapissaient les joues se sont décloués de
leurs montans à droite et à gauche.

Comme, au moment des épreuves, un
vent faible soufflait à peu près debout sur
les batteries, la fumée a été presque entièrement refoulée par les ouvertures intérieures des embrasures ; mais elle a été
évacuée de la casemate en deux ou trois
minutes, et sans que les canonniers employés au service des pièces s'en soient
trouvés incommodés. On a remarqué d'ailleurs qu'en fermant, après chaque coup
tiré, les volets des embrasures, il ne se ré-
pandait d'autre fumée dans la casemate
que celle provenant des lances à feu et des
lumières des pièces.

Quelque favorables qu'aient été les résultats de cette expérience, nous ne sau-
rions la regarder comme décisive en faveur
des batteries blindées, et nous pensons que,
pour bien constater le service dont ces batteries seraient susceptibles, il eût fallu faire
jouer contre celles construites pour essai
quelques pièces de siége mises en batterie
à 3oo mètres de distance. Quoi qu'il en soit,

voici comment le Mémorial pour la défense des places propose de perfectionner ces batteries, qui, indépendamment de l'avantage de mettre l'artillerie et les canonniers à l'abri des ricochets et des bombes, auraient encore celui de défiler les ouvrages des vues de revers.

D'abord, afin d'éviter que l'ennemi ne cherchât à profiter de l'ouverture extérieure des embrasures pour les détruire, avant même qu'elles pussent remplir leur objet particulier, il serait bon de les couvrir entièrement par un masque de sacs à terre jusqu'au moment d'en faire usage; l'emploi du même moyen faciliterait aussi singulièrement les réparations dont ces batteries pourraient avoir besoin, en renouvelant le masque autant de fois que cela deviendrait nécessaire ; et, de cette manière, les ouvertures extérieures des embrasures pourraient même être facilement rétrécies au besoin.

Pour que les merlons entre deux embrasures couvertes ne présentent pas trop de facilité pour leur destruction, dans le cas où ils seraient battus de biais par des pièces de gros calibre, il conviendrait qu'ils eussent extérieurement une largeur de 3 à 4 toises, ce qui ne permettrait pas toujours d'établir des embrasures accolées : on pourrait alors profiter de l'intervalle qui existerait entre deux plate-formes pour y placer un petit magasin, qui serait très-utile pour le service de ces batteries. [1]

Leur charpente étant assez considérable, il serait convenable d'en préparer les bois à l'avance, de les numéroter et de les conserver en magasin, où on les trouverait tout prêts au moment du besoin.

On pourrait encore diminuer un peu la hauteur de la casemate, et pour cela on enfoncerait davantage les plate-formes et par conséquent les parties du parapet qui les surmontent, en plaçant les pièces sur des affûts plus élevés que ceux ordinaires.

Enfin, on pense qu'on pourrait exécuter ces blindages en bois de grume de 12 pouces (32 c.) de diamètre, former les joues des embrasures avec des pilots d'un fort diamètre, et en blinder le ciel avec de gros corps d'arbres, ce qui rendrait la construction beau-

---

1. Nous croyons devoir faire remarquer combien il serait dangereux d'avoir de la poudre renfermée dans un espace aussi resserré et sous un blindage.

coup plus prompte et plus facile, et ne laisserait plus lieu de craindre que le souffle des pièces dégradât les embrasures, comme cela est arrivé aux batteries blindées essayées à Saint-Omer, et comme cela arrivera nécessairement toutes les fois que les joues de ces embrasures ne seront tapissées qu'avec des madriers. [1]

---

1. Nous ne doutons point que la construction des joues avec des pilots de fort diamètre n'ajoute, en effet, beaucoup à leur solidité. Un simple revêtement, exécuté avec des gabions, ou mieux encore avec des fascines *bien piquetées*, nous paraît même préférable aux madriers, et nous croyons que l'expérience en a déjà été faite ; enfin, on pourrait se dispenser tout-à-fait de blinder les embrasures.

CHAPITRE XX.
Des batteries de côte. [1]

§. 119.

Détermination du nombre et choix de l'emplacement des batteries de côte.

Dans un mémoire du général Larosière, auteur du projet agréé en 1767 pour la défense de la rade et du goulet de Brest, on fait observer d'abord, par rapport au nombre de ces batteries, que plus on les multipliera, plus il y aura d'asiles pour les bâtimens de toute espèce, et moins l'ennemi pourra s'approcher de la côte.

Ce principe est sans doute incontestable; mais, pour lui avoir donné trop d'extension, on a multiplié outre mesure le nombre des batteries de côte; et, comme le fait remarquer le général Gassendi, on a voulu faire

---

1. Ce chapitre est extrait presque textuellement de l'*Aide-mémoire du général Gassendi*, des *Mémoires de Napoléon*, publiés par le général *Montholon* ; de l'*Instruction du Ministre de la guerre sur les tours modèles*, etc.

de la frontière maritime une enceinte de place forte, sur laquelle on a distribué au-delà de 3ooo bouches à feu. Il a fallu dès-lors un nombre correspondant de canon-niers, une quantité proportionnée d'ar-memens et de munition: tout cela n'a pu être fourni; les batteries ont été mal ap provisionnées, mal servies, et la défense des côtes est devenue presque nulle, parce qu'on avait voulu la rendre complète.

L'immense développement des côtes et la mobilité des escadres qui les menacent, mettront toujours dans l'impossibilité de garder tous les points où l'on peut aborder. On ne saurait donc empêcher les descentes: elles pourront toujours avoir lieu sur un point qu'on n'aura pas occupé, et rendront ainsi inutiles l'immense développement de forces et les frais considérables qu'on aura faits sur une multitude d'autres points, qui d'ailleurs ne peuvent être que d'une très-faible défense, lorsqu'ils sont battus par la nombreuse artillerie d'une flotte.

On peut donc restreindre considérable-ment le nombre des batteries de côte, et les réduire, suivant les idées de Napoléon, à trois espèces de batteries. 1.° Celles de première classe, destinées à défendre un port ou une *rade de sûreté :* on appelle ainsi celle où l'on peut rassembler un convoi, faire mouiller une escadre, où l'on est à l'abri des vents dangereux, où les passes sont défendues par des feux croisés. 2.° Celles de seconde classe, destinées à défendre un port marchand, une rade où peuvent mouiller les bâtimens de commerce, une anse qui, à marée basse, a encore 12 à 15 pieds (4 à 5 mèt.) d'eau, et qui peut servir aux embarcations de 10 à 12 bâtimens. 3.° Celles de troisième classe, enfin, dont l'objet doit être de protéger le cabotage, en défendant les mouillages principaux seulement, et encore lorsqu'ils ne seront pas trop rapprochés les uns des autres, attendu que, les vigies avertissant par leurs signaux de l'approche des bâtimens ennemis, ceux qu'on est dans l'intention de protéger pourront concerter leur route et leur départ en conséquence. Quant aux batteries de côte isolées et qui n'auraient aucune de ces destinations, on fera bien de les supprimer.

Pour fixer les idées sur le nombre de batteries de chaque espèce qui peuvent être nécessaires pour la défense d'une frontière maritime, nous croyons ne pouvoir mieux faire que de citer la détermination des batteries de première classe pour les côtes de la Méditerranée, telle qu'on la trouve dans les Mémoires de Napoléon recueillis par le général Montholon.

Suivant ces mémoires, il n'y a sur toute cette frontière maritime que neuf bons mouillages pour les vaisseaux de ligne; savoir: 1.° le Bouc; 2.° l'Estisat au fond de la baie de Marseille; 3.° Toulon; 4.° aux îles d'Hières, à l'île de Portecros; 5.° Fréjus; 6.° le golfe Juan; 7.° Villefranche; 8.° Gènes; 9.° la Spezzia. Le premier de ces mouillages, dont l'entrée est très-étroite, et qui peut être regardé comme le port du Rhône et le chantier de construction de la Méditerranée, est défendu par un fort, de sorte qu'il n'est pas besoin d'y construire des batteries de côte. Le mouillage de l'Estisat est mauvais, et les escadres ne le prennent que bien rarement: deux batteries y sont cependant nécessaires; mais on pourra ne les armer à l'avance qu'à moitié, sauf à compléter l'armement au besoin, ce qui pourra se faire en vingt-quatre heures. A Toulon il faut : 1.° trois batteries de première classe réunies en une seule au cap Cepet, et défendues par la Croix des signaux ; de sorte que , si l'ennemi s'empare de cette presqu'île , il ne puisse pas se servir des pièces contre la rade, le fort étant à l'abri d'un coup de main ; 2.° une batterie au cap Balaguier ; 3.° une à celui d'Éguillette : total , cinq batteries pour la côte ouest des rades ; 4.° une batterie au pied du fort La Malgue ; 5.° une à la Grosse-Tour ; 6.° une au cap Brun : total , trois batteries pour la côte est, et en tout huit batteries pour Toulon, sans parler de celles établies sur les jetées, attendu qu'elles appartiennent à l'armement de la place. Le mouillage de Portecros, aux îles d'Hières, peut être gardé par deux batteries ; il en faut aussi deux à Fréjus pour appuyer le flanc de la rade ; trois pour le golfe Juan, et deux pour Villefranche. A Gênes le mouillage est suffisamment défendu par les batteries de la place ; et enfin à la Spezzia il faut quatre batteries de côte de première classe , de sorte que toute cette frontière exige vingt-trois batteries de cette espèce , indépendamment de l'armement des places et forts, et des bouches à feu de campagne[1], dont il faut soixante-quatre pour Toulon seulement.

C'est par des considérations analogues qu'on déterminerait le nombre et la position des batteries de côte de seconde et de troisième classe, nécessaires sur cette côte, et le nombre et la position de toutes les batteries nécessaires sur une frontière maritime quelconque.

Quant aux emplacemens qui conviennent le mieux pour ces batteries, le général Larosière, déjà cité, conseille de les établir de préférence sur des îles, sur des bancs de rochers ou de sable, ou sur les pointes les plus avancées en mer, et, autant qu'il est possible, de manière à ce qu'elles décou-

---

1. Si l'on réduit, comme on doit le faire, le nombre des batteries de côte, il faut employer d'autres moyens que ces batteries pour défendre les frontières maritimes, et il faut que ces moyens soient mobiles comme l'ennemi qui insulte ou attaque ces frontières. Ces moyens ne peuvent donc être que les bâtimens côtiers de guerre, escortant les flotilles, les troupes et l'artillerie de campagne, placées à portée des points de débarquement. Le général Gassendi rapporte, dans l'Aide-mémoire, que Gribeauval ne voulait employer que du canon de quatre contre l'ennemi qui tenterait un débarquement, attendu que l'essentiel est alors de se porter sur lui avec rapidité, pour foudroyer les chaloupes, culbuter

vrent parfaitement l'endroit qu'elles doivent battre, et que les vaisseaux ne puissent
point ou ne puissent que très-difficilement
se mettre à portée de les faire taire ou de
les détruire. Si ces batteries sont destinées
à s'opposer à une descente, il faudra tâcher
d'en avoir quelques-unes cachées derrière
des rideaux ou des épaulemens, pour pouvoir tirer sur l'ennemi lorsqu'il approchera
du rivage et voudra s'en rendre maître;
enfin il ne faudra pas négliger de disposer
toutes ces batteries de manière à ce que
leur communication soit facile et assurée.

Une chose fort importante encore à considérer dans l'établissement des batteries de
côte, c'est la hauteur à laquelle il convient

---

ses troupes, les couper, empêcher leur embarquement, et
que le canon de quatre convient parfaitement pour remplir
tous ces objets. Si l'ennemi tentait la descente en présence
des troupes employées à la défense de la côte, les pièces
de douze et de huit, que ces troupes pourraient avoir, ne
seraient certainement pas capables de lutter contre l'artillerie des vaisseaux, qui battrait le rivage : il faudrait donc
attendre que les troupes de débarquement ne fussent plus
sous la protection de ces bâtimens, ou bien couvrir les
pièces, quel que fût leur calibre, pour tirer de cet abri
contre les chaloupes et les soldats. (Voyez l'Aide-mémoire
à l'usage des officiers d'artillerie.)

de les placer au-dessus du niveau de la mer.

Pour déterminer cette hauteur, Gribeauval fait d'abord remarquer, dans un mémoire cité par le général Gassendi, que les boulets ricochent sur l'eau mieux que sur la terre; que tous les ricochets sous 2 ou 3° font perdre peu de force aux boulets de gros calibre; et qu'après avoir ricoché sous l'angle de 4°, ceux de 24 conservent encore plus de force qu'il ne faut pour percer le flanc d'un vaisseau, quelque fort qu'il soit, à 300 toises (600 mètres) et plus. D'après ces principes, résultats certains de l'expérience, on peut dire que toute batterie qui sera assez élevée pour tirer à bonne portée sur un vaisseau, sous l'angle de 4 à 5°, lui fera tout le mal possible, et en souffrira le moins possible, puisque les boulets traînans de la batterie iront tous au vaisseau, tandis que ceux partant du vaisseau qui sera plus bas que la batterie, ne pourront ricocher jusqu'à elle. Tout se réduit donc à trouver pour la batterie une hauteur telle que ses boulets aillent toucher l'eau sous un angle de 4 à 5°, à 100 toises (200 mètres) de distance : or, dans cette supposition, l'éloignement du vaisseau à la batterie sera le sinus total, et la hauteur de cette batterie sera la tangente de l'angle de 4 à 5°, et en calculant cette tangente, on la trouvera de 7 à 9 toises (14 à 18 mètres).

En élevant donc une batterie de côte de 7 à 9 toises (14 à 18 mèt.) au-dessus du niveau de la mer, les boulets de cette batterie ricocheront très-bien sur les vaisseaux à 100 toises (200 mèt.) de distance, lorsqu'ils les manqueront de plein fouet, tandis que les boulets des vaisseaux, ne partant que de 1 à 2 toises d'élévation, ne pourront monter par ricochet jusqu'à la batterie, ce qui donnera à celle-ci un avantage considérable ; puisque, ne pouvant être touchée que de plein fouet, elle pourra toucher à la fois et de plein fouet et en ricochant.

Il est sans doute inutile de faire remarquer que, si une batterie doit être élevée de 8 toises (16 mèt.) environ, lorsque les vaisseaux peuvent en approcher de 100 toises (200 mèt.), elle pourra être élevée de 12 à 16 toises (24 à 32 mèt.), sans perdre les avantages du ricochet, toutes les fois que les vaisseaux n'en pourront approcher qu'à 200 toises (400 mèt.).

§. 120.

Bouches à feu qui doivent entrer dans l'armement des batteries de côte.

Dans le Mémoire inséré dans l'Aide-mémoire du général Gassendi, et que nous avons déjà cité au paragraphe précédent, le général Larosière conseille d'armer les batteries de côte de pièces de gros calibre, excepté celles des batteries cachées, où il suffira d'avoir du 8 et du 4; il recommande surtout d'y avoir autant de mortiers qu'on le pourra, cette bouche à feu étant celle qui est la plus redoutable pour les vaisseaux, et particulièrement lorsqu'il s'agit de battre des mouillages; mais le général Gassendi fait observer à cette occasion que les obus sont encore plus à craindre que les bombes pour les vaisseaux. Déjà, en effet, Gribeauval avait conseillé d'éprouver, pour la défense des côtes, l'obusier de 6 pouces, qui a l'avantage de se transporter et de se servir aussi facilement qu'une pièce de campagne, et qui, lançant son obus jusqu'à 15 ou 1400 toises (2,600 à 2,800 mèt.), peut porter le feu dans les voilures, cordages et mâtures des vaisseaux.

D'après les Mémoires du général Montholon, l'intention de Napoléon était d'armer les batteries de côte de première classe (indépendamment des tours réduits dont nous parlerons plus loin) de vingt bouches à feu de gros calibre chacune; savoir: douze pièces de 36 en fer; quatre pièces de 16 ou de 18 en bronze pour tirer à boulets rouges; et quatre mortiers de 12 pouces à la Gomer; plus, huit pièces de campagne, dont trois de 6, trois de 12, et deux obusiers, pour défendre la gorge et la plage voisine et flanquer la batterie.

L'armement des batteries de seconde classe est fixé dans les mêmes mémoires à huit bouches à feu de gros calibre; savoir: quatre de 24, deux de 16 pour tirer à boulets rouges, et deux mortiers; plus deux pièces de campagne au moins.

Enfin, l'armement des batteries de troisième classe n'y est porté qu'à deux pièces de 18, plus un obusier à longue portée; toujours indépendamment de l'armement de la tour servant de réduit.

Napoléon faisait remarquer, à l'occasion de l'armement des batteries de côte, que jamais les vaisseaux ne mouilleront dans des endroits où ils seront exposés à recevoir des boulets ou des bombes, pas plus qu'une armée ne campera à portée du feu d'une batterie; mais il observait qu'avec des mortiers à la Gomer, qui ne portent qu'à 1500 toises (3000 mètres), ou des pièces de 36 qui, montées sur affûts de côte, ne peuvent être pointées qu'à 17°, ce qui ne donne au boulet qu'une portée de 8 à 900 toises (16 à 1800 mèt.), il serait toujours impossible d'empêcher une escadre ennemie de pénétrer dans une rade, comme celle d'Hières, par exemple, où elle peut mouiller à 2000 toises (4000 mèt.) de toute terre.

D'un autre côté, les canons des vaisseaux, étant montés sur affûts marins, peuvent tirer sous l'angle de 25°, et la bande du vaisseau fait qu'ils tirent souvent sous celui de 43°, de sorte qu'il arrive que les boulets des vaisseaux parviennent jusqu'à terre, tandis que ceux de la batterie ne peuvent atteindre jusqu'aux vaisseaux. De là résultent des doutes sur la qualité de la poudre, et des soupçons de trahison ou de négligence qu'il est de la plus grande importance de prévenir.

De ces observations Napoléon conclut la nécessité d'avoir dans chaque batterie de

côte, 1.° un ou deux affûts disposés de manière à pouvoir tirer sous l'angle de 45°,
afin de lancer les obus ou les boulets à
2000 ou 2500 toises (4000 et 4600 mètres),
quoique ce tir soit incertain et à peu près
de nul effet dans les cas ordinaires; 2.°
quelques *mortiers à plaque*, au moyen desquels on puisse jeter les bombes de 12° à
2500 et jusqu'à 3000 toises (5000 et 6000
mètres). C'est ainsi que furent armées les
batteries des îles d'Hières[1], et depuis cette
époque les Anglais, qui auparavant s'étaient
montrés dans ces parages, n'y sont pas revenus; 3.° un certain nombre de pièces de
48, qui sont surtout avantageuses pour la
défense des grandes rades, telles que celles
de Toulon, la Spezzia, etc., et dont on peut
mettre jusqu'à un tiers; c'est-à-dire que sur
les douze pièces de 36 qui doivent composer l'armement d'une batterie de première
classe, il sera bon d'en avoir quatre de 48 ;

---

1. Ce furent des compagnies du quatrième régiment d'artillerie que je commandais, et qui se trouvait alors à Alexan-
drie, que l'on chargea, en 1811, d'armer ces batteries
d'après les principes indiqués ci-dessus ; ce qui fut exécuté
sous les yeux du lieutenant-général comte Lariboissière,
premier inspecteur d'artillerie. (*Note du général Ravichio.*)

car les avantages du 48 sur le 36 et le 24 sont immenses, lorsqu'il s'agit de combattre des vaisseaux.

Du reste, Napoléon pensait qu'on pourrait n'armer d'abord les batteries de côte que du tiers ou même de la moitié des bouches à feu destinées à leur armement, et cela suivant la nature de la guerre dans laquelle on se trouverait engagé : sauf à compléter plus tard cet armement au besoin, ce qui pourrait se faire en moins de quarante-huit heures, si les pièces, les affûts, les boulets et les armemens étaient déposés à l'avance et soigneusement conservés dans les tours qu'il voulait faire construire pour servir de réduits à ces batteries.

C'est ici le lieu de faire remarquer, d'après le général Gribeauval, la supériorité du feu des batteries sur celui des vaisseaux. Nous avons déjà vu au paragraphe précédent que, lorsque celles-ci seront suffisamment élevées au-dessus du niveau de la mer, elles auront pour elles le ricochet et le plein fouet; tandis que les vaisseaux n'auront pour eux que le plein fouet. Voyons maintenant les avantages du plein fouet d'une batterie sur celui d'un vaisseau.

La batterie a pour objet tout le corps du bâtiment, tandis qu'elle n'a à craindre que les boulets qui passent à 1½ pied (50 cent.) au plus au-dessus de son épaulement; puisque les pièces ne se découvrent pas plus et que chaque canon couvre la tête de l'homme qui le pointe, tout le reste du service étant couvert par le parapet. Ainsi donc, sur 3 toises (6 mèt.) de longueur d'épaulement, le vaisseau n'a pour objet que la pièce, qui ne présente que 1½ pied (50 cent.) de haut sur autant de large, ou environ 2 pieds carrés (25 décimètres carrés); tandis que sur un vaisseau de 150 pieds (50 mèt.) de quille seulement, la batterie aura pour elle 2700 pieds carrés (près de 285 mèt. carrés).

C'est là un second avantage, bien plus considérable que le premier; mais il en est encore un troisième, plus important que les deux précédens : c'est la différence qui existe dans le pointage, différence toute en faveur de la batterie. En effet, le canonnier du vaisseau sous voile ne voit pas l'objet sur lequel il doit tirer; lorsqu'il donne la hauteur, il ne peut le faire que par estimation, et ayant pointé dans le vague de l'air, il y a au moins cent contre un à parier

(509)

qu'il ne rencontrera pas la hauteur de 1 ½
pied (50 cent.) que lui offrent les pièces;
et que, s'il l'a rencontrée, il ne la conservera pas dans les mouvemens que fait le
vaisseau, puisqu'une seule ligne de roulis
peut encore la lui faire perdre; enfin, en
supposant qu'un heureux hasard porte ses
projectiles à cette hauteur, il n'y aura encore qu'un douzième de ses coups qui portera, puisque la pièce n'occupe que 1 ½ pied
(50 cent.) de longueur, sur 3 toises (6 mèt.)
de longueur de parapet.

De ces considérations nous conclurons,
avec Gribeauval, 1.° que le feu des vaisseaux n'est réellement dangereux pour les
batteries de côte que quand, par un mauvais choix de leur emplacement, on a exposé celles-ci au ricochet des boulets des
bâtimens; 2.° que, si elle est placée assez
haut pour n'être point ricochée et si les pièces y sont montées sur des affûts qui permettent de tirer par-dessus l'épaulement,
une batterie de quatre pièces de 16 ou de
24 aura toujours un avantage immense sur
un vaisseau de cent pièces, de quelque calibre que ce soit; 3.° que l'opinion trop généralement répandue, que des vaisseaux

embossés peuvent raser des forts, n'est qu'un préjugé aussi faux qu'il est dangerereux.

On a dit encore que, lorsque les vaisseaux peuvent approcher des batteries de côte à la portée de la mousqueterie, les hommes armés de fusils qui sont dans les hunes plongent dans l'intérieur de ces batteries et en arrêtent le service. Gribeauval, dans le mémoire déjà cité, indique trois moyens de remédier à cet inconvénient : 1.° d'élever sur les derrières de la batterie deux ou trois pièces de 12, qui, étant aussi hautes ou plus hautes que les hunes, seront tirées de près à grosses cartouches à balles pour enlever le bastingage des hunes et les hommes placés derrière ; 2.° d'employer contre les vaisseaux des compositions d'artifice ou des boulets incendiaires, qu'on mettrait dans les pièces à la place de cartouches, et qui jusqu'à la portée du fusil, 150 toises (300 mèt.), porteraient le feu dans les voilures, cordages et mâtures ; 3.° enfin, avoir dans chaque batterie un certain nombre d'obusiers, comme nous l'avons déjà dit, et essayer si on ne pourrait pas couler de la roche à feu dans l'obus même, pour que les éclats portassent partout avec eux des matières incendiaires.

(511)

§. 121.

Des plate-formes pour canons ou obusiers montés sur affûts de côte, et pour mortiers à plaques.

Pour une plate-forme à canon monté sur affût de côte [1], il faut :

Trois gîtes cintrés : ils ont 8 pouces (22 cent.) de largeur, 3 pouces (8 cent) d'épaisseur, 8 pieds (2 mèt. 6o cent.) de longueur, et leur cintre a 8 pouces 6 lignes (23 cent.) de flèche ;

Quatre bouts de madriers : deux ont 1 pied (32 cent.), et deux ont 16 pouces (44 cent.) de longueur ;

Quatorze piquets : ils ont 3 pouces (8 c.) de diamètre, et 3 pieds (1 mèt.) de longueur ;

Douze clous : ils ont 5 à 6 pouces (15 à 16 cent.) de longueur.

Si l'on ne pouvait se procurer des pièces de bois de 8 pieds (2 mèt. 6o cent.) de lon-

---

1. Il ne faut pas oublier qu'il s'agit ici de l'affût de côte, modèle Gribeauval : *l'affût pour place et côte,* nouveau modèle, actuellement en expérience, exigera une plate-forme différente.

gueur et ayant un cintre de 8 pouces 6 lignes (23 cent.) de flèche, on pourrait faire l'arc de quatre morceaux, longs de 6 pieds (2 mèt.) et cintrés chacun de 4 pouces 8 lignes (15 cent.) de flèche; mais cette disposition exigerait de plus un bout de madrier de 1 pied (32 cent.) de longueur, deux piquets et quatre clous.

Il faut que les bois aient naturellement à peu près la courbure qu'ils doivent avoir; car, s'ils étaient entièrement contre-taillés, ils seraient sujets à se fendre sous la charge considérable qu'ils doivent supporter.

Pour construire la plate-forme, on commencera par niveler et damer le terrain sur lequel elle doit être établie, à 5 pieds (1 mèt. 62 cent.) au-dessous de la crête intérieure de l'épaulement; puis on placera le petit châssis bien horizontalement, et ne laissant entre sa face extérieure et le revêtement que la place d'un piquet, pour le retenir et empêcher qu'il ne soit poussé vers la chemise quand on remettra la pièce en batterie. Trois autres piquets, appuyant contre ses autres faces, le fixeront solidement à la place qu'il doit occuper.

Pour empêcher que l'entretoise du milieu de ce petit châssis, qui doit supporter le grand châssis, ne plie sous la charge, ce qui rendrait ce dernier moins mobile, on fera bien de soutenir cette entretoise dans son milieu, en plaçant dessous un bout de madrier de 3 pieds (1 mèt.) de longueur, et de 2 pouces 8 lignes à 3 pouces (7 à 8 c.) d'épaisseur, disposé parallèment aux côtés de ce petit châssis.

La position des gîtes cintrés se déterminera ensuite, en traçant sur le terrain, au moyen d'un cordeau et d'un piquet, un arc de cercle qui aura pour centre le point correspondant au trou pratiqué dans le petit châssis pour recevoir la cheville ouvrière, et pour rayon la distance du milieu de ce trou au milieu de la surface convexe des roulettes du grand châssis, distance qui est de 11 pieds 8 pouces 6 lignes (3 mètres 80 cent.)

L'arc de cercle ainsi tracé sera la ligne milieu d'une rigole qui devra avoir pour largeur et pour profondeur la largeur et l'épaisseur des gîtes cintrés, et ceux-ci y seront placés bien horizontalement et de niveau avec le dessous du petit châssis.

Au-dessous des endroits de jonction des

gîtes cintrés, on placera des bouts de madriers de 1 pied (32 cent.) de longueur, sur lesquels on clouera les gîtes lorsqu'ils seront joints et mis en place, et on les arrêtera par des piquets plantés à chaque jointure, et dont le côté qui fera résistance aura été préalablement équarri.

Chaque bout de l'arc sera recouvert d'un bout de madrier de 16 pouces (44 cent.) de longueur, qui dépassera le gîte cintré de 4 pouces (11 cent.) de chaque côté, et sera fixé par deux clous et maintenu par deux piquets placés en dessus des bras de cette espèce de croix.

Il est à remarquer, relativement à la longueur de cet arc, que, lorsque la direction de la pièce fait un angle de 45° avec l'épaulement, si le talus est du quart de la hauteur, le gros rouleau de l'affût en batterie vient toucher le revêtement; si le talus était plus considérable, ou si l'affût avait été placé plus loin de l'épaulement pour que l'angle pût être encore diminué, la volée de la pièce ne passerait plus sur l'épaulement, qui serait exposé alors à être dégradé par son feu; d'où il résulte qu'une pièce ne pourra être dirigée que sous l'angle de 45°

de chaque côté de la direction première de la batterie, de sorte que son champ de tir entier sera du quart de la circonférence, et qu'on pourra toujours tirer sur un vaisseau qui ne fera que passer devant une batterie, pendant tout le temps qu'il emploira à parcourir le double de sa distance la plus rapprochée de la batterie, plus un coup par pièce à son arrivée.

Il suffirait donc que l'arc fût égal au quart de la circonférence, plus la largeur du châssis; mais on y ajoute de chaque côté la partie qui fait la croix, afin que la roulette ne porte jamais sur le bout, qui serait plus aisé à détruire.

Cette plate-forme a le grave inconvénient d'être sujette à se déranger, et les gîtes cintrés se pourrissent facilement dans la terre, de sorte qu'il faut les renouveler au moins tous les trois ans. On a proposé, en conséquence, de les remplacer par des portions circulaires en fonte de fer, qui seraient beaucoup plus durables, et sur lesquelles les roulettes du grand châssis rouleraient plus facilement et plus régulièrement. On a calculé que ces plaques circulaires, auxquelles on donnerait 6 pouces (16 cent.)

de largeur et 1 pouce (3 cent.) d'épaisseur, pèseraient ensemble 590 livres (288^k, 80), et que leur prix serait à celui des bois qui entrent dans la construction de la plate-forme ordinaire, à peu près dans le rapport de 8 à 3.

Les plate-formes pour mortiers ordinaires s'établissent dans les batteries de côte comme dans celles de siége ou de place; mais nous avons vu au paragraphe précédent qu'il convenait d'avoir dans les premières de ces batteries un certain nombre de mortiers de 12 pouces *à semelle* ou *à plaque*, et ces bouches à feu ayant souvent cassé leurs bombes, on en fait couler de plus épaisses, pesant 180 livres (90 kilogramm.), ce qui a donné à ces mortiers, sur une plate-forme ordinaire, jusqu'à 12 à 14 pieds (4 m. à 4 m. 55 cent.) de recul, et a rendu par conséquent fort longue et fort difficile la manœuvre nécessaire pour les remettre en batterie.

Pour remédier à cet inconvénient, on construit pour les mortiers à plaque des plate-formes particulières, dont la moitié en avant, sur laquelle la bouche à feu doit être en batterie, est horizontale, et dont la seconde partie en arrière, sur laquelle se fait le recul, s'élève en plan incliné, ce qui a le double avantage de modérer ce recul et de faciliter la manœuvre de remettre en batterie.

Pour établir une plate-forme de cette espèce, il faut :

Cinq gîtes, ayant chacun 12 pieds (4 m.) de longueur, 6 pouces (16 cent.) de largeur, et d'épaisseur 8 pouces (22 centim.) jusqu'au milieu; puis 16 lignes (36 mill.) par pied (32 cent.) de talus, depuis ce milieu jusqu'à l'extrémité postérieure, qui aura par conséquent 16 pouces (44 cent.) d'épaisseur.

Douze lambourdes de 9 pieds (3 mèt.) de longueur, 6 pouces (16 cent.) de largeur, et 8 pouces (22 cent.) d'épaisseur.

Douze autres lambourdes, ayant les mêmes largeur et épaisseur, mais seulement 8 pieds (2 mèt. 60 cent.) de longueur.

Trente piquets de fondation, ayant 15 pouces (40 cent.) de longueur, et 3 pouces (8 cent.) de diamètre.

Enfin, vingt-deux piquets de plate-forme, ayant 3 pieds (1 mètre) de longueur et 4 pouces (11 cent.) de diamètre.

Pour construire la plate-forme, après

avoir déterminé son emplacement et tracé la ligne de tir du mortier, on creusera d'a-bord, à 15 pouces (40 cent.) au-dessous du niveau que doit avoir le dessus des gîtes, cinq rigoles parallèles, équidistantes, celle du milieu sur la ligne de tir, et toutes à 33 pouces (90 cent.) de distance l'une de l'au-tre, de milieu en milieu; puis on enfoncera à tête perdue dans chaque rigole six piquets de fondation, bien de niveau, et à 2 pieds (64 cent.) l'un de l'autre. [1]

Dans les rigoles et sur ces piquets on placera ensuite les cinq gîtes bien parallèles et équidistans entre eux, la partie en talus sur le derrière de la plate-forme et en des-sus, et on aura soin de s'assurer par un nivellement que la partie antérieure est bien horizontale et que la partie postérieure est bien dans un même plan uniformément incliné de l'arrière à l'avant.

Lorsque les gîtes seront placés bien exac-tement comme ils doivent l'être, on rem-plira les rigoles de terre qu'on damera for-

1. Si le terrain n'était pas ferme, il faudrait, pour assurer la solidité de la plate-forme, creuser des trous de 18 pouces (50 cent.) de profondeur, et mettre au fond une pierre plate pour soutenir le piquet de fondation.

tement, surtout contre les gîtes, pour les assujettir.

Sur ceux-ci se placeront les lambourdes; d'abord une des longues, puis une des courtes, et ainsi de suite alternativment. La treizième, qui se trouvera à la naissance du talus, devra être coupée en sifflet dans toute sa longueur, de manière à ce qu'elle appuie de toute son épaisseur contre la lambourde qui précède.

A droite et à gauche des lambourdes courtes, alternativement, on enfoncera un piquet de plate-forme jusqu'au niveau de ces lambourdes; enfin, on arrêtera la plate-forme, du côté du recul, par six piquets à plate-forme, et en avant par quatre.[1]

Pour que le mortier à plaque puisse reculer et glisser sur le talus de cette plate-forme, on enlèvera, à chaque partie inférieure du devant et du derrière du plateau, une petite portion de bois de 9 lignes (2 mill.) d'épaisseur, diminuant insensiblement sur une longueur de 7 pouces (19 cent.) en allant en dessous; et on arrondit par un rayon

---

1. Le nombre de piquets indiqué ci-dessus, est celui qu'il faut employer dans un bon terrain ; il conviendrait d'augmenter ce nombre si le terrain était mouvant.

de 3 pouces (8 cent.) les deux extrémités du plateau. [1]

§. 122.

Détails pratiques particuliers à la construction des batteries de côte.

Après ce que nous avons dit dans les paragraphes précédens sur le choix de l'emplacement des batteries de côte, sur les bouches à feu dont on doit les armer, et sur les plate-formes qu'on doit y établir pour ces pièces, il nous reste peu de choses à ajouter sur la construction proprement dite de ces batteries.

---

[1]. La construction de la plate-forme que nous venons de décrire étant assez difficile et exigeant des bois de fortes dimensions, on a essayé de se dispenser de la faire, en adaptant au plateau différens mécanismes, ayant pour objet de diminuer ou d'augmenter à volonté le frottement du mortier sur la plate-forme ordinaire, et par conséquent de modérer le recul en donnant les moyens de remettre facilement la bouche à feu en batterie (voyez, dans l'Aide-mémoire du général Gassendi, les mécanismes proposés à cet effet, par le général Thirion et par le sieur Cheramy, ouvrier en fer au Havre). Mais ces diverses inventions ne paraissent pas assez simples et ont le grave inconvénient d'occasioner un recul excessif, si l'on oublie, au moment du tir, de faire passer la bouche à feu d'une disposition à l'autre.

Nous nous bornerons donc à rappeler ici quelques principes pratiques auxquels il sera utile de se conformer dans cette construction.

Il faudra d'abord avoir soin de leur donner une *direction* telle que leurs feux se croisent autant que possible, et puissent se répandre ou se concentrer, suivant le besoin, sur les différens points que l'ennemi peut occuper ou sur lesquels il peut s'ancrer.

Ce serait un grand vice pour ces batteries d'être construites en maçonnerie, comme l'a fait remarquer le général Gribeauval; car il n'est pas possible de se bien défendre derrière un pareil épaulement, attendu qu'un seul boulet qui touche dans l'embrasure ou sur la crête du parapet chasse une grande quantité de pierres dans la batterie, et y fait plus de mal que n'en pourraient faire plusieurs cartouches à balles à la fois.

A moins de cas extraordinaires, il ne faut point conserver d'embrasures dans ces batteries, quand on a des affûts de côte, puisque ces embrasures, en rétrécissant le champ de tir, priveraient du plus grand avantage de ces affûts. Il faudra donc alors élever les genouillères jusqu'à 5 pieds (1 mèt. 62 cent.) au moins; et ce rehaussement devra se faire avec des terres franches et tenaces : et si celles qu'on a à sa disposition contiennent des pierres, il faudra les passer dans une claie très-serrée pour les en purger. Comme la légèreté des terres oblige presque toujours à revêtir les batteries construites sur les côtes, et qu'on y manque ordinairement de bois propres à la confection des saucissons, on entoure la genouillère d'un demi-revêtement en pierres rengrénées, qui a 3 pieds (1 mèt.) de hauteur, et 2 pieds 6 pouces (81 cent.) d'épaisseur. Mais toute genouillère ou épaulement quelconque doit être recouvert à son sommet de 2 pieds (65 cent.) de terre franche et purgée de pierres.

Il faut mettre plus de distance d'une pièce à l'autre dans les batteries de côte, que dans celles de place ou de siége. Pour ces dernières, il est d'usage d'espacer les pièces de 3 toises (6 mèt.); mais, si l'on s'en tenait à cet écartement pour les pièces des batteries de côte, lorsque la direction de ces pièces ferait avec l'épaulement un angle de 45°, il ne resterait pas 9 pieds (3 mèt. d'in-

tervalle entre les châssis sur lesquels les rou-
leaux débordent de 15 pouces (35 cent.),
et le passage libre se trouverait réduit à 6
ou 7 pieds (2 mèt. à 2 mèt. 50 cent), ce qui
serait fort incommode pour la manœuvre.

Il faudra donc calculer la longueur de
l'épaulement de manière à pouvoir espacer
les pièces de $5\frac{1}{2}$ toises (8 mèt.) d'axe en
axe, ce qui sera d'autant plus convenable
qu'il n'en peut résulter aucun inconvénient, et que cela procurera au contraire
l'avantage de diviser sur un plus grand espace le feu des vaisseaux.

Dans les Mémoires de Napoléon, recueillis par le général Montholon, et que
nous avons déjà cités, on conseille même
d'éloigner les pièces de 4 à 6 toises (8 à 12
mètres) de l'une à l'autre, à moins que les
localités ne s'y opposent; on recommande
aussi de séparer par des traverses les mortiers des canons, et les pièces tirant à boulet
rouge de celles tirant à boulet ordinaire;
enfin, on prescrit encore, quand la batterie
sera composée de douze pièces, de la partager en deux par une traverse, et si les
localités s'y prêtent, de disposer les deux
terre-pleins sur deux plans différens, dont

l'un sera élevé de 7 à 8 toises (14 à 16 mèt.) au-dessus de l'autre.

Suivant les mêmes Mémoires, il faut encore :

1.° Construire trois plate-formes pour deux mortiers ordinaires, et quatre plate-formes pour deux mortiers à plaque;

2.° Établir, à 5 toises (10 mèt.) du heurtoir, des parados ou des traverses parallèles à l'épaulement, une pour quatre canons ou pour deux mortiers : derrière la première seront placées, dans une caisse, seize gargousses, quatre par pièce; derrière la seconde seront déposées huit bombes, quatre par mortier; et ces munitions seront remplacées, au fur et à mesure des consommations, par d'autres, qu'on tirera du magasin, situé dans la *tour-réduit,* quand il y en aura une dans la batterie;

3.° Dans l'intervalle des plate-formes, placer des tonneaux ou des gabions pleins de terre, ou construire des traverses rondes de 2 pieds (65 cent.) de diamètre, pour servir d'abri aux canonniers contre les éclats des bombes et des obus.

A ces conseils, auxquels on fera toujours bien de se conformer dans la construction

des batteries de côte, ajoutons-en encore
quelques autres non moins importans.

Remarquons d'abord que ces batteries
étant généralement isolées, et à d'assez
grandes distances des point fortifiés capables de les protéger, elles pourraient être
facilement tournées et enlevées assez aisément, si elles restaient ouvertes : il faudra
donc qu'elles soient fermées à leur gorge,
partout où elles ne pourront être assurées
suffisamment par des escarpemens de rochers ou par d'autres défenses naturelles,
surtout lorsqu'elles occuperont des points
dont il importera de conserver la pos-
session. [1]

De l'isolement de ces batteries et de la
possibilité où on se trouve d'y voir quelquefois ses communications interceptées,
nous conclurons encore la nécessité d'avoir
dans chacune d'elles, ou du moins dans les
plus importantes, un corps-de-garde, ou

---

[1]. La nécessité où on peut se trouver de se défendre du
côté de la terre comme du côté de la mer, a fait imaginer
à M. l'adjudant-commandant Mayer, de placer le grand
châssis en sens contraire de sa position ordinaire, ce qui
donne à la pièce montée sur affût de côte la propriété de
battre également des deux côtés.

plutôt une petite caserne, et des magasins pour les munitions et pour les vivres : le tout proportionné à l'étendue de la batterie et au nombre des bouches à feu qu'elle contiendra.

En nous rappelant, enfin, de quelle importance il est de se garantir du ricochet des vaisseaux, nous serons conduits, lorsque le terrain entre la mer et la batterie formera un talus tel que les boulets du vaisseau puissent s'y élever en ricochant jusqu'à la batterie, nous serons conduits, disons-nous, à couper ce talus en un assez grand nombre de banquettes horizontales, de manière à ce que les projectiles qui viendront frapper l'une d'elles sous un angle peu ouvert, aillent se perdre en ricochant dans la face verticale qui forme le degré suivant.

§. 125.

Des tours-modèles destinées à servir de réduits aux batteries de côte.

Nous avons vu au paragraphe précédent qu'il était nécessaire d'avoir dans chaque batterie de côte un corps-de-garde ou une petite caserne, et des magasins pour les mu-

nitions et pour les vivres. Depuis long-
temps [1] on avait senti de quelle utilité il
pouvait être de réunir ces bâtimens, et d'en
former un *réduit* voûté, crénelé, distribué
d'une manière utile à la défense, et pouvant
s'appliquer non-seulement aux batteries de
côte, mais encore à tous les petits ouvrages
de fortification isolés.

Plusieurs modèles de tours furent pré-
sentés, en 1811, par le comité central des
fortifications, à Napoléon, qui choisit et ap-
prouva, comme les plus conformes aux bases
qu'il avait posées, les tours-modèles, con-
nues sous la désignation de N.° 1, N.° 2 et
N.° 3, et dont nous allons donner ici une

---

1. On trouve dans Bélidor, Science des ingénieurs, liv. 4,
chap. 7, la description des tours appelées tours à la Vauban
dans l'instruction. Elles ne sont pas percées de créneaux.
Celles qui furent construites en Égypte étaient essentiellement défensives. Le savant auteur des *Voyages dans la
Grande-Bretagne*, rapporte (Force militaire, tom. 2, liv. 6,
chap. 4), qu'en 1794, les Anglais furent frappés de la défense que fit une tour ronde, bâtie sur la côte de Corse et
armée d'un canon seulement; que dès lors ils résolurent
d'employer de pareilles tours pour fortifier les côtes britan-
niques en-deçà comme au-delà des mers. Elles sont appelées
Tours Martello. M. Dupin a donné des détails intéressans
et instructifs sur leur construction d'après le colonel Pasley,
auteur d'un *Traité de fortification*.

description succincte, d'après l'instruction ministérielle sur cet objet.

Ces tours sont une combinaison des tours de Vauban et de celles exécutées en Égypte lors de l'expédition de l'armée française dans cette contrée. Toutes sont carrées, voûtées à l'épreuve de la bombe; toutes sont composées d'*une cave*, d'*un étage* crénelé et renfermant une cheminée, et d'une *plate-forme* avec embrasures : toutes ont un fossé avec pont-levis et dormant. Les *caves* sont destinées à contenir les magasins à poudre, aux vivres, celui de l'artillerie et la citerne. L'*étage* est proprement le logement des troupes; la *plate-forme* porte du canon.

Leur hauteur totale, depuis le fond du fossé jusqu'au dessus du mur de la plate-forme, est de 27 pieds (8 mèt. 80 cent.), et seulement de 20 pieds (6 mèt. 50 cent.) depuis le sol des caves jusqu'au niveau de la plate-forme supérieure. Elles s'élèvent de 18 pieds (6 mèt.) au-dessus du terrain naturel. Pour défendre le pied des tours, on adapte à la plate-forme quatre *machicoulis* qui ont des créneaux latéraux destinés à tirer aux angles.

Ces tours ne diffèrent les unes des autres,

d'une manière bien distincte, que par leur capacité, par les épaisseurs des voûtes, et par leur armement.

Celles du N.º 1 qui, suivant les idées de Napoléon, doivent servir de réduits aux batteries de côte de première classe, ont intérieurement 36 pieds (12 mèt.) de côté; l'épaisseur du mur est de 6 pieds (2 mèt.) au niveau des caves, et de 5 pieds 6 pouces (1 mèt. 80 cent.) seulement au niveau de l'étage. Cet étage est garni de lits de camp pour soixante hommes, et il peut contenir en outre deux canons montés sur affûts marins ou de casemates, un à chaque côté de la porte. Sur la plate-forme doivent être placés quatre canons de 24 ou de 16 sur affûts de côte, un à chaque angle.

Les tours N.º 2, destinées aux batteries de côte de seconde classe, doivent avoir 21 pieds (7 mèt.) de côté intérieur. L'épaisseur des murs, au niveau des caves, est de 5 pieds 6 pouces (1 mèt. 80 cent.), se réduisant à 4 pieds (1 mèt. 30 cent.) au niveau de l'étage, qui n'est garni de lits de camp que pour trente hommes, et sa plate-forme ne porte qu'une pièce de campagne et deux caronades sur affûts tournans.

Enfin, aux tours N.º 3, qui doivent être employées comme réduits dans les batteries de troisième classe, le côté intérieur n'a que 15 pieds (5 mèt.), et l'épaisseur du mur, qui est de 4 pieds 6 pouces (1 mèt. 50 cent.) au niveau des caves, se réduit à 3 pieds (1 mètre) au niveau de l'étage. Cet étage est habité par dix-huit soldats, ou par douze soldats, et un gardien de batterie ayant un cabinet particulier; et la plate-forme ne porte que deux caronades en fonte sur affût tournant.

Les escaliers, pour communiquer à la cave, à la plate-forme et aux machicoulis, sont pratiqués dans l'épaisseur des murs aux tours N.º 1; pour celles des N.ᵒˢ 2 et 3, ils sont intérieurs, et leur débouché sur la plate-forme est fermé par une trappe.

Si le terrain et les fonds dont on peut disposer le permettent, il importe que le revêtement de la batterie ou de l'ouvrage d'enveloppe ait 15 pieds (5 mèt.) de relief sur le terrain naturel. La tour, qui a 18 pieds (6 mèt.) de hauteur au-dessus de ce terrain, conservera alors 3 pieds (1 mèt.) de commandement; elle ne pourra être battue de la mer ni de la campagne : elle jouira de toutes ses propriétés comme réduit, et l'ennemi, pour la détruire, sera obligé d'établir du canon sur l'ouvrage d'enveloppe, sous les feux de l'étage et de la plate-forme.

Si l'on ne pouvait donner à l'ouvrage extérieur que 12 pieds (4 mèt.) de relief, les tours auraient un commandement de 6 pieds (2 mèt.), et la plate-forme pourrait tirer en même temps que l'ouvrage; mais elle serait exposée à ce que ses parapets fussent contre-battus et ruinés, de sorte qu'on ne conserverait plus alors que les feux casematés, et que la tour perdrait une de ses propriétés comme réduit.

Enfin, si l'on ne pouvait donner à l'ouvrage d'enveloppe qu'un relief moindre de 12 pieds (4 mèt.), il faudrait, autant que possible, enfoncer la tour de manière qu'elle n'ait sur l'ouvrage que de 3 à 6 pieds (1 à 2 mèt.) de commandement. Si le terrain ne le permettait pas, les tours pourraient être détruites de loin par le canon, et ne seraient bonnes que contre la mousqueterie, ce qui est la limite de leur utilité.

Il faut choisir les modèles et calculer les ouvrages, de manière que la tour reçoive tous les canonniers si c'est une batterie, et loge le tiers de la garnison si c'est un petit ouvrage de fortification. Le reste pourra être baraqué.

S'il s'agit d'une batterie ou d'un ouvrage dont la garnison est très-faible, cette garnison se tiendra dans la tour, ne laissant en dehors et sur la plate-forme que des sentinelles, et elle ne sortira que pour servir les pièces et fusiller les débarquemens : elle ne s'exposera jamais à ce qu'on lui coupe la retraite, se retirera dans la tour, tirera de l'intérieur de l'ouvrage, et y tiendra ferme jusqu'à ce qu'on la dégage ou jusqu'à ce que l'ennemi batte en brèche.

S'il s'agit d'un ouvrage dont la garnison est complète ou suffisante, elle doit se défendre de pied ferme dans cet ouvrage, sous la protection de la tour qui lui sert de point d'appui, et dont les feux sont dirigés sur l'ennemi, aussitôt que ses progrès l'y exposent.

Une tour-modèle et une batterie de côte occupent quelquefois une dune : Il faut alors,

1.° Que le fond du fossé soit pavé, s'il se peut, afin de faciliter l'enlèvement des sables, ou bien que la tour et sa contrescarpe soient établies sur un seul et même soubassement en maçonnerie ;

2.º Que ce même fond, s'il n'est pavé, le terre-plein de la batterie, celui du chemin couvert, les talus, banquettes, parapets et glacis soient couverts en terre grasse semée en gazon, et que de plus les glacis soient plantés en taillis et futaie ;

3.º Que les plans de pente du glacis soient prolongés, recouverts et semés, suivant la même méthode, jusqu'à leur intersection avec les plans ou surfaces de contre-pente des dunes environnantes, afin que le dessous du glacis soit, le moins possible, affouillé par les vents et l'écoulement des sables ;

4.º Que la crête et la queue de ces glacis soient limitées par des estacades dont les claire-voies, garnies de roseaux, arrêtent les sables, laissent aux plantations le temps de croître, et les défendent contre les dégradations.

Nous ne parlerons point des tours-modèles N.ᵒˢ 4 et 5, qui ne sont point voûtées et ne portent point de canons ; ce sont de simples corps-de-garde crénelés, mais néanmoins très-utiles dans quelques batteries.

§. 124.

Des grils, fourneaux et fours à faire rougir les boulets.

Nous avons vu, dans les paragraphes précédens, que le tir à boulets rouges était un des plus puissans moyens qu'on pût employer contre les vaisseaux [1], c'est donc ici le lieu de nous occuper des *grils, fourneaux* ou *fours* à rougir les boulets.

Dans les Mémoires recueillis par le gé-

---

1. On objecte contre le tir à boulets rouges, 1.° qu'il exige des appareils dont la construction et l'entretien sont fort dispendieux ; 2.° qu'il est fort difficile de tenir les boulets prêts à être tirés au moment précis où on en a besoin ; 3.° que la fumée des feux qu'il faut entretenir pour les faire rougir, fait reconnaître au loin, par les vaisseaux, l'emplacement des batteries ; 4.° qu'on a beaucoup de peine à inspirer aux canonniers assez de confiance pour qu'ils exécutent ce tir avec le même sang froid et par conséquent la même justesse que le tir ordinaire. D'après ces motifs, beaucoup d'artilleurs préfèrent aux boulets rouges les boulets incendiaires, et surtout les obus, qui produisent le même effet ; mais comme ils ont moins de masse, ils sont loin d'avoir la longue portée, la justesse de tir et la force de percussion qu'on peut obtenir des boulets rouges, et ceux-ci ont en outre l'avantage de ne pas être aperçus facilement, comme le sont les projectiles creux, à cause de leurs fusées.

néral Montholon, et que nous avons déjà cités, Napoléon conseille de placer ces *grils, fourneaux* ou *fours* à 3 pieds (1 mèt.) au plus du revêtement intérieur, et derrière un merlon, si la batterie est à embrasure, afin de les tenir à l'abri des coups de l'ennemi [1]. Pour prévenir les accidens, il recommande encore de mettre les pièces tirant à boulets rouges à l'une des extrémités de la batterie, et de les séparer, par une traverse, des autres bouches à feu dont cette batterie est armée.

Pour faire rougir les boulets, on se contentait autrefois [2] de creuser dans la terre une espèce de fosse de 1 pied (32 cent.) en-

---

1. Si les localités ne permettaient pas de placer les grils, fours ou fourneaux dans la batterie même, il faudrait transporter les boulets aux pièces dans des boîtes en fer, fermant à couvercle, et qu'on remplirait de poussière de charbon allumée ou de cendres chaudes.

2. Quelques auteurs ont écrit que la manière de tirer à boulets rouges avait été inventée par un soldat anglais de la garnison de Gibraltar, du temps du général Elliot; mais cette assertion n'est point exacte, et le tir à boulets rouges est beaucoup plus ancien. Il est prouvé que les Polonais en firent usage à Polozk, en 1580, et même au siége de Dantzig, dès 1577. Nous verrons plus loin que ce sont les *fourneaux* à faire rougir les boulets qui ont été employés pour la première fois à Gibraltar.

viron de profondeur ; on la remplissait de
charbon de bois ou de charbon de terre,
qu'on allumait ensuite, et dont on entrete-
nait la combustion au moyen d'un soufflet,
pendant tout le temps que durait l'opération. Au-dessus de la fosse était un *gril*, sur
lequel se plaçaient les boulets, qu'on faisait
rougir jusqu'à la couleur cerise ; puis des
canonniers les retiraient avec de grosses
pinces, et d'autres se servaient de grandes
cuillers de fer pour les porter jusqu'aux
pièces et les introduire dans l'ame du canon,
qui devait être déjà chargé à poudre, avec
un bouchon sec et un bouchon mouillé par-
dessus, et qui était toujours pointé au-dessus
de l'horizon, attendu que, comme on ne
mettait pas de bouchon par-dessus le boulet, ce projectile aurait nécessairement glissé
dans l'ame, si la pièce eût été pointée au-
dessous de l'horizon. [1]

---

[1]. Cette manière de tirer à boulets rouges faisait perdre
nécessairement beaucoup de la justesse du tir et de l'étendue
des portées ; mais on s'est assuré, par des expériences faites
à Cherbourg, en 1785, qu'on pouvait tirer à boulets rouges
au-dessus comme au-dessous de l'horizon, en employant la
terre grasse ou le foin mouillé pour bouchon, sur la poudre
et sur le boulet. On avait cherché à obtenir le même avantage à Gibraltar, en enveloppant le boulet d'une feuille de

Le *gril* était porté sur trois double-pieds, écartés dans le bas de 23 pouces (6o cent.), de 12 pouces (32 cent.) de hauteur, et mobiles à charnière sur les barreaux du cadre. Sur ces mêmes barreaux s'assemblaient les barres de la grille ; elles avaient 26 pouces (70 cent.) de longueur ; 10 lignes (23 mill.) d'équarrissage, et étaient espacées entre elles de 4 pouces (11 cent.) pour les boulets de gros calibre, et de 2 pouces 9 lignes (74 millim.) seulement pour les boulets des canons de campagne.

On pouvait faire rougir, à la fois, sur un gril de ce genre.

Dix-huit boulets du calibre		de 24.
Vingt-un	*idem*	de 16.
Trente-deux	*idem*	de 12.
Trente-six	*idem*	de 6 ou 8.
Quarante	*idem*	de 4.

---

tôle emboutie, dont les bords avaient des entailles qui retenaient le projectile. En 1792, l'artillerie piémontaise ayant à établir des batteries à boulets rouges, élevées au-dessus de la mer, M. le capitaine Casimir Vayra imagina, pour retenir les boulets dans les pièces pointées fort au-dessous de l'horizon, une espèce de calotte en fer, à laquelle étaient brasées quatre bandes élastiques formant ressort, qui empêchaient le projectile de descendre dans l'ame en s'appuyant contre sa paroi.

Comme les boulets chauffés jusqu'au rouge - blanc commencent à devenir pâteux et à se déformer, il fallait avoir soin de les remuer et de les éloigner à temps du courant d'air entretenu par le soufflet.

Les instrumens accessoires ou les ustensiles nécessaires étaient un soufflet, un crochet en fer, une pince et une pelle à feu ordinaires; une grosse pince en forme de tenaille, pour retirer les boulets du feu; plus une grande cuiller en fer par pièce, pour porter les boulets et les introduire dans l'ame. [1]

Ce procédé était simple et peu coûteux; mais les boulets ne rougissaient que très-lentement et très-imparfaitement. Ce fut pour remédier à ces inconvéniens que fut imaginé, à Gibraltar, pendant le dernier siége, une nouvelle espèce de *fourneau* à rougir les boulets, dont la première idée fut donnée par un soldat hanovrien de la garnison de cette place, nommé Schwependick.

---

1. J'ai encore vu employer souvent cette méthode dans les polygones d'Olmutz et de Vienne, de 1802 à 1810, lorsque je me trouvais au service de l'Autriche comme capitaine d'artillerie. (*Note du général Ravichio.*)

Cet homme, cloutier de profession, fit construire un carré long, entouré d'un mur, dont deux parois opposées étaient percées chacune d'une ouverture ; les deux ouvertures correspondant exactement entre elles, de manière à établir un courant d'air. Dans cette enceinte en maçonnerie se trouvaient deux grilles, placées l'une au-dessus de l'autre : celle du dessous destinée à recevoir le charbon ; celle du dessus formée de gros barreaux sur lesquels on plaçait les boulets, avec du bois par-dessus pour accélérer leur chauffage. Au moyen de ce fourneau, une fois échauffé, il suffisait de trente minutes pour porter à la couleur rouge-cerise tous les boulets qui y étaient placés.

Comme il s'agissait, dans cette circonstance, d'entretenir un feu très-actif pour détruire les *batteries flottantes* de l'assiégeant, dont nous avons parlé §. 109, les Anglais avaient établi sur les remparts de Gibraltar une batterie à boulets rouges de quatre-vingts bouches à feu, avec deux fourneaux tels que ceux que nous venons de décrire. Il y en avait un à chaque extrémité de la batterie, et pour approvision-

ner promptement les pièces, on avait imaginé des chariots garnis en fer, qui, roulant
en arrière de la batterie, se chargeaient de
boulets rouges à une de ses extrémités, les
distribuaient en passant à chaque pièce, et
en reprenaient à l'autre extrémité pour les
distribuer de même au retour, et ainsi de
suite.

En 1785, on s'occupa à Cherbourg de
plusieurs questions importantes sur le tir
à boulets rouges. On constata que le boulet
rouge ne se dilatait pas assez pour l'empêcher d'entrer dans la pièce de son calibre.
On rechercha les moyens d'empêcher la
chaleur du boulet, une fois logé dans la
pièce, de se communiquer à la poudre,
pendant un temps suffisant pour rassurer
les canonniers et leur permettre de pointer
avec l'attention nécessaire; et l'on reconnut
que la terre glaise humectée remplissait parfaitement cet objet. On constata aussi que
l'enfoncement du boulet rouge dans le bois
est le même que celui du boulet froid, et
que les vaisseaux ne peuvent s'exposer sans
danger aux feux des batteries à boulets rouges. Enfin on s'occupa surtout des moyens les
plus expéditifs pour rougir et manœuvrer

les boulets. Il fallait plus de deux heures pour rougir sur le gril le boulet de 36; il ne fallait que vingt minutes pour rougir le boulet de 33, en aidant l'action du feu par un soufflet de forge. C'est au général du génie Meusnier, rapporteur de la commission nommée pour ces expériences, et également distingué comme savant ingénieur et comme militaire, que l'on dut la construction des fours à reverbère à rougir les boulets.

En 1794 on en construisit en France, sur les côtes de la Méditerranée, aux batteries depuis les bouches du Rhône jusqu'à Savone, d'après le modèle de cet officier général, et ils parurent convenir parfaitement à leur usage. (Aide-mémoire d'art., p. 476.)

Ces fours sont composés : 1.° d'un *four-* Pl. XXIII *neau* rectangulaire de 36 pouces (98 cent.) sur 24 pouces (65 cent.), où se trouve une grille pour recevoir le bois ou le charbon, avec un cendrier au-dessous; 2.° d'une chaufferie adjacente et perpendiculaire au fourneau, et dans laquelle on place les boulets; elle a 30 pouces (81 cent.) de largeur, et 15 pieds 6 pouces (5 mèt.) de longueur. Le sol de cette chaufferie, divisé en quatre sillons, est incliné vers le fourneau, et se trouve de niveau avec lui dans sa partie la plus basse.

Depuis, on a apporté quelques changemens au modèle de Meusnier: ainsi les coulisses ne sont plus en briques, mais en barres de fer de 15 lignes de côté, appuyant sur une arête, et ayant de $\frac{1}{6}$ à $\frac{1}{7}$ de leur longueur de pente.

Pour accélérer l'incandescence des boulets, et pour économiser le combustible, il est important de conduire le feu d'une manière uniforme. Pour cela, il faut que le bois soit débité en morceaux de 12 à 15 pouces (50 à 40 cent.) de longueur, sur 3 pouces (8 cent.) de grosseur, au plus. On en jette dans le fourneau, en quantités égales, toutes les quatre à cinq minutes, et de manière à ce qu'il s'y tienne debout; s'il est disposé irrégulièrement et s'il se tasse, on l'éparpille avec le grapin, pour faire élever beaucoup de flamme.

Pour mettre le four en train, il faut chauffer pendant une heure, et pour donner ensuite au boulet de 36 la couleur rouge-cerise, il faut trente à trente-cinq minutes. Dans ces deux espaces de temps réunis, la consommation de bois est de 16 à 18 pieds cubes (548 à 617 décimèt. cubes) de bois blanc, pin ou peuplier, en le supposant médiocrement sec.

Le chargement du fourneau pourra durer à chaque fois une minute, et son service exigera constamment deux hommes, dont l'un pour aller chercher le bois et l'autre pour le jeter dans le fourneau.

En chauffant avec du charbon, il en faut 6 quintaux (300 kil.), pour donner d'abord au four le degré de chaleur nécessaire, et ensuite 12 livres (6 kil.) par heure pour l'entretenir.

Nous sortirions des limites de cet ouvrage, si nous entrions dans de plus longs détails sur le *tir à boulets rouges;* toutefois nous devons faire remarquer qu'on emploie dans ce tir un bouchon de foin sec sur la poudre, puis un bouchon de foin mouillé sur le bouchon de foin sec; on enfonce ensuite le boulet rouge, et enfin un second bouchon mouillé; ou bien on sépare la poudre du boulet rouge par un bouchon de terre grasse, et on place un second bouchon semblable sur le boulet. Or, comme la poudre enflammée trouvera plus d'obstacles à

son expansion quand on emploîra la première de ces méthodes que quand on tirera
à boulets froids ; et comme , lorsqu'on se
servira du second procédé , elle trouvera
encore plus de résistance que lorsqu'on
emploîra le premier ; il s'en suivra que les
pièces auront généralement plus de recul
en tirant à boulets rouges que lorsqu'on
tirera à boulets froids ; et plus encore quand
on se servira de bouchons de terre grasse ,
que quand on emploîra ceux de foin
mouillé. C'est une considération à laquelle
il faudra avoir attention , quand on déterminera la longueur des plate-formes des
bouches à feu destinées à cette espèce de
tir.

NOTE

Sur un système d'artillerie applicable à la défense des places et des côtes, dans lequel les pièces n'auraient aucun recul et se chargeraient par la culasse.

Il est un grand nombre d'emplacemens dans lesquels il serait de la plus haute importance d'avoir de l'artillerie pour la défense des places et des côtes, et où, cependant, on ne peut pas en placer, parce que ces localités n'offrent pas l'espace, assez considérable, qui doit exister derrière les pièces, tant pour le recul que pour la manœuvre, et c'est particulièrement dans les casemates qu'on a lieu de remarquer cet inconvénient : ce serait donc procurer à l'artillerie un fort grand avantage, que de supprimer le recul des bouches à feu et de réduire à la moindre étendue .possible l'espace nécessaire pour la manœuvre.

Il ne serait pas moins utile de trouver un moyen de charger les canons par la culasse, et les essais multipliés qu'on ne cesse de faire pour y parvenir, le prouvent suffisamment, sans qu'il soit nécessaire d'entrer à cet égard dans de plus longs détails.

En combinant ces deux idées, M. C...., officier d'artillerie, qui s'occupe beaucoup des améliorations dont le matériel de l'arme lui paraît susceptible, a conçu qu'il serait possible d'employer, à la défense des places et des côtes, des canons qui se chargeraient par la culasse, qui n'auraient aucun recul et qui fatigueraient moins leurs affûts que les pièces ordinaires.

Nous allons donner une idée des nouvelles espèces de batteries qui résulteraient de l'emploi de ce système d'artillerie.

La *plate-forme* se trouverait élevée de 3 pieds 8 pouces (1 mètre 20 cent.) au-dessus du terre-plein du rempart, au moyen d'un massif de terres rapportées, solidement damées, revêtu soit en gazons, soit en saucissons ou claies. Cette plate-forme se composerait, comme celle pour affût de côte, d'un *petit châssis* et de *madriers circulaires;* mais ceux-ci se trouveraient beaucoup plus rapprochés du petit châssis, puisqu'ils n'auraient pour rayon que la distance du devant des tourillons à la plate-bande de culasse.

Sur le petit châssis reposerait l'affût, formé de deux *petits flasques,* comme ceux des affûts de mortiers, et d'une *entretoise :* celle-ci serait percée de manière à recevoir une *cheville ouvrière,* qui, traversant l'entretoise milieu du petit châssis, serait l'axe autour duquel tournerait tout le système.

Pour lui imprimer le mouvement nécessaire et pour donner un point d'appui à la pièce vers la culasse, une *flèche* serait solidement fixée à l'entretoise et entre les flasques de l'affût. Dans son épaisseur se trouverait logée la *vis de pointage,* et l'extrémité de cette flèche porterait sur les madriers circulaires au moyen de deux roulettes.

La pièce serait forée de part en part, cylindriquement dans toute l'étendue de l'ame, et à la culasse suivant un tronc de cône, dont la petite base serait du côté de l'ame et aurait un diamètre de deux à trois pouces plus grand que le calibre du canon. Le *bouton* destiné à fermer la culasse, présenterait d'abord un cylindre de quelques pouces ou de quelques centimètres de longueur et du même diamètre que l'ame, puis un tronc de cône entrant à frottement doux dans le vide tronc-conique de la pièce, qu'il remplirait parfaitement.

On conçoit que si le *bouton* se trouvait, après le chargement, fixé à la pièce d'une manière inva-riable, on aurait le *recul* et toutes les circonstances qui accompagnent le tir des pièces ordinaires ; mais, si l'on imagine, au contraire. ce bouton maintenu en arrière par un corps étranger au système de la pièce et de son affût, il est évident qu'on n'aura plus de recul, puisque la pièce présentera abso-lument, dans ce cas, les mêmes circonstances que le cylindre creux décrit dans le *Cahier de balis-tique de l'école de Metz,* et qui, étant rempli de poudre, chasse, sans bouger de place, deux bou-lets sphériques, appuyés contre ses deux bases.

Toute la difficulté consiste donc à trouver un corps étranger, capable d'une résistance suffisante pour s'opposer à l'effort que produirait le recul, et tel qu'on puisse le disposer convenablement sans compliquer le système de défense. M. C. . . . propose de se servir à cet effet d'une *traverse.*

Celles que l'on construit dans les ouvrages de fortifications sont destinées à garantir du ricochet les pièces et leurs servans, et elles ne remplissent que fort imparfaitement cette destination. Il n'en serait pas de même si chaque traverse, enveloppant pour ainsi dire la bouche à feu qu'elle doit ga-

rantir, formait une espèce de tour demi-circu-
laire, dans laquelle les projectiles ne pourraient
tomber qu'à peu près verticalement. Si donc on
n'a pas encore construit de semblables traverses,
on n'en a été détourné sans doute que par le
grand développement qu'on aurait été obligé de
donner à leur contour à cause du recul des bouches à feu.

Dans le système que nous décrivons, cet inconvénient n'aurait plus lieu, puisque la traverse se
trouverait précisément sur l'emplacement même
qu'occupe actuellement la pièce dans le recul.
Cette traverse serait décrite, de la cheville ouvrière comme centre, avec un rayon tel qu'il n'y
eût de son contour intérieur au derrière de la
bouche à feu, que l'espace strictement nécessaire
pour les mouvemens des canonniers : elle pourrait être revêtue soit en saucissons, soit de toute
autre manière, et servirait non-seulement à garantir la pièce et les hommes du feu de l'ennemi,
mais encore à recevoir et détruire, comme nous
l'avons dit, la quantité de mouvement imprimée
au bouton adapté à la culasse, en lui présentant
une résistance constamment normale à la force
d'impulsion.

Il convient d'observer que cette résistance ne
devrait pas être absolument inflexible, mais qu'il
faudrait au contraire qu'elle cédât jusqu'à un
certain point à l'effort exercé sur le bouton, de
manière à ce que celui-ci pût reculer un peu
dans l'ame, mais cependant de telle sorte que
l'espace parcouru fût toujours moindre que la
longueur de sa partie cylindrique, ce qui suf-

firait pour qu'il n'y eût point perte de gaz par
la culasse.

Il semble que le meilleur moyen à employer
pour obtenir une résistance de ce genre, serait
d'avoir un système de lames élastiques, qui s'ap-
puycrait, d'un côté en arrière du bouton, et de
l'autre sur un coin posant sur le talus de la traverse et présentant du côté de la pièce un plan
perpendiculaire à la direction de la force qu'il
s'agit de détruire : mais on croit inutile d'entrer
à ce sujet dans de plus longs détails, l'expérience
seule pouvant indiquer ce qu'il serait convenable
et possible de faire à cet égard.

Il est à présumer qu'on rencontrerait quelques
difficultés dans l'exécution de cette idée; mais ces
difficultés ne paraissent pas tout-à-fait insurmon-
tables, et les avantages que l'on obtiendrait par la
réussite semblent mériter que l'on s'en occupe.

Avec ce système, en effet,

1.º On pourrait très - facilement adapter aux
pièces une ame en fer, et vérifier la rectitude et
la concentricité des surfaces intérieures et extérieures ;

2.º On pourrait tirer les boulets avec des sabots
de bois creusés en forme ovoïde, ce qui augmenterait beaucoup la durée des pièces et la justesse
du tir, sans qu'on eût à craindre les *arrêts*, qui
arrivent fréquemment quand on enfonce un boulet
ensaboté dans l'ame d'une pièce de siége par la
volée ;

3.º Sans donner plus de largeur au terre-plein
des remparts, il y resterait plus d'espace libre
pour les mouvemens nécessaires à la défense;

4.° Le matériel et la main-d'œuvre, en ce qui tient aux affûts et aux plate-formes, se trouverait réduit presque des trois quarts, et la durée des affûts deviendrait à peu près indéfinie;

5.° Les traverses circulaires garantiraient presque entièrement les pièces et les hommes des atteintes du ricochet, et pourraient facilement se transformer en *batteries blindées;*

6.° Le peu de profondeur des embrasures, ou même leur suppression totale, contribuerait encore à la sûreté des canonniers;

7.° Les pièces, s'enfonçant davantage dans l'épaulement, plongeraient mieux vers le pied du rempart, et pourraient acquérir un plus grand champ de tir, sans que, dans les positions extrêmes, la volée cessât de porter sur l'épaulement.

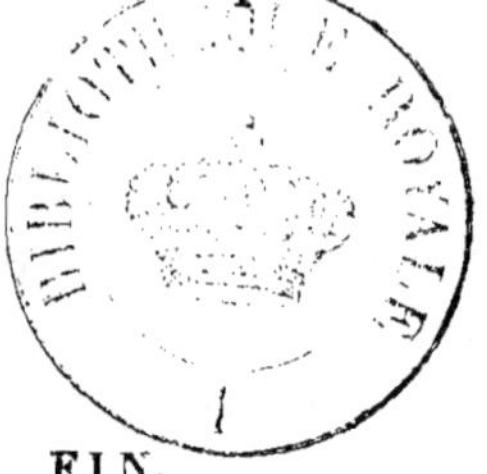

FIN.

TABLE

DES MATIÈRES.

Chapitre II.

Des diverses espèces de batteries et de leurs différentes parties.

Chapitre III.

Du coffre ou du parapet.

Chapitre IV.

De la berme et du fossé.

Chapitre V.

Du terre-plein et des plate-formes.

(553)

Chapitre VI.

Des magasins, des portières et des traverses.

Chapitre VII.

Tracé des batteries.

Pages.

Chapitre VIII.

Détermination du personnel et du matériel nécessaires pour la construction des batteries.

Chapitre XIV.

*Dispositions particulières à suivre dans la cons-
truction des batteries de plein-fouet, eu égard
à leur position par rapport à la parallèle.*

Chapitre XV.

*Dispositions particulières à suivre dans la cons-
truction des batteries, suivant la période du
siége à laquelle elles appartiennent.*

Chapitre XVI.

Moyens à employer, dans la construction des batteries, pour surmonter les difficultés que peuvent offrir les localités.

Chapitre XVII.

Des batteries revêtues de toute autre manière qu'en saucissons, gabions ou sacs à terre.

Chapitre XX.

Des batteries de côte.

FIN DE LA TABLE.

www.ingramcontent.com/pod-product-compliance
Lightning Source LLC
LaVergne TN
LVHW050951200726
843508LV00001B/15